普通高等教育机电类系列教材

三维建模与工程制图

主　编　续　丹　许睦旬

参　编　张兴武　张群明　王宏明

　　　　史晓军　梁庆宣　罗爱玲

机 械 工 业 出 版 社

本书以产品设计表达方法为主线，建立了三维建模与二维图样表达融合并进的知识结构体系。本书根据教育部高等学校工程图学课程教学指导委员会 2015 年制订的《普通高等院校工程图学课程教学基本要求》及近年来发布的机械制图有关国家标准，在普通高等教育"十一五"国家级规划教材《3D 机械制图》的基础上，结合其 19 年的教学实践论证重新编写。

本书共六章，主要内容包括：机械工程背景知识概论、简单体的表示方法、组合体的表示方法、机件形状的基本表示方法、零件的表示方法、装配体的表示方法。

本书可作为本科高等院校工科机类、电类各专业制图课程的教材，也可作为其他相关专业的教材。与本书配套的《三维建模与工程制图习题集》同时出版，供读者使用。

图书在版编目（CIP）数据

三维建模与工程制图/续丹，许睦旬主编. —北京：机械工业出版社，2020.8（2023.1 重印）

普通高等教育机电类系列教材

ISBN 978-7-111-65652-4

Ⅰ.①三… Ⅱ.①续… ②许… Ⅲ.①工程制图-计算机辅助设计-高等学校-教材 Ⅳ.①TB237

中国版本图书馆 CIP 数据核字（2020）第 088423 号

机械工业出版社（北京市百万庄大街 22 号 邮政编码 100037）

策划编辑：刘小慧 责任编辑：刘小慧 徐鲁融

责任校对：郑 婕 封面设计：张 静

责任印制：刘 媛

涿州市般润文化传播有限公司印刷

2023 年 1 月第 1 版第 3 次印刷

184mm×260mm・16 印张・385 千字

标准书号：ISBN 978-7-111-65652-4

定价：39.80 元

电话服务 网络服务

客服电话：010-88361066 机 工 官 网：www.cmpbook.com

　　　　　010-88379833 机 工 官 博：weibo.com/cmp1952

　　　　　010-68326294 金 书 网：www.golden-book.com

封底无防伪标均为盗版 机工教育服务网：www.cmpedu.com

前言

本书是在教育部公布的普通高等教育"十一五"国家级规划教材《3D 机械制图》的基础上，结合其 19 年的教学实践总结论证，重新编写完成的西安交通大学本科"十三五"规划教材。

本书以产品设计表达方法为主线，从三维与二维之间的关联入手，力求建立三维设计表达与二维工程图表达相互融合、交互式推进的、三维实体设计表达方法和二维工程图表达方法并重的知识结构体系。该体系从介绍机械领域的工程应用背景入手，逐步介绍三维设计表达方法的基本理论，在分析三维建模特性与投影之间关联的基础上，完成从立体建模到产品的设计表达。全书共六章，主要内容包括：机械工程背景知识概论、简单体的表示方法、组合体的表示方法、机件形状的基本表示方法、零件的表示方法、装配体的表示方法。

目前，配合完善本书教学体系，编者团队在中国大学 MOOC 网站上建设完成了《工程制图解读》慕课课程。该慕课以提炼出的每一个知识点构建每一堂课，强调"以学为中心"，促进学生对各知识点的理解和掌握。

本书侧重于理论知识的介绍，有关实体建模及帮助学生掌握制图的基本理论、基本知识和基本技能等方面的实践环节，则可以借助与本书配套使用的《Inventor 三维机械设计应用基础》和《三维建模与工程制图习题集》来完成。

本书具有以下特色：

1）将传统知识与现代科学相结合。本书打破传统的工程制图的教学体系，构建了三维实体结构表达和二维投影表达相融合的教学体系，使传统的工程制图与现代的设计表达方法融为一体。

2）遵循"实践→认识→再实践→再认识"的认知规律。本书以工程实际应用能力的培养为导向，让学生先掌握机械工程应用的背景知识，进而获得一定的工程应用的感性认识，提高学生学习制图课程的兴趣。

3）综合培养三维建模、二维图样表达能力。通过本书及配套教材的学习，学生能够获得应用三维实体软件进行实体建模的能力，生成二维工程图的能力、识读并完善二维工程图的能力，以及一定的利用仪器绘图和徒手绘图的能力。

4）全书采用了现行国家标准。

本书作者的编写分工：西安交通大学张兴武（第一章）、续丹（第二章、第三章第一节、附录 B~I）、张群明（第三章第二~四节）、罗爱玲（第二章第三节部分、附录 A、第三章第五节）、王宏明（第四章）、史晓军（第五章第一~四节）、梁庆宣（第五章第五、六节）、许睦旬（第六章）。续丹、许睦旬任主编，续丹完成统稿审核。

西安交通大学段玉岗教授、郑镁教授对本书的体系建设提出了许多宝贵的建议，在此表示衷心的感谢！

在本书编写过程中，还得到图学界许多师长的指点，在此一并表示感谢。

本书参考了一些国内外的相关著作，在此特向有关作者致谢。由于编者水平有限，加之时间紧迫，且本书的知识体系为首次采用，内容不当之处在所难免，敬请各位读者批评指正。

编　者

目 录

绪论

　　传统的机械设计过程是一种"三维思想→二维表达→三维加工装配"的过程，要求设计人员必须具备较强的三维空间想象能力和二维空间表达能力。然而，目前设计方法的表达方式逐渐与时代接轨，用三维建模表达立体已成趋势。本书是在普通高等教育"十一五"国家级规划教材《3D 机械制图》的基础上，经过 19 年的教学实践总结论证，重新编写而成的西安交通大学本科"十三五"规划教材。

一、本课程的内容安排

　　《三维建模与工程制图》是一门研究工程图样表达与技术交流的工科基础课。工程图样是设计与制（建）造中工程与产品信息的载体、表达和传递设计信息的主要媒介，并在机械、土木、水利工程等领域的技术与管理工作中广泛应用；图形具有形象性、直观性和简洁性的特点，是人们表达信息、探索未知的重要工具。该课程理论体系严谨，以图形表达为核心，以形象思维为主线，通过工程图样与形体建模培养学生工程设计与表达能力，是提高工程素养、增强创新意识的知识纽带与桥梁，是每一个工程技术人员必须掌握的"工程界的语言"。

　　本课程建立的是以掌握产品设计表达方法为主线，三维表达与二维表达相互融合并进的知识结构体系。课程以平面轮廓特征为纽带，建立起三维实体与投影图形的关联互通，介绍从几何体到产品的设计表达方法。教学实践环节通过学习配套的《三维建模与工程制图习题集》《Inventor 三维机械设计应用基础》及上机实践操作完成，它们相互配合使用，确保整个教学体系的完整性。通过本课程的学习，学生应能够掌握机械设计的表达方法和投影法的基本理论和应用，具有查阅有关标准的能力及绘制和阅读机械图样的基本技能；能够借助工程图样、软件、模型等载体，完成装配体和零件的识图与表达，并能理解机械工程图样所涉及的文字、符号及图形的含义。

　　为配合本课程的开展，本书主要包含以下六章内容。

　　第一章　机械工程背景知识概论

　　从机械工程的发展史出发，简述机械加工与制造工艺，阐述设计图样在产品设计与制造中的重要性，让学生意识到作为教育培养目标的现代新型技能型人才，必须学会并掌握这种语言，具备识读和绘制机械图样的基本能力。

第二章　简单体的表示方法

由于简单体是基于面建立的，因此本章从平面图形的绘制与尺寸标注方法入手，在分析三维建模的特性与平面图形之间关联的基础上，通过分析立体构形的特点，运用形体分析的方法，奠定立体尺寸正确标注的基础，同时为建立学生的空间想象能力奠定基础。

第三章　组合体的表示方法

在组合体构形特点分析的基础上，介绍完成三维模型与二维图样的表达方法，建立起三维与二维之间的联系，注重培养学生的空间想象能力。

第四章　机件形状的基本表示方法

基于制图国家标准，完成二维工程图样的表达。

第五章　零件的表示方法

从工艺角度分析立体的构成，进而熟悉建立三维模型与二维工程图的方法，完成对二维工程图视图表达、尺寸标注、技术要求、标题栏基本内容的介绍。

第六章　装配体的表示方法

在分析装配体装配关系与结构合理性的基础上，培养学生完成装配体的三维建模与工程图绘制的能力。

二、本课程的主要学习任务

1）学习机械产品三维设计的思想，掌握三维设计的表达方法。

2）学习正投影法的基本理论。

3）具备一定的利用三维 CAD 软件完成产品设计表达的能力、工程图生成的能力及完善产品工艺性的能力。

4）具备一定的读图能力和利用二维软件、手工和仪器绘图的能力。

5）掌握机械图样有关知识和机械制图国家标准，具备一定的查阅有关标准的能力。

6）具备一定的创新意识和自学能力。

7）培养认真负责的工作态度和一丝不苟的工作作风。

三、本课程的学习目标

1）通过配套教材《Inventor 三维机械设计应用基础》学习并掌握三维建模的基本方法，具备运用形体分析法分析立体构形特点的能力，为二维投影的学习打下基础。

2）通过学习三维设计表达与二维工程图表达，掌握从三维实体到二维工程图表达的方法以及二者的对应关系，培养读图能力。

3）通过学习零件、装配体的三维与二维表达方法，掌握生产用图的设计表达方法，了解常见的工艺结构知识。具备查阅机械制图有关国家标准的能力。

第一章
机械工程背景知识概论

制造业既是国民经济的主要支柱，也是今后我国经济"创新驱动、转型升级"的主战场。我国已经成为制造大国，但仍然不是制造强国。打造中国制造新优势，实现由制造大国向制造强国的转变，对我国新时期的经济发展、现代化国防和军事建设极为重要，也极为迫切。

2013年以来，习总主席曾先后指出，"国家强大要靠实体经济，不能泡沫化""深入实施创新驱动发展战略，增强工业核心竞争力""推动中国制造向中国创造转变、中国速度向中国质量转变、中国产品向中国品牌转变。"2015年3月5日，李克强总理在政府工作报告中指出，制造业是我们的优势产业，要实施"中国制造2025"，加快从制造大国转向制造强国。

与此同时，世界上多个国家先后出台相关制造强国计划，如美国的"智能制造与物联网"、德国的"工业4.0"、法国的"工业新法国"、日本的"智能制造"等，以期重振本国制造业。在当前形势下，我国制造业的理论基础（机械工程学科）的发展面对新要求，"中国制造2025"对我国制造业既是挑战，也是机遇。

制造业是机械工程学科理论的实践检验，而机械工程学科的理论发展对制造业具有积极的指导作用，两者相辅相成。因此，机械工程需要落脚到满足工程需求，设计、制造实现一定功能的机械零件或机器。

机械工程学科，就是一门研究、设计、制造、使用、管理各类机器和各类机械设备与装置的工程科学。第四次工业革命的发展，使得古老的机械工程学科与各种高新科技融为一体，因此机械工程学科的内容也发生了深刻的变化。当前机械工程学科所包含的主要内容可罗列为以下几点。

1）建立和发展机械工程设计的新理论和新方法。
2）研究和设计机械工程领域的新产品。
3）改进机械制造技术，提高制造水平。
4）研究机械产品的制造过程，提高制造进度和生产率。
5）优化机械产品的使用、维护与管理。

6）研究机械产品的人机工程学。

7）研究机械产品与能源和环境保护的关系[2]。

第一节　机械工程背景知识简介

一、机械工程发展简史

第一把石刀的制造开启了人类文明，也开启了制造工艺的伟大历程。在原始的制造工艺过程中，除了一些步骤使用石刀等简单的加工刀具外，其余制造过程均由人来手工完成。

随着简单机构和机器的出现，人类步入了操作简单机构和机器的制造工艺时代。人脑所做的判断与决策能够得到很好的实现，但机构、机器的操作仍然有赖于人的体力。

能源与动力科技的发展，直接解放了人的体力，提高了机器的工作速度与强度，使其达到了以人的体力为动力时不可比拟的程度。尤其是蒸汽机的发明、电力的应用等引发的能源的革命，带来了加工设备包括机床的飞速发展，制造能力、制造质量和制造效率得到了极大提高。

进入 20 世纪，电气技术、电子技术、自动检测装置以及液压、电气随动技术与其他先进技术的相继应用，部分地取代了人的控制作用。典型的是由单机自动化发展到生产线自动化，形成了大批量生产模式，制造效率得到空前提高，也因此带来了生产管理上的一场革命。

20 世纪中后期，微电子技术，特别是计算机的出现与发展，给人们提供了强大的技术手段。计算机开始取代人而参与到对加工过程的控制中，计算机技术与制造技术相结合，还赋予相关设备不同程度的"智能"。比如，数控机床不仅可以按照程序加工，还可以根据加工情况自行调整路线与参数，进行"适应性加工"；生产线不仅可以完全自动，还可以根据加工情况自行调整结构与参数，进行"柔性生产"。

自 21 世纪开始，制造理念由基于二维设计的传统制造方式，发展到基于三维设计的增材制造理念，可实现个性化制造的增材制造技术吸引了众多学者的注意，并得到广泛的应用。增材制造技术不需要传统制造方式的刀具、夹具及多道加工工序，仅利用三维设计数据在一台设备上便可快速而精确地制造出任意复杂形状的零件，从而实现"自由制造"，解决了许多过去难以制造的复杂结构零件的成形难题，并减少了加工工序，缩短了加工周期。

应当指出，前面所讲的只是加工过程。其实，对制造而言，制造过程不只是加工过程，而是包括"加工前"（包括构思、决策、规划、设计等）、"加工中"（包括加工、装配、包装等）、"加工后"（包括营销、服务、咨询、维修、使用等）这三部分。特别需要注意的是，在"加工前"，需要用图纸将设计准确规范地表达出来；在"加工中"，需要根据图纸制订工艺规程，实现产品的批量生产；在"加工后"，需要根据图纸确定使用功能、辅助故障维修决策。因此，图纸贯穿整个制造过程，其标准化的表达非常重要。

二、机械制造工艺过程

机械制造工艺的发展动力是为了满足设计的需求，同时新工艺的出现也会加速新设计理念的发展，如传统的制造方式（切削加工）是为了满足二维设计的需求；而近些年发展迅猛的增材制造是为了满足三维设计的需求，同时也加速三维设计理念的发展。

机械制造工艺过程是指直接改变毛坯（产品）形状、大小、相对位置关系，达到产品设计要求的制造过程。机械制造工艺过程是制造过程的主要部分。机械制造工艺过程包括如铸造过程、锻造过程、焊接过程、机加工过程、表面及热处理过程、装配过程等直接作用于加工对象的加工制造过程，也包括如运输、存储、检验等辅助过程。在一个产品的制造过程，可以是上述加工制造过程的组合。

机械制造工艺过程的基本单位称为工序。工序是只有一个（或一组相互协作的）工人、在一个工作地对一个（或几个）工件连续完成的那部分工艺过程。在工序划分中，对一个工件的加工是前提，"连续"是指在加工过程中没有插入其他工件的加工。在工艺过程中划分工序的目的是方便工艺过程的组织和管理、保证加工质量、便于工艺技术的发展。一个工序中又可包含多个不同的子过程，如安装、工位、工步、走刀。

对工艺过程的文字性描述被称为工艺规程，它是制造企业生产的"法律性"文件，工厂的生产计划和组织管理、工人的操作和定额、质量的检验与保证都必须根据工艺规程的描述确定。

机械制造工艺规程最常见的两种形式是工艺路线表和工序卡片。工艺路线表是最简单的工艺规程，它只规定了机械加工的顺序和大致内容，常用于产量很少的产品。工序卡片是以卡片的形式，对每一道工序进行规范化描述。机械加工工序卡片一般按图 1-1 所示分为四个区域。实际的工序卡片如表 1-1 所示。

由于零件类型和加工方式等的不同，工序卡片上的四个分区所需标注和记录的内容也不尽相同，各个区域可能包含的内容概括如下。

1）标题区标注有被加工工件名、号，工序名、号，所属产品（部件）名、号，企业名、号，毛坯形式、材料和热处理状态等。

2）设备区规定使用的机床、夹具、量具、辅具、冷却液、工时定额、操作工人等级等。

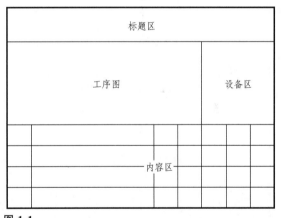

图 1-1

机械加工工艺工序卡片的分区

3）工序图区是用工序图的形式注明加工位置、定位和夹紧位置，以及表面结构、加工尺寸的精度要求等。

4）内容区是将每一个工步用表格的形式进行记录，包括每一个工步的加工内容、工艺装备、加工量、机动时间等。

三、机械制造方式

从制造机理的角度，机械制造主要分为等材、减材、增材制造三大类。此外，对机械表面进行的结构变化工程属于后处理工艺。

（1）等材制造 在加工制造过程中，仅通过改变原材料的形状而达到设计图纸的加工要求，而不改变原材料的质量、体积的制造方式，如铸造、锻造等。

表 1-1

轴类零件加工工序卡片

机械加工工序卡片	产品型号		零件图号	RD2-04020117		
	产品名称	RD2 型车轴	零件名称	二代变右半轴	共 7 页	第 2 页

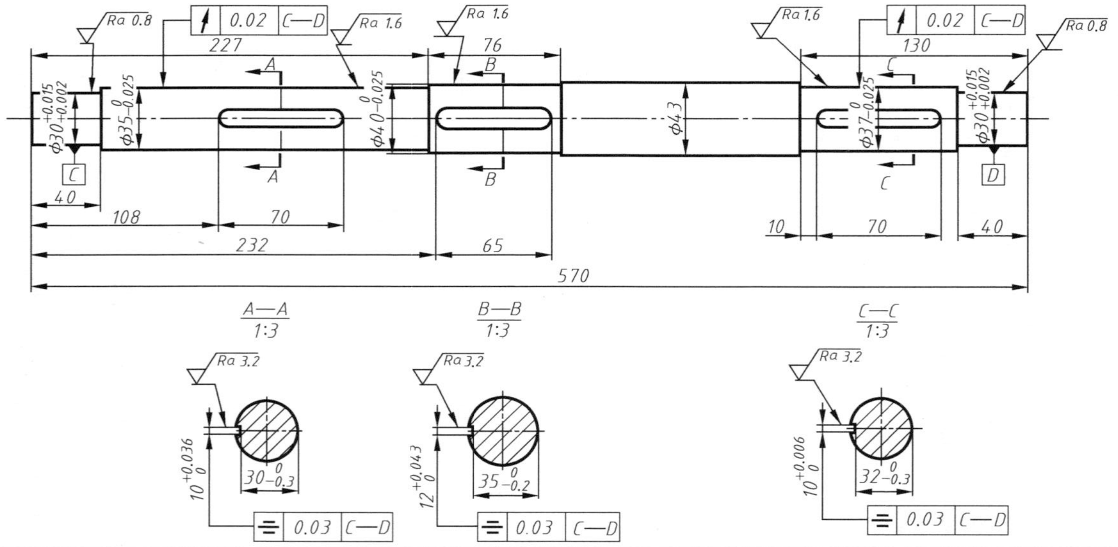

车间	工序号	工序名	材料牌号
车床	5	铣键槽	
毛坯种类	毛坯外形尺寸	每毛坯	每台件数
圆钢	ϕ48×573mm	1	1
设备名称	设备型号	设备编号	同时加工
立式铣床	X53T		1
夹具编号	夹具名称	切削液	
	专用夹具		
工位器具编号	工位器具名称	工序工时	
		准终	单件

工步号	工步内容	工艺装备	主轴转速/(m/min)	进给量/(mm/r)	切削深度/mm	进给次数	工步工时	
							机	辅
1	铣 ϕ35 外圆面	专用夹具	90	0. 5	2. 5	2	15	
2	铣 ϕ40 外圆面	专用夹具	60	0. 5	2. 5	2	13	
3	精磨 ϕ30 外圆面	专用夹具	90	0. 5	2. 5	2	13	

（2）减材制造　在加工制造过程中，根据设计图纸的加工要求，将原材料装夹固定于设备上，通过刀具减少或去除材料的制造方式，如车、铣、刨、磨等"传统"的机械加工制造方式。

（3）增材制造　通过三维设计数据，采用材料逐层累加的方法制造实体零件的制造方式，又称为"材料累加制造""3D打印""分层制造""快速原型制造"等。

机械制造技术的主要类别见表1-2。

表 1-2　机械制造技术的主要类别

制造类别	主要工艺	主要工艺简介
等材制造	铸造	将熔化的金属注入铸型中使之凝固成形
	注塑成形	将热液塑料注射到模腔使之凝固成形
	轧制	如将铝锭轧制成厨房用铝箔
	板材成形	如将板材切割、弯曲成肥皂盒
	挤压	将不同界面的材料通过模具挤压成形
	锻造	热锻、冷锻均是使金属在模腔中凝固成形
	焊接	通过局部熔化连接相邻板材
减材制造	车削	在加工过程中，通过一定的方式逐渐去除毛坯上多余材料，获得具有一定形状、尺寸、性能的零件，是目前最主要的加工方式
	铣削	
	刨削	
	磨削	
	钻削	
	电火花加工（EDM）	
	电化学加工（ECM）	
增材制造	立体光刻（SLA）	利用激光照射光敏树脂使之固化成形
	分层实体制造（LOM）	利用激光或刀片切割有黏性的层片使之粘结成形
	选择性激光烧结（SLS）	利用激光熔化粉末状的金属或其他物质使之固化成形
	熔融沉积成形（FDM）	将热塑料通过喷嘴挤出使之固化成形
结构变化工程	表面合金化（镀层）	用化学、物理方法在基体表面上镀一层其他材料（如镀铬），从而改变基体性能
	去除残余应力	自然时效或喷丸处理

下面将从等材制造（铸、锻、焊）、减材制造（车、铣、刨、磨、钻等）、增材制造（3D打印）三方面介绍常用的加工工艺常识。

四、等材制造

1. 铸造

铸造是将液态合金注入预先制备好的铸型中使之冷却、凝固，而获得具有一定形状、尺寸和性能的毛坯或零件的制造工艺。齿轮毛坯的砂型铸造过程如图1-2所示，铸造工艺中的浇注生产线现场如图1-3所示。

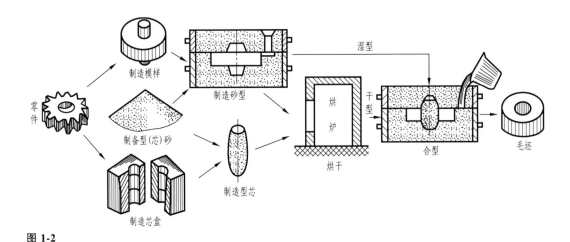

图 1-2

齿轮毛坯的砂型铸造过程

图 1-3

浇注生产线现场

　　按照常用的铸造工艺装备类别，铸造方法可分为砂型铸造、熔模铸造、压力铸造、低压铸造等。

　　（1）砂型铸造　砂型铸造是在砂型中生产铸件的铸造工艺。砂型铸造常用的模具有：木单型、铝单型、铁单型、铝型板和铝木型板。该工艺常用于铸铁件、铸钢件和有色金属件的铸造。

　　（2）熔模铸造　熔模铸造又称失蜡铸造，主要是利用蜡制作出待铸零件的蜡模，然后在蜡模表面覆盖一层耐火陶瓷材料，一旦陶瓷材料硬化，其内部就形成了待铸零件的几何形状，然后熔化并导出石蜡，再用熔融金属填充型腔，待金属在陶瓷模具内凝固后，再去除模具，取出金属铸件，这种制造技术也被称为失蜡工艺。该工艺也常用于铸铁件、铸钢件和有色金属件的铸造。

　　（3）压力铸造　压力铸造实质上是在高压作用下，将液态或半液态金属以较高的速度填充进压铸模具型腔，使之在压力下凝固和成形而获得铸件的方法。

（4）低压铸造 通常是将铸型安置在密封的坩埚上方，再向坩埚中通入压缩空气，使熔融金属由升液管上升并填充铸型，通过控制通入的压缩空气而控制凝固的铸造工艺。因铸型在坩埚上方，所以金属液表面上形成低压力（0.15~0.6MPa）状态，因此该工艺称为低压铸造。

铸造工艺使用范围广，即铸造生产不受铸件大小、厚薄和形状复杂程度的限制；能采用的材料范围广，几乎凡是能熔化成液态的合金材料均可用于铸造；铸件具有一定的尺寸精度；成本低廉，综合经济性能好。但是，铸造也具有铸件的机械性能较差、劳动条件不好、劳动强度较大等缺点。

2. 锻造

锻造是在一定的温度条件下，用工具对坯料施加外力，使金属发生塑性流动，从而使坯料发生体积的转移和形状的变化，形成所需的锻件的制造工艺。

按锻造时坯料的温度范围来分类，锻造可分为热锻、温锻和冷锻。不同的锻造温度对锻件的组织和性能的影响也是不同的。根据成形机理，锻造可以分为自由锻、模锻和特殊成形方法。

（1）自由锻 自由锻是在锻锤或压力机上，使用简单或通用的工具使坯料变形，获得所需形状和性能的锻件的一种锻造工艺，如图1-4所示。该工艺适用于单件或小批量生产。主要变形工序有镦粗、拔长、冲孔、弯曲、切割、错移和扭转等。

（2）模锻 模锻是在锻锤或压力机上，使用专门的模具使坯料在模腔中成形，获得所需形状和尺寸的锻件的一种锻造工艺，如图1-5所示。该工艺适用于成批或大批量生产。

图1-4

自由锻轴类零件

图1-5

模锻

（3）特殊成形方法 这种方法是通常采用专用设备，使用专门的工具或模具使坯料成形，获得所需形状和尺寸的锻件的一种锻造工艺，该工艺适用于产品的专业化生产。目前，生产中采用的特殊成形方法有电镦、辊轧、旋转锻造、摆动碾压、多向模锻和超塑性锻造等。

3. 焊接工艺

焊接是连接金属的一种工艺方法，是将两种或两种以上材料通过原子或分子间的结合和扩散形成永久性连接的工艺过程。越来越多的焊接机器人被用来完成焊接作业，如图1-6所示。

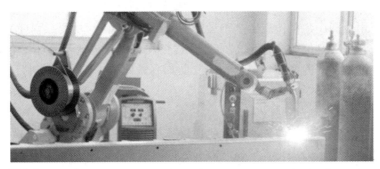

图 1-6

焊接机器人焊接

为了达到焊接的目的，在焊接工艺中常借助加热或加压，或同时加热和加压的措施。将材料加热至熔化状态以实现焊接的方法，称为熔焊，如电弧焊、气焊、钎焊、电子束焊等。凡必须施加压力（加热或不加热）以实现焊接的方法，称为压焊，如电阻焊、摩擦焊、超声波焊等。

焊接方法的种类很多，本节主要介绍电弧焊、气焊、电阻焊和钎焊及其特点、基本工艺和应用范围。

（1）电弧焊　电弧焊是指以电弧作为热源，利用空气放电的物理现象，将电能转换为焊接所需的热能和机械能，从而连接金属的焊接方法。电弧焊分为手工电弧焊、埋弧焊、气体保护焊。

手工电弧焊是利用手工操纵焊条进行焊接的电弧焊方法。埋弧焊是一种靠电弧在焊剂层下燃烧进行焊接的方法。气体保护电弧焊是一种用外加气体为电弧介质，并保护电弧、金属熔滴和焊接区的电弧焊方法。

（2）气焊　气焊是利用气体火焰作为热源的焊接方法，最常用的是氧乙炔焊。气焊具有气焊火焰容易调节，适应不同材料的焊接，设备简单、移动方便等优点。但是也具有难以实现自动化、生产率较低、不宜焊接较厚工件、焊缝金属的保护较差等缺点。

（3）电阻焊　电阻焊是指将焊件组合后通过电极施加压力，利用电流通过接头的接触面及邻近区域产生的电阻热进行焊接的方法，又称为接触焊。电阻焊与其他焊接方法相比，具有机械化、自动化程度高、生产率高、无需填加焊接材料、辅助工序少、劳动条件好、接头质量高、焊接变形小等优点。但是，电阻焊也具有接头质量的无损检验较为困难、设备复杂、耗电量大、一次性设备投资大等缺点。

（4）钎焊　钎焊是采用比母材熔点低的金属材料作为钎料，将焊件和钎料加热到高于钎料熔点，低于母材熔点的温度，利用液态钎料润湿母材、填充接头间隙并与母材相互扩散实现焊件连接的焊接方法。钎焊的优点包括焊接后工件组织和机械性能变化小，应力及变形小，不致产生像熔焊接头中裂纹、气孔等缺陷；可以焊接任意组合的金属材料，可以钎焊金属与非金属材料；一次可完成多个零件的钎焊或套叠式、多层式节后焊件的钎焊；可以焊接极细极薄的零件，也可以焊接厚薄、粗细差别很大的零件；可以将某些材料的钎焊接头拆开，重复进行钎焊。但钎焊的焊接接头强度一般较低，常用搭接接头形式来提高承载能力；此外还具有耐热能力较差、连接表面的清理工作和工件装配质量要求都很高等不足。

五、减材制造

1. 车削

车削是以工件旋转作为主运动，以车刀的移动作为进给运动的切削加工工艺。车削可以实现回转体的线面加工，如车削内外圆柱（圆锥）面、车槽与切断、车螺纹、车孔和车成形面等工艺；还可以在它的加工设备（车床）上实现回转体的孔加工，如钻一般孔、钻中心孔、扩孔、铰孔、滚花、攻螺纹和套螺纹等工艺。车床如图 1-7 所示。

图 1-7

车床

车削的工艺特点是：易于保证工件各加工面的位置精度；切削过程较平稳，避免了惯性力与冲击力；允许采用较大的切削用量，可以高速切削，利于生产率的提高；适合于有色金属零件的精加工；刀具简单等。因此，车削适合于回转表面的粗、精加工。

2. 铣削

铣削是以铣刀旋转作为主运动，以工件及铣刀的移动作为进给运动的切削加工工艺。铣削是加工平面的主要方法之一。在铣床上使用不同的铣刀可以加工平面（水平面、垂直平面、斜面）、台阶、沟槽（直角沟槽、V形槽、燕尾槽、T形槽等）、特形面，以及切断材料等。此外，借助分度装置，铣削可加工需周向等分的花键、齿轮、螺旋槽等。常用的万能升降台铣床如图 1-8 所示。

图 1-8

万能升降台铣床

铣削的工艺特点是：铣削的生产效率高，应用范围广；铣刀种类多，铣床功能强，因此铣削的适应性好，能完成多种表面的加工；铣刀为多刃刀具，铣削时，各刀齿会轮流承担切削任务，冷却条件好，刀具寿命长；铣削时，各铣刀刀齿的切削是断续的，铣削过程中同时参与切削的刀齿数是变化的，切削厚度也是变化的，因此切削力是变化的，存在冲击。

3. 刨削

刨削的主运动是刀具或工件所做的变速往复直线运动，进给运动是工件或刀具所做的垂直于主运动方向的间歇直线运动。刨削主要用来加工平面，包括水平面、垂直面和斜面，也广泛用于加工直槽，如直角槽、燕尾槽和T形槽等，如果进行适当的调整和增加某些附件，还可以用来加工齿条、齿轮、花键和母线为直线的成形面等。常见的刨床类机床有牛头刨床、龙门刨床和插床等。其中的一种牛头刨床如图1-9所示。

刨削的工艺特点是：刨削加工的刀具结构简单，磨刃方便，生产准备时间少；特别适合加工狭长平面；精刨时可以得到较高的精度和较小的表面粗糙度；生产率一般较低；冲击大，适合中、低速切削；工件表面硬度小等。因此，刨削加工适用于单件、小批量生产和维修。

4. 磨削

磨削是采用磨具以较高的线速度对工件表面进行加工的方法。磨削时，砂轮的回转是主运动，进给运动包括砂轮的轴向、径向移动，工件的回转运动，工件的纵向、横向移动等。磨削加工需在各类磨床上实现，其中的一种外圆磨床如图1-10所示。

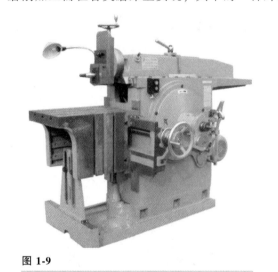

图 1-9

牛头刨床

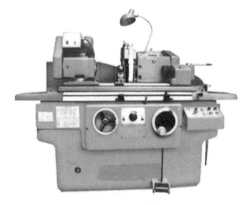

图 1-10

外圆磨床

普通磨削的工艺特点是：精度高，可磨削硬度较高的材料，砂轮有自锐作用，径向分力大，磨削温度高。磨削主要适合于精加工，可用于减小零件的表面粗糙度，实现精密加工和超精密加工。

5. 钻削

钻削一般是指在钻床上，利用刀具（麻花钻）实现非回转体工件的孔加工工艺。在加工时工件不动，刀具的旋转为主运动，刀具的轴向移动为进给运动。钻削的加工工艺包括钻孔、扩孔、锪孔、铰孔、镗孔等。其中钻孔的尺寸和几何精度均较低，在钻孔的基础上，可通过扩孔、锪孔、铰孔、镗孔等工艺提高加工精度。常见的钻削类机床有立式钻床、台式钻床、摇臂钻床和深孔钻床等，其中摇臂钻床如图1-11所示。

扩孔是用扩孔钻对已有的孔进行扩大。扩孔的尺寸和形状精度均优于钻孔加工，因此一般用于孔加工的钻后工序或铰孔前的准备工序。

锪孔是用锪钻加工平底或锥度沉孔及凸台平面的孔加工工艺。常用的锪钻有圆柱形锪钻、圆锥形锪钻和平面锪钻。

铰孔是利用铰刀从工件孔壁上切除微量金属层，以提高尺寸精度和减小表面粗糙度的方法。铰孔可得到精度较高的圆柱孔和圆锥孔。

镗孔指的是对锻出、铸出或钻出孔的进一步加工。镗孔可扩大孔径，提高精度，减小表面粗糙度，还可以较好地纠正原来孔轴线的偏斜。

六、增材制造

增材制造技术是根据 CAD 设计数据采用材料逐层累加的方法制造实体零件的技术。与传统的利用材料去除技术的减材制造相反，增材制造是一种"自下而上"的材料累加的制造方法。图 1-12 所示即为正在打印狮子模型的 3D 打印机。

图 1-11

摇臂钻床

图 1-12

3D 打印机

与传统加工方法相比，增材制造技术具有以下特点。

1）设计、加工具有快速性。对于一般零件，利用增材制造只需要几小时到几十小时就能完成，大型的较复杂的零件只需要上百小时即可完成。增材制造技术与其他制造技术集成后，新产品开发的时间和费用可节约 10%~50%。

2）产品的单价几乎与产品批量无关，特别适合于新产品的开发和单件小批量生产。

3）产品的造价几乎与产品的复杂性无关，这是传统的制造方法所无法比拟的。

4）制造过程可实现完全数字化。

5）增材制造技术与传统的制造技术（如铸造、粉末冶金、冲压、模压成形、喷射成形、焊接等）相结合，为传统的制造方法注入了新的活力。

6）可实现零件的净形化（零件成形后无需或只需很少的后续加工即可符合设计要求）。

7）不需金属模具即可获得零件，这使得生产装备的柔性大大提高。

8）具有发展的可持续性，增材制造的剩余材料可继续使用，有些使用过的材料经过处理后可循环使用，对原材料的利用率大为提高。

第二节　设计与制造知识简介

一、机器零件简介

对于机器中的零件而言，根据其结构形状、功能与作用，大致可分为四大类典型零件：箱体类零件、盘盖类零件、轴套类零件、叉架类零件。

1. 箱体类零件

箱体类零件是机器或部件的基础零件，通常起支承、容纳机器运动部件的作用。在箱体类箱件中，机器或部件中的盘、轴、架等有关零件被组装成一个整体，箱体类零件以合适的结构使它们之间保持正确的相互位置，并按照一定的传动关系协调地传递运动或动力。因此，箱体类零件的加工质量将直接影响机器或部件的精度、性能和寿命。

常见的箱体类零件有机床主轴箱、机床进给箱、变速箱体、减速箱体、发动机缸体和机座等。箱体零件根据结构形式的不同，可分为整体式箱体和分离式箱体两大类，如图 1-13 和图 1-14 所示。前者是整体铸造、整体加工而成的，装配精度高，但加工较困难；后者可分别制造，便于加工和装配，但增加了装配工作量。

图 1-13

整体式箱体

图 1-14

分离式箱体

2. 盘盖类零件

盘盖类零件可分为盘类零件和盖类零件。盘类零件主要有法兰盘、齿轮、齿圈等；盖类零件主要有轴承端盖、发动机端盖等。盘盖类零件在机器中主要起压紧、密封、支承、连接、分度及防护等作用。常用的法兰盘零件如图 1-15 所示。

3. 轴套类零件

轴套类零件可分为轴类零件和套类零件。轴类零件主要用于支承传动零件、传递转矩和承受载荷以及保证在轴上所固定的零件的回转精度等。常见机床主轴零件

图 1-15

法兰盘

如图 1-16 所示。如图 1-17 所示的滚珠丝杆螺母属于套类零件，为空心结构，主要起支承和导向作用。

4. 叉架类零件

叉架类零件包括杠杆、连杆、摇杆、拨叉、支架、轴承座等零件，在机器或设备中主要起操纵、连接或支承作用。叉类零件用以操纵其他零件变位，其运动就像晾晒衣服时用衣叉操纵衣架的移动一样。架类零件是支承件，用以支持其他零件。叉架类零件多数形状不规则，结构较为复杂。双叉臂前悬挂转向节是一种经典的叉架类零件，如图 1-18 所示。

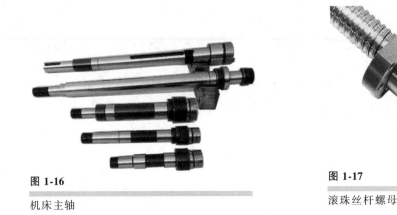

图 1-16

机床主轴

图 1-17

滚珠丝杆螺母

二、设计与制造工艺简介

图 1-19 所示的齿轮减速器是动力传动中必不可少的速度转换设备，减速器中的轴作为连接、转换、支承的核心零件，对传动起关键作用。下面以减速器中的中间轴为典型零件，简单介绍其设计过程与制造工艺。

图 1-18

双叉臂前悬挂转向节

图 1-19

齿轮减速器

1. 设计过程

1）齿轮减速器的中间轴与该减速器的输入轴和输出轴均通过齿轮传动，故可设计出该中间轴的结构草图，如图 1-20 所示。

设计思路为：

① 轴段 1 和轴段 5 处设计为一对支承轴承的位置，并且其上还需要安装套筒，以限制

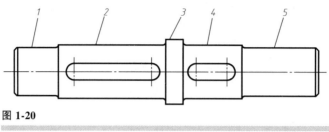

图 1-20

中间轴结构草图

两齿轮单向窜动；

② 轴段 2 和轴段 4 处设计为安装两齿轮的位置，也是该轴受齿轮传递力矩最大的地方，因此设计的轴径需要满足强度要求；

③ 轴段 3 处设计为限制两齿轮单向窜动的轴肩，并用于实现对两齿轮的轴向定位。

2）利用相关数据进行计算，得到相关尺寸，并考虑装配加工的工艺要求，最后得到零件图，如图 1-21 所示。

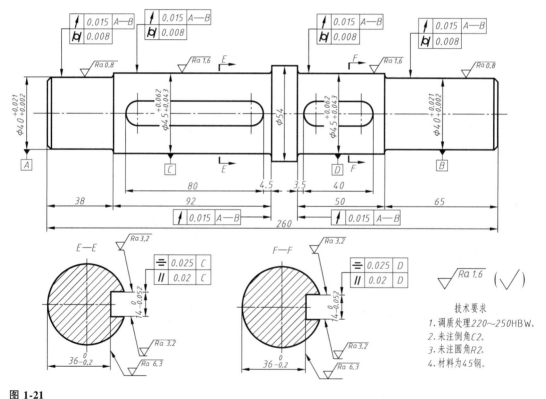

图 1-21

中间轴零件图

2. 制造工艺

（1）工艺过程的制订　对该中间轴零件图进行分析可知：

1）尺寸 $\phi 40\text{mm}$、$\phi 45\text{mm}$ 的轴段对公共轴线 A-B 的圆跳动公差为 0.015mm；

2）尺寸 $\phi 40\text{mm}$、$\phi 45\text{mm}$ 的轴段对公共轴线 A-B 的圆柱度公差为 0.008mm；

3）尺寸 $\phi54\mathrm{mm}$ 的轴段两侧面对公共轴线 $A\text{-}B$ 的端面圆跳动公差为 $0.015\mathrm{mm}$；

4）左侧尺寸 $14\mathrm{mm}$ 的键槽对基准轴线 C 的对称度公差为 $0.025\mathrm{mm}$；

5）左侧尺寸 $14\mathrm{mm}$ 的键槽对基准轴线 C 的平行度公差为 $0.02\mathrm{mm}$；

6）右侧尺寸 $14\mathrm{mm}$ 的键槽对基准轴线 D 的对称度公差为 $0.025\mathrm{mm}$；

7）右侧尺寸 $14\mathrm{mm}$ 的键槽对基准轴线 D 的平行度公差为 $0.02\mathrm{mm}$；

8）该轴要求调质处理 220~250HBW。

根据以上对零件图的分析，可以制订出该中间轴零件的工艺过程卡片（表1-3）。

表1-3　　　　　　　　　　　　　　　　中间轴零件加工工艺过程

工序号	工序名称	工序内容	工艺装备
1	备料	铸造或下棒料	
2	锻造	锻造45号钢毛坯，得到锻件	立式精锻机
3	热处理	退火	
4	粗车	①装夹基准 C 的轴段，粗车另一端各轴段外圆柱面，留加工余量6mm，并车削 $\phi40\mathrm{mm}$ 轴段的端面，留加工余量2mm，车轴端倒角 ②装夹基准 D 的轴段，粗车另一端各轴段外圆柱面，留加工余量6mm，并车削 $\phi40\mathrm{mm}$ 轴段的端面，留加工余量2mm，车轴端倒角	卧式车床 CA6140
5	热处理	调质处理 220~250HRC	
6	半精车	①装夹基准 C 的轴段，半精车另一端各轴段外圆柱面，留加工余量3mm ②装夹基准 D 的轴段，半精车另一端各轴段外圆柱面，留加工余量3mm	卧式车床 CA6140
7	精车	①装夹基准 C 的轴段，半精车另一端各轴段外圆柱面，留磨削余量0.8mm，并车削端面至图纸尺寸要求 ②装夹基准 D 的轴段，半精车另一端各部外圆柱面，留磨削余量0.8mm，并车削端面至图纸尺寸要求	卧式车床 CA6140
8	钳	划键槽加工线	钳工台
9	铣	粗、精铣两键槽，留磨削余量0.3mm	铣床 X52
10	磨	①磨削该轴各轴段外圆柱面至图纸尺寸要求 ②磨削该轴两平键至图纸尺寸要求	万能外圆磨床 M1432B
11	钳	去毛刺	钳工台
12	清洗	清洗零件表面	
13	检查	按图样技术要求检查	
14	入库	涂油入库	

（2）加工工艺的分析

1）该中间轴属于细长轴类零件，其刚性较差，因此所有表面的加工都分为粗加工、半精加工和精加工三道工序，这样进行多次加工可以逐步减小零件的变形误差。

2）安排足够的热处理工序，是保证消除零件内应力、减少零件变形的有效手段。

3）无论是车削还是磨削，工件夹紧力要适度，在保证工件无轴向窜动的条件下，应尽量减小夹紧力，避免工件产生弯曲变形，特别是在最后精车、磨削时，更应重视这一点。

4）需要进行调质处理时，应将工序放在粗加工后、半精加工前进行。若采用锻件毛坯，则必须首先安排退火或正火处理。

5）轴类零件上的花键、键槽、螺纹等次要表面的加工，通常均安排在外圆精车之前，或者粗磨之后、精磨外圆之前进行。

根据上述制订的零件加工工艺过程，确定所选用的工艺装备；确定各工序加工余量，计算工序尺寸公差；确定切削用量及时间定额；最后编制工艺文件，如各车间所使用的工艺卡片。

（3）检验　根据上述编制完成的工艺文件进行加工。加工完成后，按照图纸要求对加工零件进行如下检验：

1）尺寸 $\phi40$mm、$\phi45$mm 的轴段对公共轴线 A-B 的圆跳动公差是否小于 0.015mm；

2）尺寸 $\phi40$mm、$\phi45$mm 的轴段对公共轴线 A-B 的圆柱度公差是否小于 0.008mm；

3）尺寸 $\phi54$mm 的轴段两侧面对公共轴线的端面圆跳动公差是否小于 0.015mm；

4）左侧尺寸 14mm 的键槽对基准轴线 C 的对称度公差是否小于 0.025mm；

5）左侧尺寸 14mm 的键槽对基准轴线 C 的平行度公差是否小于 0.02mm；

6）右侧尺寸 14mm 的键槽对基准轴线 D 的对称度公差是否小于 0.025mm；

7）右侧尺寸 14mm 的键槽对基准轴线 D 的平行度公差是否小于 0.02mm；

8）该轴调质处理是否达到 220~250HBW。

如果零件检查合格，则涂油入库，否则为废品，需重新加工或回收材料。

第三节　产品设计与制造中图样的作用

产品图样在生产中起指导和规范性作用。图样是传递设计思想的信息载体，是生产过程中加工（或装配）和检验（或调试）的依据。在现代工业生产中，机械、化工或建筑领域都是根据图样进行制造和施工的。设计者通过图样表达设计意图；制造者通过图样了解设计要求、组织制造和指导生产；使用者通过图样了解机器设备的结构和性能，进行操作、维修和保养。因此，机械图样是交流和传递技术、信息、思想的媒介和工具，是工程界通用的技术语言。要想成为现代新型技能型人才，则必须学会并掌握这种语言，具备阅读和绘制机械图样的基本能力。

1. 图样体现制造行业的规范

图样的表达应严格遵循制图的国家标准及相关规则，体现出国家标准的统一性与规范性。同时随着在各个领域上我国与国际的接轨，在制造行业，为便于国际制造行业间的技术交流，国家标准与国际标准也正在逐步一致，因此，熟练地掌握这门技术语言，对有效地开展同行业间的技术探讨和技术革新意义重大。

2. 图样在加工制造中的作用

在实际生产中，零件乃至机器设备的制作都是根据图样所表示的各种工艺信息完成的，图样是制造和检验零件的依据，同时也反映所制定的装配工艺规程，是进行装配、检验、安装、调试、维修的技术依据，直接服务于生产实际，是加工制造及装配中的核心技术文件。

3. 图样影响实际问题的解决

学习图样的表达方法是进行设计表达、技术交流、实现产品加工的基础，它不但包含正向设计中的零件结构、表面质量、加工方法、材料选择、技术要求、连接装配关系等机械专业知识，而且涉及产品生命周期的全过程，如运行、保养、维护等，以及更新换代设计。因此，能够正确、合理、全面地表达图样与阅读图样是现代化生产对技术人才最基本的要求，也是解决工程实际问题必需的基础能力。在工科院校中，图样绘制与阅读能力是工科类各专业学生必备的基本技能。在实际工作中，总工程师、高级工程师、车间生产管理人员等很多岗位都与图样有着直接的关联，因此，不管是从管理角度实现精细化、规范化管理，还是从技术角度实现产品的更新换代设计，或者从一线角度实现产品加工中质量和效率的提升，都需要图样基础能力的支持。

如今，计算机二维、三维绘图技术推动了几乎所有领域的设计革命。但是，计算机三维设计软件的广泛应用，并不意味着软件绘图就可以取代传统的工程制图，同时，再先进的设计都离不开运用图形来构思、表达，因此工程制图的作用不仅不会降低，反而显得更加重要。

第二章
简单体的表示方法

任何机器或部件都是由若干零件按一定的装配关系和技术要求装配起来的。千斤顶是利用螺旋传动来顶举重物的小型起重工具，由 7 个零件组成，表 2-1 列出了组成千斤顶的零件名称（与图 2-1a 中序号相对应），各个零件的装配关系如图 2-1 所示，零件效果图如图 2-2

表 2-1 　　　　　　　　　　　　千斤顶零件明细表

序　号	名　称	数　量	材　料
1	顶盖	1	Q235
2	螺钉 M12×14	1	
3	铰杆	1	Q235
4	螺钉 M12×14	1	
5	螺套	1	Q235
6	螺杆	1	Q235
7	底座	1	HT200

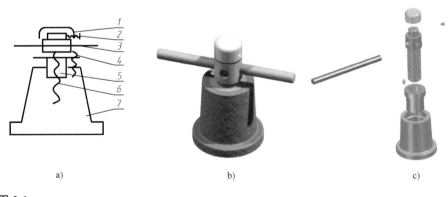

a) 　　　　　　　　　　b) 　　　　　　　　　　c)

图 2-1

千斤顶

a）千斤顶装配示意图　b）千斤顶效果图　c）描述千斤顶各零件之间装配关系的分解效果图

所示。工作时，铰杆穿在螺杆顶部的孔中，转动铰杆，螺杆在螺套中借助螺纹上下移动，通过顶盖将重物顶起或降下。螺套装在底座里，并用螺钉定位，便于磨损后更换修配。螺杆的球面形顶部套有顶盖，由螺钉将其与螺杆连接在一起。

从图 2-2 可以看出，零件是构成产品、机器或部件的基本单元。为更好地分析零件，先将零件进行简化，剔除零件中涵盖的工艺信息，仅从几何结构的角度来分析其构成特点及表示方法。

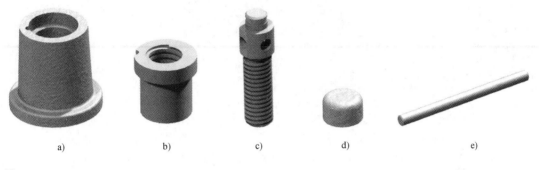

a)　　　　　　　b)　　　　　　c)　　　　　　d)　　　　　　　e)

图 2-2

千斤顶组成零件效果图

a）底座　b）螺套　c）螺杆　d）顶盖　e）铰杆

第一节　平面图形基础

立体是由平面和曲面所围成的空间几何体，构成立体的最小单元就是简单立体（简称简单体），而构成简单体轮廓形状的一般是由直线、圆、圆弧等图形要素（简称图素）组成的平面图形。在表达设计意图时，不论是以三维的形式表示立体，还是以二维的形式表示立体，都必须从绘制平面图形开始。因而，平面图形的绘制是一切设计表达方式的基础。

一、平面图形分析

平面图形都是由直线、曲线等几何元素按照一定的几何关系组合而成的几何图形，实际应用中，这些几何元素又必须根据给定的尺寸关系画出，所以为了保证能正确、顺利地绘制平面图形，就必须对图形中几何元素所标注的尺寸和构成的线段进行分析。

1. 平面图形的尺寸分析

尺寸是用特定单位表示长度大小的数值，是描述平面图形形状和大小的关键因素，如图2-3a 所示的各数值。按其在平面图形中所起的作用，可将平面图形的尺寸分为定形尺寸和定位尺寸；要确定平面图形中各组成线段的上下、左右的相对位置，还必须引入机械制图中被称为尺寸基准的概念。

（1）定形尺寸　确定图形中各几何元素形状大小的尺寸为定形尺寸，如图 2-3b 所示的 32、23、$R7$、$\phi12$。

（2）定位尺寸　确定图形中各几何元素相对位置的尺寸为定位尺寸，如图 2-3c 所示的 11、10。

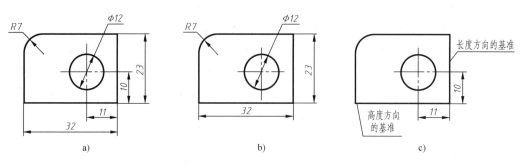

图 2-3

平面图形尺寸分析

a）平面图形尺寸标注　b）定形尺寸标注　c）定位尺寸标注

（3）尺寸基准　基准是机械制造中应用十分广泛的一个概念，从设计时零件尺寸的标注，制造时工件的定位，校验时尺寸的测量，一直到装配时零部件的装配位置确定等，都要用到基准的概念。用来确定平面图形中尺寸位置所依据的点、线、面称为尺寸基准，简称为基准。一般将平面图形中的对称中心线、圆心、轮廓直线等作为尺寸基准，一个平面图形必须有水平、竖直两个方向的尺寸基准，定位尺寸要以尺寸基准为标注尺寸的起点。如图 2-3c 所示的底边轮廓水平线、右侧的轮廓竖直线分别为 $\phi12$ 圆的高度方向和长度方向（左右位置）的定位基准。

2. 平面图形的线段分析

平面图形中的线段通常是指直线、圆弧和圆。平面图形的线段分析的实质是通过分析线段的定形尺寸、定位尺寸及各线段之间的连接关系，来区分不同类型的线段，并由此确定作图方法和步骤。通常根据线段的定位尺寸的数量和连接关系的数目，将平面图形中的线段分为已知线段、中间线段、连接线段。

（1）已知线段　根据图形中所标注的圆、圆弧、直线的定形尺寸和两个定位尺寸可以独立画出的线段，称为已知线段，如图 2-4b 所示。

（2）中间线段　根据图形中所标注的圆弧、直线的定形尺寸和一个定位尺寸，再借助一个连接关系才能画出的线段，称为中间线段，如图 2-4c 所示。

（3）连接线段　根据图形中所标注的圆弧，借助两个连接关系才能画出的线段，称为连接线段。连接线段不需要定位尺寸，如图 2-4d 所示。

3. 平面图形的画图步骤

以图 2-4 所示的平面图形为例，说明画图步骤。

1）根据图形大小选择比例及图纸幅面。

2）分析平面图形中哪些是已知线段，哪些是中间线段，哪些是连接线段，以及所给定的连接条件。如图 2-4b~d 所示线段分别为已知线段、中间线段和连接线段。

3）根据各组成部分的尺寸关系确定作图基准，如图 2-4a 所示。

4）先画已知线段，再画中间线段，最后画连接线段。

5）检查描深。

6）标注尺寸。

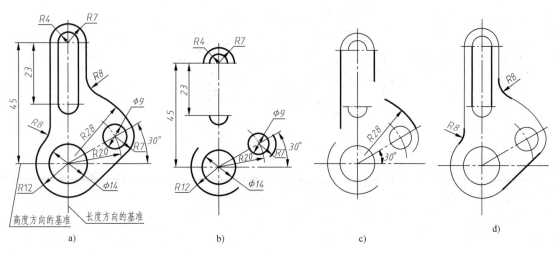

图 2-4

平面图形的线段分析

a）平面图形　b）已知线段　c）中间线段　d）连接线段

4．平面图形的尺寸标注

在平面图形中进行尺寸标注时，必须保证尺寸标注正确、完整、清晰、合理，能唯一地确定图形的形状和大小，要做到不遗漏、不多余地标注出确定各线段相对位置关系及大小的尺寸。

以如图 2-4 所示的平面图形为例，说明标注尺寸的方法和步骤。

1）确定水平、竖直方向的基准，如图 2-4a 所示。

2）依据绘图过程中所分析的各线段的性质，按已知线段、中间线段、连接线段的次序逐个标注尺寸，如图 2-4b~d 所示。

几种常见平面图形的尺寸注法如图 2-5 所示。

二、平面图形的参数化绘制基础

1．参数化绘图的概念

参数化绘图的基本原理是以图形的坐标值为变量，用一组参数来约定图形的尺寸关系，这组参数称为尺寸约束参数，主要应用于计算机三维设计软件的图形绘制中。

传统的人机交互绘图软件系统都用固定的尺寸值定义几何元素，输入的每一条线都有确定的坐标位置，若图形的尺寸有变动，则必须删除原图重画。对于系列化的机械产品，其零件的结构形状基本相同，仅尺寸不同，若采用人机交互绘图，则对系列产品中的每一种产品均需重新绘制。重复绘制的工作量极大。参数化绘图适用于结构形状比较确定，并可以用一组参数来约定尺寸关系的系列化或标准化的图形的绘制。参数化绘图有程序参数化绘图和人机交互参数化绘图两大类型。

1）程序参数化绘图的实质，就是把图形信息记录在程序中，用一组变量定义尺寸约束参数，用赋值语句表达图形变量和尺寸约束参数的关系式，并调用一系列的绘图命令绘制图形。程序在运行时，只需对其输入尺寸约束参数，它就可以自动地绘制一幅指定结构形状的

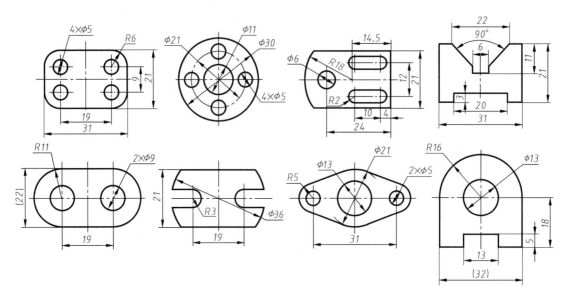

图 2-5

几种常见平面图形的尺寸注法

图形。但是，程序参数化绘图需要编制相应的程序，编程工作量大、柔性差、直观性差，故实际应用受到一定限制。

2）人机交互参数化绘图是 20 世纪 80 年代中期发展起来的，其特点是使用者面向屏幕，采用人机交互方式在屏幕上绘制图形的草图，在标注上正确的尺寸（或设定尺寸代码）后，程序就可以根据所标注的尺寸值（或称为尺寸约束参数）的赋值自动地生成一幅符合尺寸要求的工程图。这种方法就能实现在建立图样的过程中不断修改、不断满足约束的反复过程。

所谓实现图样绘制的参数化，就是允许在绘之初进行草图设计，而后可以根据图样设计要求逐渐地在草图上施加几何约束和尺寸约束，并且约束变化能够驱动图样变化。因此，参数化绘图是一种"基于约束"的，并且用尺寸驱动图形变化的作图方法。

2. 设计中的约束及其特性

（1）约束的概念 约束是指事物存在所必须具备的某种条件或事物之间应满足的某种关系，约束的存在反映了事物之间是有联系的。参数化平面图形绘制中的约束是指直线、圆弧等几何元素的性质、属性和图素之间应满足的某种关系，以及几何形状和尺寸之间应满足的某种关系，相应地称为参数化平面图形绘制中的几何约束和尺寸约束。

（2）几何约束 几何约束用于控制各图形几何元素之间的某种特定的几何关系，是对图形几何元素的方位、相对位置关系的限制。这种约束关系用来确定它们的结构关系，而这种结构关系在图形的尺寸驱动过程中是保持不变的。

几何约束也被称为几何关系。常见的几何关系包括平行、垂直、共线、对称、同心、重合、相切、水平、竖直等。

平行：通过添加约束保证两条直线平行。

垂直：通过添加约束保证两条直线或多线段相互垂直。

共线：通过添加约束保证两条或多条直线在同一个方向上。

对称：通过添加约束保证对象上两点或两曲线，相对于选定的直线对称。

同心：通过添加约束保证选定的圆、圆弧同心。

重合：通过添加保证使两个点重合，或者约束某个点使其位于某对象上或其延长线上。

相切：通过添加约束保证两曲线或曲线与直线相切。

水平：通过添加约束保证指定直线与当前坐标系 X 坐标平行。

竖直：通过添加约束保证某直线与当前坐标系 Y 坐标平行。

（3）尺寸约束　尺寸约束用于控制图形几何元素的形状、大小，以及与其他几何元素的尺寸对应关系，也就是定量地描述几何元素的具体形状大小。图样绘制过程可视为约束满足的过程，不可有欠约束和过约束存在。与平面图形中的尺寸标注一样，尺寸约束包含定形尺寸约束和定位尺寸约束。尺寸约束类型包含线性尺寸、圆和圆弧尺寸、角度尺寸，对此类几何元素的正确标注的详细描述如图 2-5 所示。

几何约束和尺寸约束都是对图形的限制，以使图形形状和大小满足设计要求。有时两者的作用可以相互替代，虽然对图形的约束效果相同，但可编辑性、施加约束的难易程度会有差异，因此合理的约束选择会使图样绘制更加便捷。

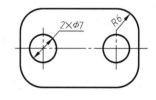

图 2-6

选择不同约束实例

对图 2-6 所示平面图形中的两个等直径圆，绘图时可以施加两个尺寸约束 ϕ_1、ϕ_2，即输入两个具有相同尺寸数值的直径值，但如果需要修改大小，则需修改两个尺寸约束的数值；如果施加一个尺寸约束 ϕ_1，并对两个圆施加相等的约束，这时只需要修改 ϕ_1 的尺寸约束的数值，便可修改所有等直径圆的大小。在选择图 2-6 中 4 个具有相同半径大小的圆弧的约束时，也会出现上述问题。

（4）约束举例　运用参数化方式绘制 30×40 的矩形图样，其步骤如下。

1）先绘制任意尺寸的草图，如图 2-7b 所示。

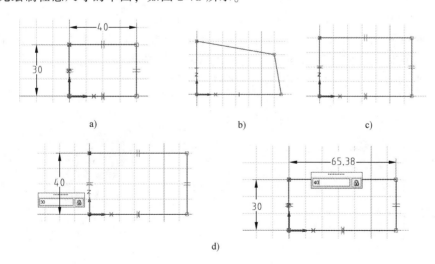

图 2-7

添加约束实例

a）结果图　b）绘制草图　c）添加平行约束　d）修改尺寸

2）为各线段添加平行的几何约束，建立矩形，如图 2-7c 所示。

3）修改水平、竖直方向线段的尺寸数值，如图 2-7d 所示，最终完成图 2-7a 所示的目标图样。

第二节　简单体的三维表示方法

立体的表示可以用三维空间的方式呈现，也可以用二维平面图形的方式呈现，而分析构成立体的最小单元是分析立体构成的基础，因此这里先介绍立体构成形式的基础知识与表示方法。

一、立体的特征与分类

从几何构形的角度来看，任何空间几何实体都是有规律可循的。分析和研究立体构成特点及形成规律，是本部分要讨论的重点内容。

1. 立体的特征

所谓特征，就是指可以作为描述事物构成特点的征象、标志等。对立体而言，它反映某几何体所特有的构成形态，这种构成形态是可以量化并赋予一定几何形状和属性的。通常，特征应具有以下特点：① 特征必须是一个实体或零件中的具体构成要素之一；② 特征能对应于某一形状；③ 特征的性质是可以预料的，并能赋予一定的实际意义。如图 2-8 所示的立体，反映其构成特征的就是上下两个底平面。

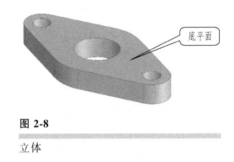

图 2-8
立体

2. 立体的分类

由单一平面所围成的立体，称为平面立体，如图 2-9a 所示；由回转面及与其轴线垂直的平面所围成的立体，称为曲面立体。工程中最常见的曲面立体是回转体，如图 2-9b 所示，回转体的特征面见表 2-3；由回转面与平面组合构成的表面及与其垂直的平面所围成的立体，称为广义柱体，如图 2-9c 所示。它们都是由单一特征形体构成的立体，称为简单体，而由多特征形体构成的立体称为组合体，如图 2-10 所示。

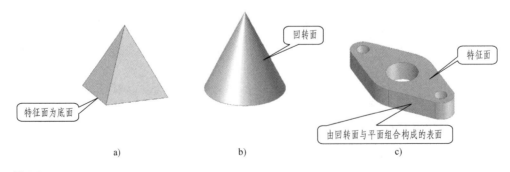

a)　　　　　　　　b)　　　　　　　　c)

图 2-9
简单体
a）平面立体　b）曲面立体（回转体）　c）广义柱体

　　图 2-10a 所示的组合体是由基于图 2-10b 所示的两个特征面而形成的柱体通过增材（或称叠加）的方式组合而成的。

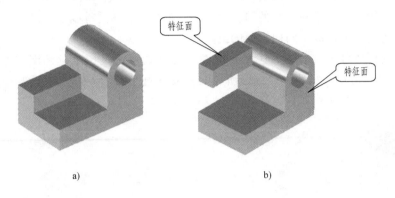

a)　　　　　　　　　　　　　　　　b)

图 2-10

组合体

a）组合体　b）分解图

　　由此可见，简单体是构成组合体的最小单元。

二、简单体的构形分析与创建

1. 简单体的构形分析

　　我们知道简单体按立体表面的几何性质来分类，可分为平面立体和回转体两大类。平面立体是指立体的构成形式是由平面所围成，如图 2-11 所示的棱柱体、棱锥体。

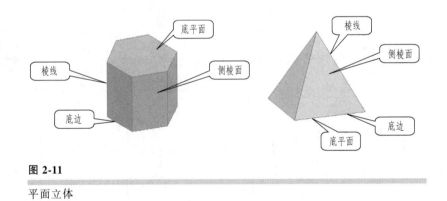

图 2-11

平面立体

　　棱柱体、棱锥体的侧面称为侧棱面（或棱面）；棱柱体的上、下两平面称为底平面，棱锥体的下底平面称为底平面（或底面），底平面由几条边构成就称为几棱柱或几棱锥；相邻两棱面的交线称为棱线；底面和棱面的交线称为底边。对于棱柱体而言，这里只讨论所有棱线与上、下两个底平面垂直的直棱柱体的形式，棱线与底面倾斜的斜柱体形式不作讨论。

　　回转体是指全部或部分由回转面围成的立体，是曲面立体的一种，如图 2-12 所示的圆柱体、圆锥体、球体、圆弧回转体。若曲面是由一动线（直线、圆弧或任意曲线）绕一给定直线回转一周而形成的，则该曲面即为**回转面**，如图 2-13 所示。图 2-13 中的 OO_1 为给定直线，称为**回转轴线**，动线 AB 称为**母线**，在回转面上任意位置的母线称为**素线**。由于回转面的母线可以是直线，也可以是曲线，因此，当回转面的母线形状不同或者母线与轴线的相对位置不同时，就会产生不同形状的回转面。表 2-2 列出了不同母线形状及母线与轴线处于不同相对位置的情况下形成不同回转面的情况。

从回转面的形成可知，母线上任意一点 K 的运动轨迹都是一个圆，该圆称为**纬圆**。纬圆半径是点 K 到轴线 OO_1 的距离，纬圆所在的平面垂直于轴线 OO_1，如图 2-13 所示。在回转面上可以作出一系列纬圆。

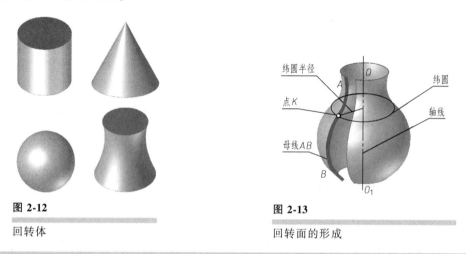

图 2-12
回转体

图 2-13
回转面的形成

表 2-2　不同回转面的形成方式

	柱　面	锥　面	球　面	圆弧回转面
图例	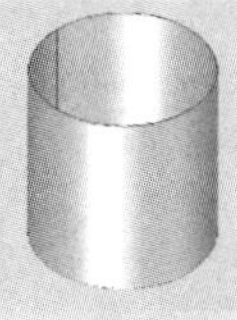			
形成方式			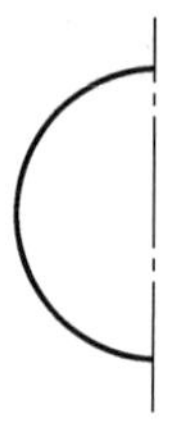	

一般回转体是由回转面与平面所围成的立体，也可以认为是由某一封闭平面图形作为母线绕一给定直线（轴线）旋转形成的，见表 2-3。

表 2-3 中所示的封闭平面图形称为构成不同回转体的**特征平面**，简称为**特征面**。特征面就是指能反映立体构成特点的，由任意形状的平面图形围成的封闭区域。

如图 2-14 所示，广义柱体可看作是平面立体与回转体相组合形成的。广义柱体的上、下两底平面的轮廓形状是由曲线和直线组合而成的，这里只讨论广义柱体中所有棱线、素线相互平行且垂直于上、下两个底平面的直柱体。广义直柱体也属于直柱体类，其底面形状反映其立体构成的特征，为特征平面。

表 2-3　回转体的形成方式

	圆柱体	圆锥体	球　体	圆弧回转体
图例				
形成方式				R74

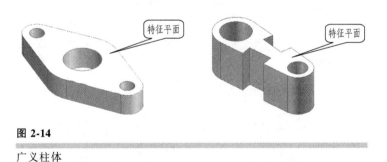

图 2-14

广义柱体

综上，表 2-4 列出了简单体的分类与结构特点。

表 2-4　简单体的分类与结构特点

类型	表面状态	图　例	定　义	特　点
广义柱体类	上下两底面的轮廓形状不确定、侧棱面由曲面与平面组合构成		广义柱体是由两底平面和 N 个侧面所围成的立体，且所有棱线及素线相互平行	1. 底面为任意形状的平面图形 2. 上、下两底面平行 3. 侧面垂直于上、下两底面，所有棱线、素线相互平行 4. 尺寸构成为底+高

（续）

类型	表面状态	图例	定义	特点
棱柱体类	由平面所围成		棱柱体是由两个底平面和 N 个侧面所围成的立体，且所有棱线相互平行	1. 底面为任意形状的平面多边形 2. 上、下两底面平行 3. 侧面垂直于上、下两底面，所有棱线相互平行 4. 尺寸构成为底+高
圆柱体	由回转面和上、下两圆形底面所围成		圆柱体是由两个圆形底面和回转面所围成的立体	1. 底面形状为圆 2. 上、下两底面平行 3. 回转面垂直于上、下两底面，素线与轴线平行 4. 尺寸构成为底+高
锥体类	五棱锥（台）由平面围成 （棱台）		锥体类由一个或两个底平面与具有公共顶点的侧棱面或回转面所围成的立体	1. 底面为任意形状的平面多边形或圆 2. 侧棱面具有公共顶点，具有一个或两个底平面，棱线（或延长线）或素线（或延长线）相交于顶点 3. 作为圆锥（台），其纬圆为一系列与轴线垂直的不同直径的圆 4. 尺寸构成为底+高
	圆锥（台）体：由回转面和圆形底面围成 （圆锥体）			
球体	表面为圆球面		圆球体是由一个半圆形绕过该半圆形的直径所在直线旋转一周形成的立体	1. 表面是一系列等直径圆的集合 2. 纬圆为垂直于轴线的一系列不同直径的圆 3. 尺寸构成为球体特征符号"$S\phi$"或"SR"加数字组成
圆弧回转体	由圆弧回转面和上、下两圆形底面围成		圆弧回转体是由圆弧回转面和上、下两圆形底面所围成的立体	1. 上、下两底面平行，底面的形状为圆 2. 素线为一段圆弧 3. 纬圆是一系列与轴线垂直的不同直径的圆 4. 尺寸构成为底+高+曲线形尺寸（如素线圆弧半径"R"+数字）

注：表中尺寸构成的"底"是指简单体反映底面构形所必须具备的尺寸；"高"是指与柱体底面所垂直的方向的高度，即为两平行底面间的距离（或锥顶到底面的距离）。

2. 简单特征立体的创建

按照特征生成的方式不同，立体的建模方式分为以下两种类型。

（1）**绘制性特征（Sketched Features）——草图特征**　这种特征是指先通过绘制而定义出形体某一特征面的轮廓形状，建立特征面，再利用特征运算方式而形成的一类实体特征。如此创建的绘制性特征是最基本的实体特征，该类实体特征也可称为简单体。其中，**特征运算方式**是指实体特征建模是在已定义好的特征面上，以何种运算方式形成基本特征，特征运算方式主要有以下几种。

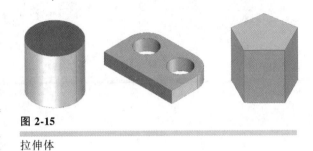

图 2-15

拉伸体

1）拉伸（Protrusion）运算方式。用此方式构成拉伸特征，就是将一特征面沿该平面的法线方向拉伸而建立的基本实体特征。它适合于构造柱体类简单体，如棱柱体、圆柱体、广义柱体，如图 2-15 所示，用此方式创建的立体也可称为拉伸体。圆柱体、广义柱体的建模过程如图 2-16、图 2-17 所示。

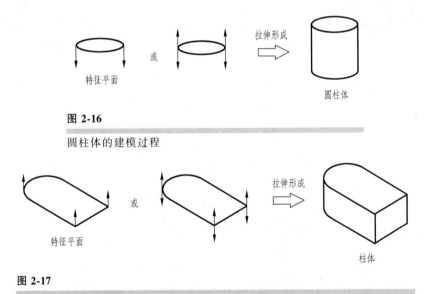

图 2-16

圆柱体的建模过程

图 2-17

广义柱体的建模过程

2）旋转（Revolve）运算方式。用此方式构成旋转特征，就是将一特征面沿一条轴线旋转而建立的基本实体特征。它适合于构造回转体类简单体，如圆锥体、圆柱体、球体、圆弧回转体，如图 2-18 所示。

圆锥体、圆柱体的建模过程如图 2-19、图 2-20 所示。

3）扫掠（Sweep）运算方式。对如图 2-21 所示立体，可用此方式构成扫掠特征，就是将一特征面沿某一路径扫掠而建立简单特征立体，如图 2-22a 所示，建立的立体也可称为扫掠体。也可以用多条路径和特征平面控制特征的形状，如图 2-22b 所示。

图 2-18

回转体

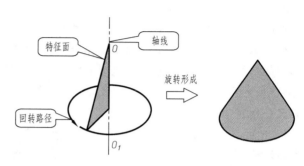

图 2-19

圆锥体的建模过程

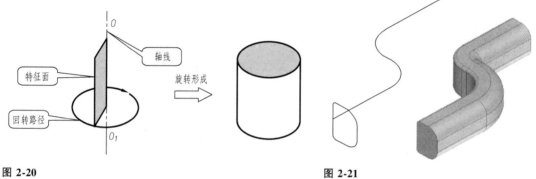

图 2-20

圆柱体的建模过程

图 2-21

扫掠体

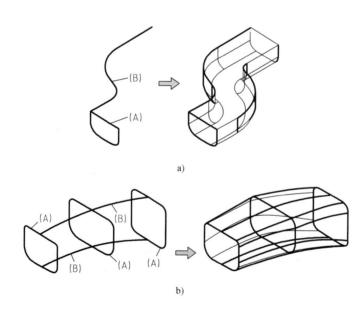

a)

b)

图 2-22

扫掠特征立体的建模过程

a）立体由一条路径和一个特征平面建立   b）立体由多条路径和多个特征平面建立

4）合成（Blend）运算方式。用此方式构成合成特征，就是对在不同平面上的多个已定义的特征面进行拟合生成实体特征。它适合于构造棱台体、棱锥体类的简单体，如图 2-23、图 2-24 所示，生成的立体也可称为合成体。

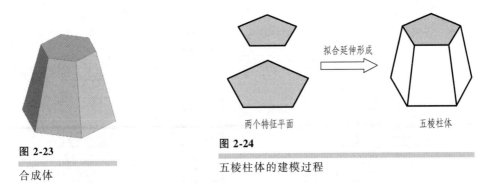

图 2-23

合成体

拟合延伸形成

两个特征平面　　　　　五棱柱体

图 2-24

五棱柱体的建模过程

（2）**置放性特征（Pick and Place Features）——放置特征**　这种特征主要是针对已建立好的基本实体特征实行进一步加工的过程，如欲给已建立好的某立体的基本实体特征（也称模型粗胚）施加圆角特征，只需选取所要施加的特征选项（圆角）即可完成。虽然有些特征可以利用绘制性特征来代替建构，但置放性特征可以省略设计者的特征建构步骤，达到快速设计变更的要求。

总而言之，简单体创建的过程可以归纳如下。

1）分析简单体的构形特点，分析立体形成的方式。

2）设定特征运算方式，如拉伸、旋转、扫掠等。

3）定义（绘制）特征面。

4）定义特征拉伸高度、深度或旋转角度等特征参数，完成简单体的创建。

第三节　简单体的视图表示方法

一、投影法概述

1. 基本概念

立体在日光或在灯光的照射下，就会在地面或墙壁上产生影子，这是一种自然现象。投影法就是将这种自然现象加以几何抽象而产生的。

投影法是让投射线经过立体，将立体向选定的面（投影面）投射，并在该面上得到图形的方法，如图 2-25 所示。如此得到的图形称为投影（投影图），因是在二维投影面内生成的图样，故又称为二维投影图。如果选择和改变投射方向或旋转三维实体，可获得各种二维投影图。

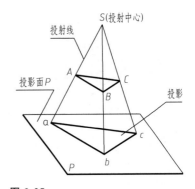

图 2-25

中心投影法

2. 投影法分类

投影法分类是根据投射线的类型（平行或交汇）、投影面与投射线的相对位置关系（垂直或倾斜）及投影面与立体主要轮廓的相对位置关系（平行、垂直或倾斜）而确定的。投影法的基本分类如图 2-26 所示。

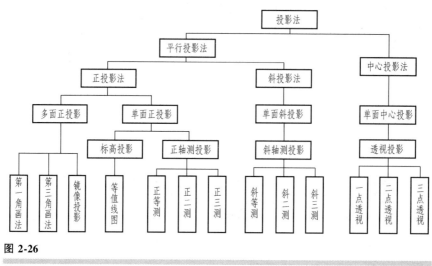

图 2-26

投影法的基本分类

（1）中心投影法　投射线交汇于一点的投影法称为中心投影法，如图 2-25 所示。中心投影法常用于绘制建筑物的透视图。日常生活中，常见的照片、电影、一些艺术绘画和人的眼睛看立体都是中心投影现象。

（2）平行投影法　投射线相互平行的投影法称为平行投影法。平行投影法按投射方向与投影面是否垂直，可分为正投影法和斜投影法两种。投射线与投影面相垂直的平行投影法称为正投影法，如图 2-27a 所示；投射线与投影面相倾斜的平行投影法称为斜投影法，如图 2-27b 所示。

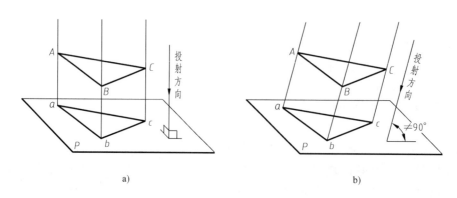

a)   b)

图 2-27

平行投影法

a）正投影法　b）斜投影法

机械工程图除了第六章将介绍的斜二轴测图是采用斜投影法绘制的外，其余都是采用正投影法绘制的。为了方便叙述，本书统一将正投影简称为**投影**。

3. 正投影的基本投影特性

绘制正投影法时，立体上的平面和直线与其投影之间有以下三个特性。

（1）**实形性**　当立体上的平面和直线平行于投影面时，它们的投影反映平面图形的真实形状和直线段的实长，如图 2-28a 所示。

（2）**积聚性**　当立体上的平面和直线垂直于投影面时，它们的投影分别积聚成直线和点，如图 2-28b 所示。

（3）**类似性**　当立体上的平面和直线倾斜于投影面时，它们的投影为类似形。类似形表现为边数、平行、凸凹、曲直的关系不变；直线的投影仍为直线，但长度缩短，如图 2-28c 所示。

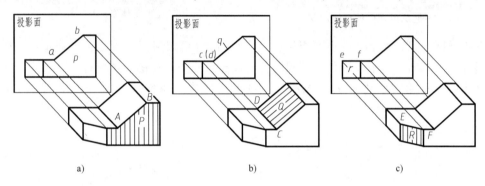

图 2-28

正投影的基本投影特性

a）实形性　b）积聚性　c）类似性

从上述平面和直线的投影特性可以看出：生成立体的投影时，为了使投影更好地反映立体的真实形状，应该让立体上尽可能多的平面和直线平行或垂直于投影面。

二、三视图的形成及投影规律

1. 三投影面体系

如图 2-29 所示，两个形状不同的立体在同一投影面上所得的投影有时是相同的。这说明一个投影是不能唯一地反映立体的空间形状的。因此，要使投影图能准确而唯一地反映立体的空间形状，有必要建立一个多投影面体系。通常把立体放在由三个互相垂直的平面所组成的投影面体系中，以便得到能完整地表达立体空间形状的图样，这种投影面体系简称三投影面体系，如图 2-30 所示。

在三投影面体系中，互相垂直的三个投影面把空间分成八个部分，每部分为一个分角，依次为Ⅰ、Ⅱ、Ⅲ、Ⅳ、Ⅴ、Ⅵ、Ⅶ、Ⅷ分角。我国国家标准规定：生成技术图样时优先采用第一分角建立投影，即将立体置于第一分角内进行投射。本书以介绍第一分角投影为主，以后凡不作特别说明的投影都是第一分角投影。

2. 三视图的形成及其投影规律

在三投影面体系中，三个投影面分别称为正面（用 V 表示）、水平面（用 H 表示）、侧面（用 W 表示）。立体在三个投影面上的投影分别称为正面投影、水平投影、侧面投影。

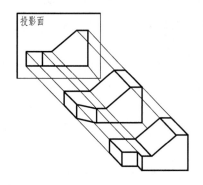

图 2-29

一个投影不能确定立体的空间形状

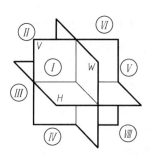

图 2-30

三投影面体系

在机械制图中,把立体的多面正投影称为视图。《机械制图》国家标准规定:立体的正面投影称为主视图,水平投影称为俯视图,侧面投影称为左视图。国家标准还规定:在视图中,立体的可见轮廓线用粗实线表示,不可见轮廓线用虚线表示,如图 2-31a 的左视图所示。

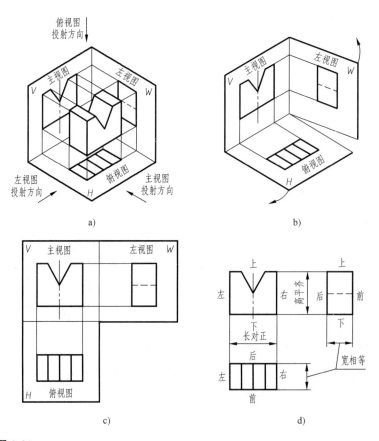

图 2-31

三视图的形成和投影规律

　　为了使三个视图能展示在一张图纸上，国家标准规定：V面保持不动，H面绕V面和H面的交线向下旋转90°后与V面重合；W面绕V面和W面的交线向后旋转90°后与V面重合，如图2-31b所示。这样就得到在同一平面上的三视图，如图2-31c所示。注意在生成的三视图中不要画投影面的边框线，各视图之间的距离可根据图纸幅面适当确定，也不必注写视图名称，如图2-31d所示。

　　由于三个视图表示的是同一立体，因此三视图是不可分割的一个整体。根据三个投影面的相对位置及其展开的规定，三视图的位置关系是：以主视图为准，俯视图在主视图的正下方，左视图在主视图的正右方。如果把立体左右方向的尺寸称为长，前后方向的尺寸称为宽，上下方向的尺寸称为高，那么，主视图和俯视图都反映了立体的长度，主视图和左视图都反映了立体的高度，俯视图和左视图都反映了立体的宽度。因此，三视图之间存在着下述关系：

主视图与俯视图　　　　　长对正

主视图与左视图　　　　　高平齐

俯视图与左视图　　　　　宽相等

　　"长对正、高平齐、宽相等"是三视图之间的投影规律，不仅适用于整个立体的投影，也适用于立体中的每一局部的投影。例如，图2-31所示立体中的V形缺口的三个投影，也同样符合这一基本投影关系。生成投影时应该特别**注意**立体的前后位置在视图上的反映：在俯视图和左视图中，靠近主视图的一边都反映立体的后面，远离主视图的一边则反映立体的前面。

三、简单体视图分析

　　简单体按立体表面的几何性质分为平面立体和曲面立体两大类。下面分别介绍其投影特性。

1. 平面立体三视图的投影特性

　　（1）**棱柱、棱锥三视图的投影特性**　　平面立体的形状是多种多样的，但常见的基本形式只有两种：棱柱和棱锥。表2-5以正六棱柱和四棱锥为例，列出了棱柱、棱锥的三视图与投影特性。

表 2-5　棱柱、棱锥的三视图与投影特性

	形体特征	空间投影	三视图与尺寸标注	投影特性
棱柱	1. 上、下两底面平行且全等 2. 各棱线互相平行，且与上、下两底面垂直	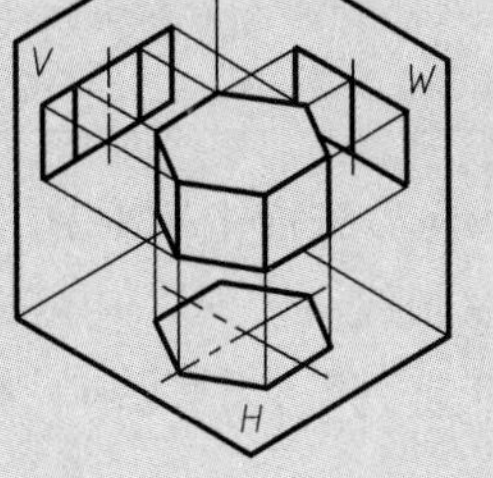	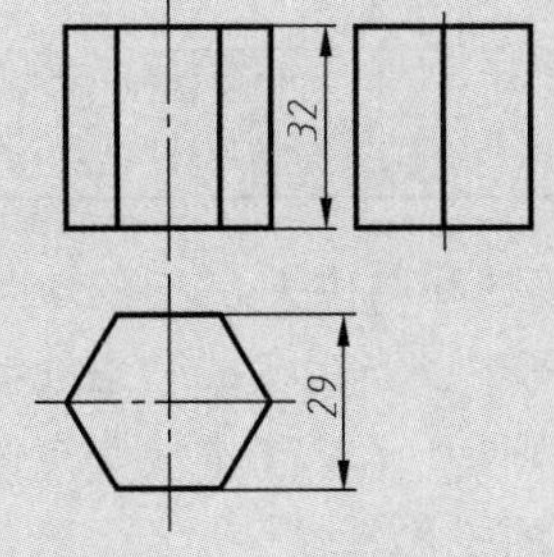	1. 在平行于底面的投影面上的投影是一平面多边形，它反映底面实形，为特征平面 2. 其余两投影是矩形或矩形的组合

（续）

	形体特征	空间投影	三视图与尺寸标注	投影特性
棱锥	1. 底面为平面多边形 2. 所有棱线交汇于棱锥顶点（锥顶）	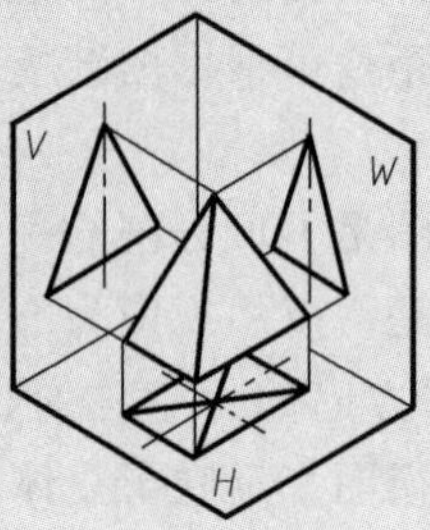	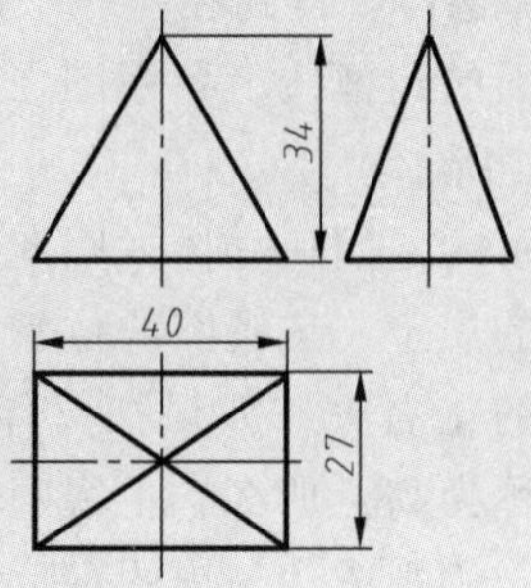	1. 在平行于底面的投影面上的投影反映底面实形，为特征平面 2. 其余两投影是三角形或三角形的组合
说明	1. 应把平面立体放正，使其主要平面与投影面平行或垂直 2. 当立体前后、左右方向对称时，反映该方向投影的相应两个视图也一定对称，这时，视图中必须画出对称中心线（用细点画线表示），两端应超出视图轮廓3~5mm			

（2）**棱柱、棱锥三视图的画法**　画棱柱、棱锥的投影图，实质上是画出所有棱线和底边的投影，并判别可见性。表2-6以正六棱柱和四棱锥为例，列出了棱柱、棱锥三视图的作图方法和步骤。

表2-6　棱柱、棱锥三视图的作图方法和步骤

	画图步骤1	画图步骤2	画图步骤3	画图步骤4
棱柱	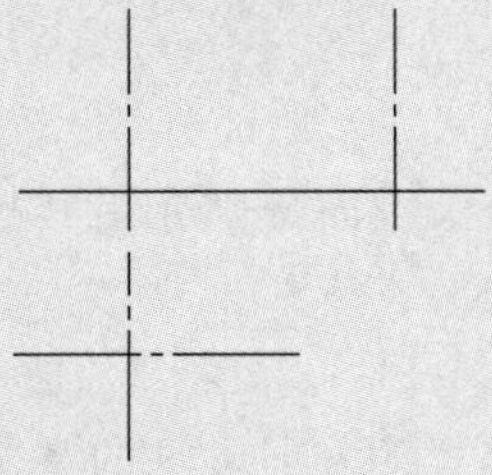	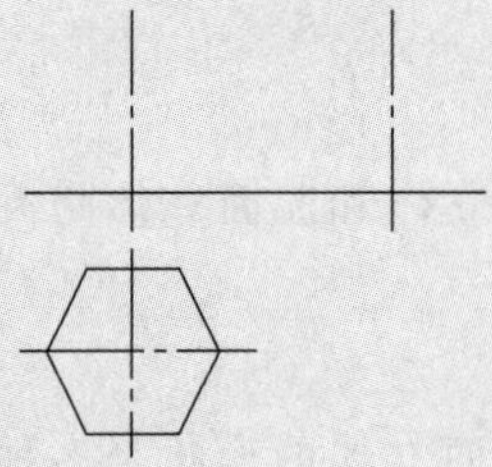	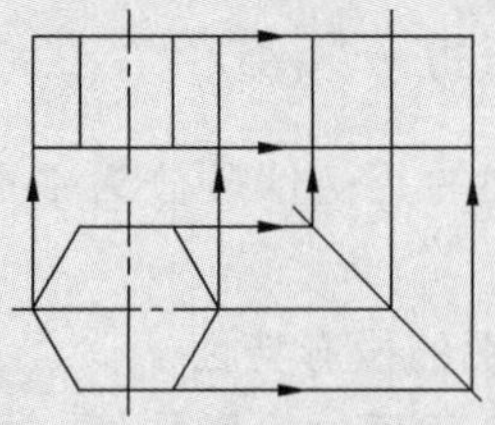	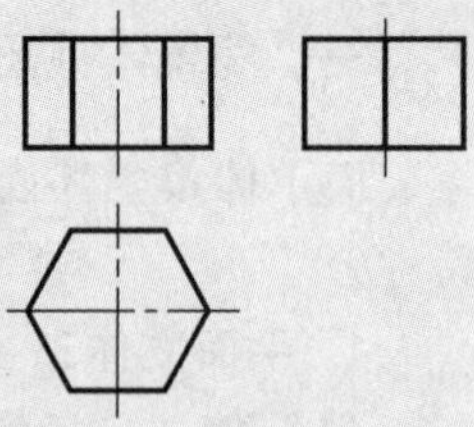
棱锥	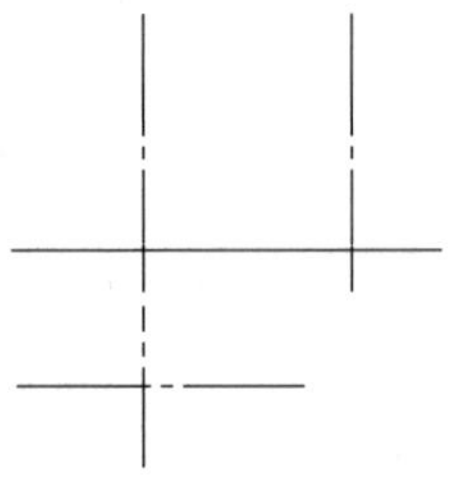	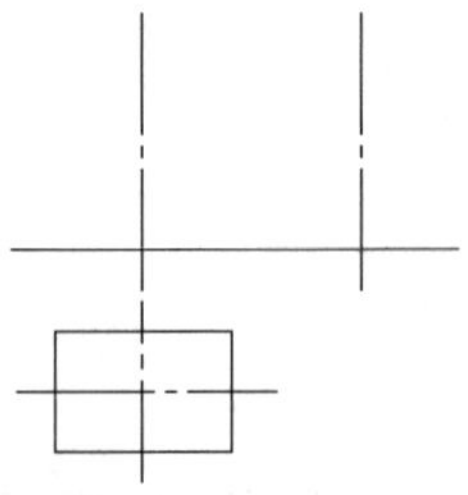	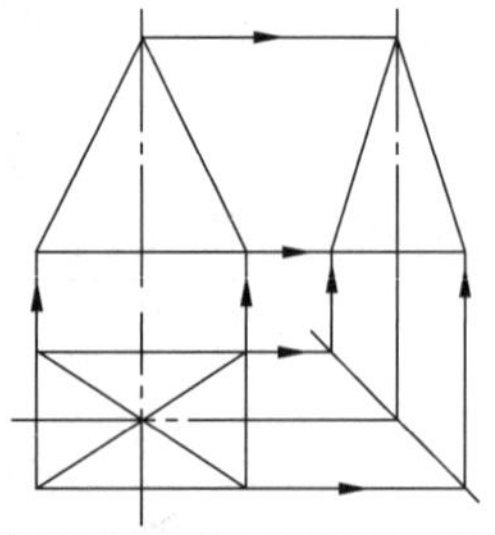	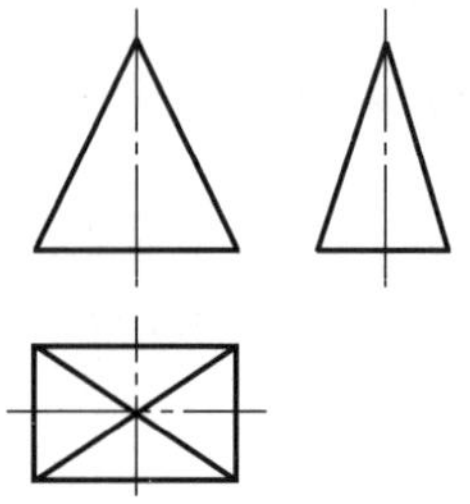
说明	画出三视图的中心线、对称中心线和底面作图基线	画出反映底面（特征平面）实形的俯视图	根据投影规律，画出其他两视图	检查、清理底稿后加深

表2-5中的正六棱柱和四棱锥在左右方向和前后方向上都对称，它们的相应视图中都画出对称中心线。在视图中，当粗实线和虚线或点画线重合时，均应画成粗实线，如表2-6中的正六棱柱的主、左视图所示；当虚线和点画线重合时，则应画成虚线。

2. 回转体三视图的投影特性

画回转体的投影图，实质上是画出所有回转面和底边的投影，并判别可见性。常见回转体主要有圆柱体、圆锥体、球体和圆弧回转体，它们的三视图和投影特性见表2-7。

表 2-7　常见回转体的三视图与投影特性

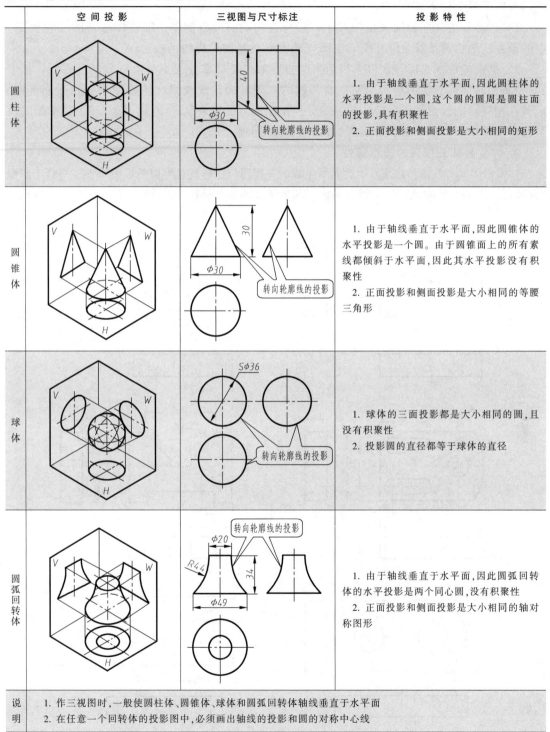

空 间 投 影	三视图与尺寸标注	投 影 特 性
圆柱体	φ30, 40, 转向轮廓线的投影	1. 由于轴线垂直于水平面,因此圆柱体的水平投影是一个圆,这个圆的圆周是圆柱面的投影,具有积聚性 2. 正面投影和侧面投影是大小相同的矩形
圆锥体	φ30, 30, 转向轮廓线的投影	1. 由于轴线垂直于水平面,因此圆锥体的水平投影是一个圆。由于圆锥面上的所有素线都倾斜于水平面,因此其水平投影没有积聚性 2. 正面投影和侧面投影是大小相同的等腰三角形
球体	Sφ36, 转向轮廓线的投影	1. 球体的三面投影都是大小相同的圆,且没有积聚性 2. 投影圆的直径都等于球体的直径
圆弧回转体	转向轮廓线的投影, φ20, R44, 34, φ49	1. 由于轴线垂直于水平面,因此圆弧回转体的水平投影是两个同心圆,没有积聚性 2. 正面投影和侧面投影是大小相同的轴对称图形
说明	1. 作三视图时,一般使圆柱体、圆锥体、球体和圆弧回转体轴线垂直于水平面 2. 在任意一个回转体的投影图中,必须画出轴线的投影和圆的对称中心线	

从表 2-7 中可以看出，当回转体的轴线平行于某一投影面时，回转面在该投影面上的投

影轮廓线就是轴线两侧最远处的素线。通过这两条素线上所有点的投射线都与回转面相切，它确定了回转面的投影范围，因此这两条素线又被称为**转向轮廓线，简称转向线。**转向轮廓线具有以下两个性质。

1）回转面的转向轮廓线是相对于某投射方向而言的。例如，圆柱体主视图（左视图）中的最左、最右两条线是圆柱面对正面（侧面）的转向轮廓线的投影。

2）转向轮廓线是回转面以某投射方向投影时，可见部分与不可见部分的分界线。如表2-7中各回转体的三视图所示，左、右两侧的两条转向轮廓线只在主视图中确定投影范围，而其在左视图的投影位于回转体的轴线处，由于回转面表面是光滑的，因此转向轮廓线的投影在左视图中不画出。前、后两侧的转向轮廓线同理。

3. 广义柱体三视图的投影特性

广义柱体具有柱体类特性，因此其所生成的三视图与柱体具有类似的投影特性，平行于底面的投影反映立体底面的实形，为特征平面，其余两投影均为矩形或矩形的组合，如图2-32所示。

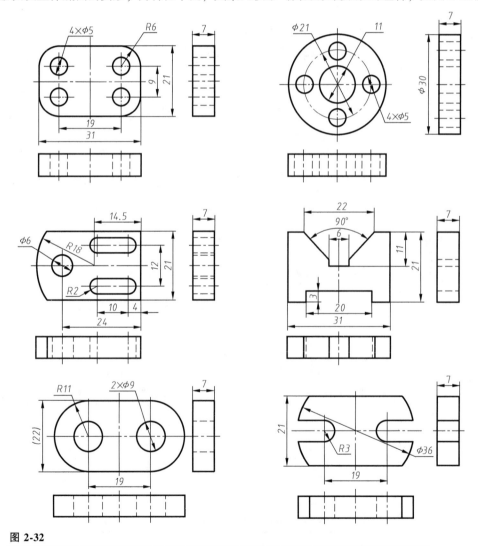

图 2-32

广义柱体的三视图

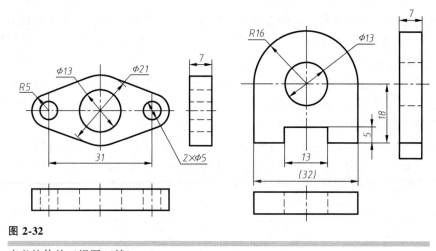

图 2-32

广义柱体的三视图（续）

下面举例说明立体三视图的生成方法。

【例 2-1】

绘制图 2-33a 所示立体的三视图。

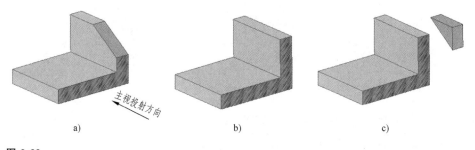

图 2-33

【例 2-1】图

a）立体　b）立体雏形　c）三棱柱挖切

解：

（1）**分析**　直观地来看该立体不属于前面所介绍的简单体，要表示该立体的二维投影，首先要对立体进行形体分析。**形体分析**就是从体的角度分析立体是由什么简单体通过增材（叠加）还是减材（挖切）的方式构成的。目的就是分析如何与前面所介绍的简单体投影形式发生关联，以完成作图。

如图 2-33a 所示立体可以看成是如图 2-33c 所示地在弯板的右前方切去一角后形成的。弯板如图 2-33b 所示是一个柱体，前方有阴影的平面为弯板柱体的底平面，被切去的立体是一个三棱柱体，其底平面为三角形，因此可以看出该立体是以弯板为雏形，经过减材（挖切）一个三棱柱后形成的。

（2）**作图**

1）确定弯板的摆放位置，选择与弯板特征底面（如图 2-33b 所示阴影面）垂直的方向作为主视投射方向。主视投射方向的选择应以能反映立体结构特点，并使主视图和左视图的图线尽量以可见方式呈现的方向。如图 2-33a 所示的箭头方向为既能反映立体弯折结构特点，又能使特征面在主视图上以可见方式呈现的方向。

2）画出弯板雏形（柱体）的三视图。先画反映弯板底平面的主视图，再画出弯板的其他两视图。其他两视图的外形轮廓都是矩形，矩形内部还需补充一些面与面之间交线的投影。最后得到弯板雏形的三视图如图 2-34a 所示。

3）画出切去三棱柱的三视图。同样先画反映特征底平面三角形的左视图，再根据投影关系画出反映矩形轮廓的主视图和俯视图，最后得到的三视图如图 2-34b 所示。

4）检查并清理底稿，加深三视图，如图 2-34c 所示。

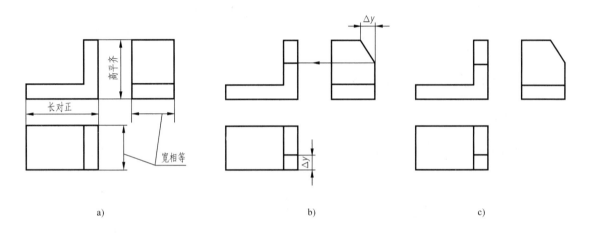

图 2-34

【例 2-1】解图

a）柱体雏形的三视图   b）挖切三棱柱作图   c）完成的立体三视图

四、基本几何元素的投影分析

由于点、线、面是组成立体的最基本的几何元素，因此，学习和掌握它们的投影规律和特点，对分析和阅读投影图都是十分重要的。

1. 点的投影

（1）**点的投影规律**   图 2-35 表示空间点 A 在三投影面体系中的投影情况及展开后的投影图。三投影面之间的交线 OX、OY、OZ 称为投影轴。如果把三个投影面看成坐标面，则互相垂直的三条投影轴即为坐标轴，三条投影轴的交点称为原点。

根据正投影法，点 A 在三个投影面上的投影分别用 a（水平投影）、a'（正面投影）、a''（侧面投影）表示，投射线段 Aa''、Aa' 和 Aa 分别是点 A 到三个投影面的距离，即点 A 的三个坐标 X、Y、Z，如图 2-35a 所示。

在各投影面内，过点的投影 a，a'，a'' 向相应投影面内的坐标轴作垂线得 a_X，a_Y，a_Z，这些垂线与投射线段、及坐标轴一起组成一个长方体框架。从长方体框架可以看出：在投影

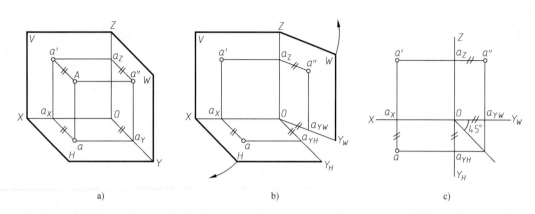

图 2-35

点的投影

面上，点的每一个投影都反映该点的两个坐标（如 $a'a_Z = Aa'' = X$，$a'a_X = Aa = Z$），点的一个坐标反映在两个投影上（如 $X = Aa'' = a'a_Z = aa_Y$）。由此可知：点的两个投影反映点的三个坐标。

按图 2-35b 所示方式将三投影面体系展开，则得到图 2-35c 所示三视图方式，展开时首先将其中 H 面与 W 面沿 OY 轴分开，各自向下和向右分别绕 OX、OZ 轴旋转，展开后的 OY 轴位于不同的投影面上，分别用 OY_H 和 OY_W 来表示。通过分析点在三投影面体系中得到投影图的过程，可得出点的投影具有如下规律。

1）点的正面投影和水平投影的连线垂直于 OX 轴，$a'a \perp OX$。

2）点的正面投影和侧面投影的连线垂直于 OZ 轴，$a'a'' \perp OZ$。

3）点的水平投影到 OX 轴的距离等于点的侧面投影到 OZ 轴的距离，$aa_X = a''a_Z$。

点的投影规律表明了点的任一投影和其他两个投影之间的联系。另外，根据点的第三条投影规律可以得出：在展开后的投影图上，过一个点（A）的水平投影（a）的水平线（aa_{YH}）与过该点的侧面投影（a''）的竖直线（$a''a_{YW}$）必定相交于过原点 O 的 45°斜线，如图 2-34c 所示。

（2）**根据点的两个投影求第三投影**　由于点的两个投影反映该点三个坐标，因此，应用点的投影规律，就可以根据点的任意两个投影求出第三投影。

✎【例 2-2】

已知点 A 的两个投影 a' 和 a，如图 2-36a 所示，求作 a''。

解：

作图过程如图 2-36b 所示。

（3）**两点的相对位置和重影点**

1）**两点的相对位置**　可通过它们的坐标差来确定。点 A 和点 B 的三面投影如图 2-37a 所示，图 2-37b 中的 ΔX、ΔY、ΔZ 就是 A、B 两点的坐标差（相对坐标）。两点的坐标差表示两点的相对位置，已知一个点的投影和两点的坐标差，便可作出另一点的投影。根据相对坐标绘制投影图时，假设以点 A 为参考点，ΔX、ΔY 和 ΔZ 为正表示，点 B 在点 A 的左方

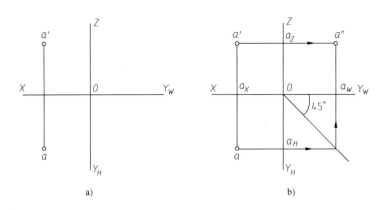

图 2-36

【例 2-2】图

（沿 OX 轴正方向）、前方（沿 OY 轴正方向）和上方（沿 OZ 轴正方向），为负则表示在相反方向。因此，如果已知点 A 的三个投影（a、a'、a''），又知点 B 对点 A 的三个坐标差（相对坐标），即使没有投影轴，而以点 A 为参考点，也能确定点 B 的三个投影。

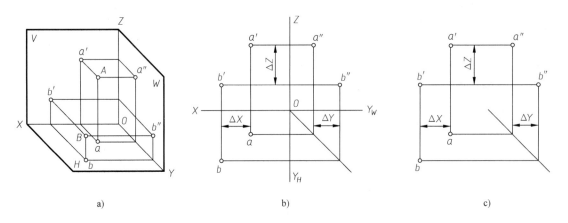

图 2-37

两点的相对坐标及无轴投影图

不画投影轴的投影图称为无轴投影图，如图 2-37c 所示。无轴投影图是根据相对坐标来绘制的，其上投影仍符合点的投影规律。**必须指出**：在无轴投影图中，投影轴虽省略不画，但各投影之间的投影关系仍然存在。

【例 2-3】

如图 2-38a 所示，已知点 A 的三投影，又知另一点 B 对点 A 的相对坐标 $\Delta X = -15$、$\Delta Y = -10$、$\Delta Z = 13$，求点 B 的三面投影。

解：

（1）**分析** 点 A 是参考点，根据相对坐标 ΔX、ΔY、ΔZ 的正负，可判定点 B 的在点 A

的右方、后方和上方。

（2）**作图**　作图过程和结果如图 2-38b 所示。要特别注意侧面投影 ΔY 的量取的基准点与方向。

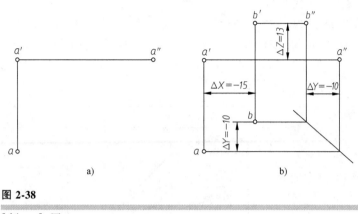

图 2-38

【例 2-3】图

2）**重影点**　重影点是指处于某一投影面的同一投射线上的空间两点（即它们有两个相同的坐标），它们在该投影面上的投影必定重合为一点。重影点投影的可见性要根据空间两点不相同的那个坐标来判断，其中坐标值大者为可见点，小者为不可见点，并规定不可见点的投影加括号表示，如图 2-39 所示。**注意**：重影点投影的可见性采用观察方向与对投影面的投射方向一致的观察法来判断，且以先看到者为可见点。

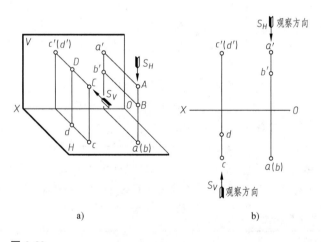

图 2-39

重影点投影及可见性判别

2. 直线的投影

直线的投影在一般情况下仍为直线。直线由两点确定，直线投影由其上两点的同面投影连线来确定。在三投影面体系中，直线有如下三种位置。

1）投影面平行线，即平行于一个投影面，对另外两个投影面都倾斜的直线。

2）投影面垂直线，即垂直于一个投影面，对另外两个投影面都平行的直线。

3）一般位置直线，即对三个投影面都倾斜的直线。

投影面垂直线和投影面平行线称为**特殊位置直线**。直线与投影面之间的夹角称为倾角。在三投影面体系中，直线对 H、V、W 面的倾角分别用 α、β、γ 表示。

（1）各种位置直线的投影特性

1）**投影面平行线**分为三种：平行于 V 面的直线称为正平线，平行于 H 面的直线称为水平线，平行于 W 面的直线称为侧平线。各种投影面平行线的投影特性见表 2-8。

表 2-8 投影面平行线的投影特性

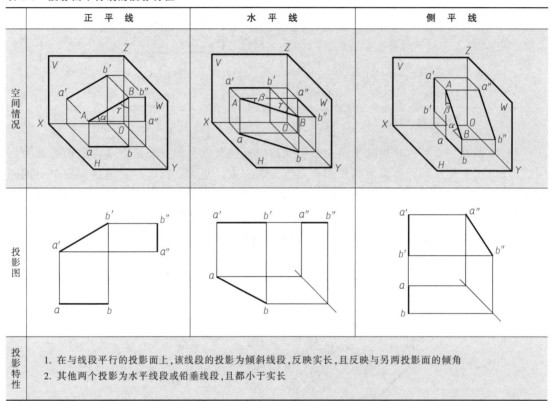

	正 平 线	水 平 线	侧 平 线
空间情况			
投影图			
投影特性	1. 在与线段平行的投影面上，该线段的投影为倾斜线段，反映实长，且反映与另两投影面的倾角 2. 其他两个投影为水平线段或铅垂线段，且都小于实长		

2）**投影面垂直线**分为三种：垂直于 V 面的直线称为正垂线，垂直于 H 面的直线称为铅垂线，垂直于 W 面的直线称为侧垂线。各种投影面垂直线的投影特性见表 2-9。

表 2-9 投影面垂直线的投影特性

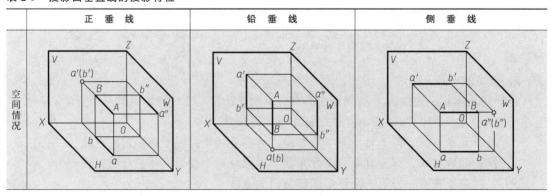

	正 垂 线	铅 垂 线	侧 垂 线
空间情况			

（续）

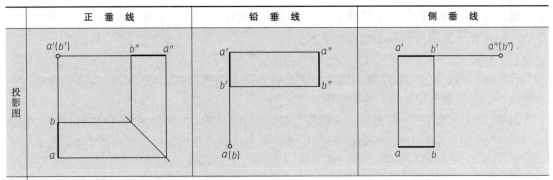

正 垂 线	铅 垂 线	侧 垂 线
投影图		
投影特性	1. 在与线段垂直的投影面上, 该线段的投影积聚为一点 2. 其他两个投影为水平线段或铅垂线段, 且都反映实长	

3）**一般位置直线**对三个投影面都倾斜，其三个投影都是倾斜线段，且都小于该直线段的实长，如图 2-40 中的一般位置直线 AB。

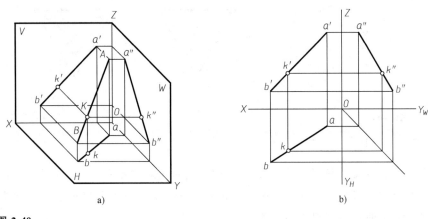

a)　　　　　　　　　　b)

图 2-40

一般位置直线的投影和直线上点的投影

（2）直线上点的投影　从图 2-40 可以看出，直线 AB 上的任一点 K 具有以下投影特性。

1）点在直线上，则点的各个投影必定在直线的同面投影上。点 K 的投影 k、k'、k'' 分别在 ab、$a'b'$、$a''b''$ 上。

2）同一直线上两线段长度之比等于其投影长度之比。点 K 分线段 AB 为 AK、KB，因此 $AK:KB=ak:kb=a'k':k'b'=a''k'':k''b''$。

求解线上点的问题，可以运用线上求点的作图方法，即根据如上直线上点的投影特性作图。

【例 2-4】

三棱锥被垂直于正面的平面 P 截切，如图 2-41a 所示，分析并作出两投影。

解：

（1）**分析**　截平面 P 与三棱锥的三条棱线都产生交点，分别为点 Ⅰ、Ⅱ、Ⅲ。因此可根据直线上点的投影特性，采用线上求点的方法完成作图，即利用点在直线上，则点的各个投影一定在直线的同面投影上的特性求解。

（2）**作图**

1）确定三棱锥的摆放位置，设定主视投射方向。截平面在正面的投影具有积聚性，为一直线，画出如图 2-41b 所示的两视图。

2）采用线上求点的作图方法，分别作出棱线上点Ⅰ、Ⅲ的投影，点Ⅱ的投影通过做与底边 BC 平行线的方法间接获得，三个交点Ⅰ、Ⅱ、Ⅲ在两个投影面内的投影位置如图 2-41c 所示。

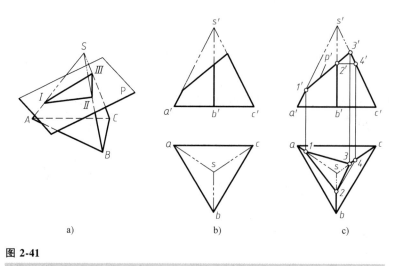

图 2-41

【例 2-4】图

（3）**两直线的相对位置及其投影特性**　两直线的相对位置有三种：平行、相交和交叉，见表 2-10。平行两直线和相交两直线都可组成一个平面，因此称为同面直线；而交叉两直线则不能组成一个平面，故称为异面直线。

表 2-10　两直线的相对位置

	空　间　情　况	三　面　投　影　图	投影特性
平行两直线			空间两直线互相平行，它们的同面投影必互相平行

（续）

空间情况	三面投影图	投影特性
相交两直线	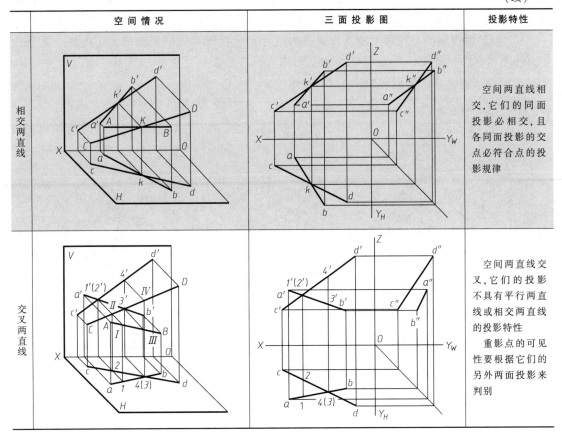	空间两直线相交，它们的同面投影必相交，且各同面投影的交点必符合点的投影规律
交叉两直线		空间两直线交叉，它们的投影不具有平行两直线或相交两直线的投影特性 重影点的可见性要根据它们的另外两面投影来判别

3. 平面的投影

（1）平面的表示法　平面的空间位置可由图 2-42 所示的任意一组几何元素来确定：①不在一条直线上的三点；②一条直线和直线外的一点；③相交两直线；④平行两直线；⑤任意平面图形。这五种确定平面的方法是可以互相转化的，其中最常用的方法是用平面图形来表示平面。

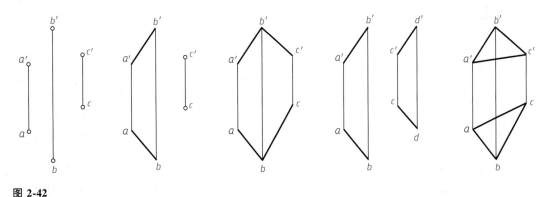

图 2-42

平面的投影表示法

（2）各种位置平面的投影特性　在三投影面体系中，平面有三种位置：①投影面垂直面，即垂直于一个投影面，对另外两个投影面都倾斜的平面；②投影面平行面，即平行于一个投影面，对另外两个投影面都垂直的平面；③一般位置平面，即对三个投影面都倾斜的平面。投影面平行面和投影面垂直面统称为**特殊位置平面**。

1）**投影面垂直面**。投影面的垂直面分为三种：垂直于 V 面的平面称为正垂面，垂直于 H 面的平面称为铅垂面，垂直于 W 面的平面称为侧垂面。

各种投影面垂直面的投影特性见表 2-11。

表 2-11　投影面垂直面的投影特性

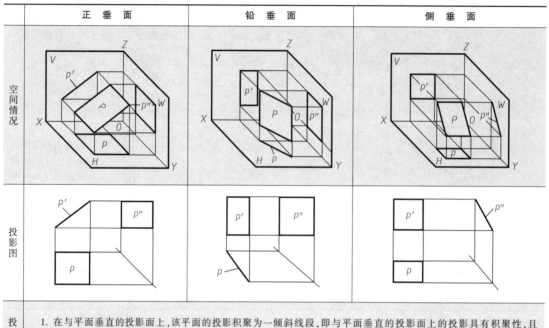

	正　垂　面	铅　垂　面	侧　垂　面
空间情况			
投影图			
投影特性	1. 在与平面垂直的投影面上，该平面的投影积聚为一倾斜线段，即与平面垂直的投影面上的投影具有积聚性，且反映与另两投影面的倾角 2. 与平面不垂直的投影面上的两个投影都是小于实形的类似形		

2）**投影面平行面**。投影面的平行面分为三种：平行于 V 面的平面称为正平面，平行于 H 面的平面称为水平面，平行于 W 面的平面称为侧平面。各种投影面平行面的投影特性见表 2-12。

表 2-12　投影面平行面的投影特性

	正　平　面	水　平　面	侧　平　面
空间情况	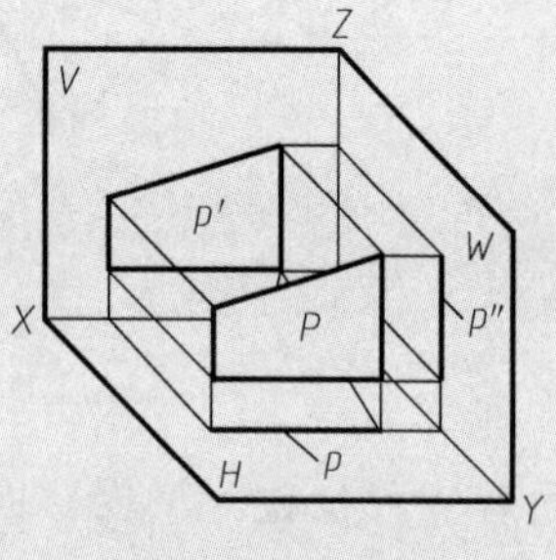	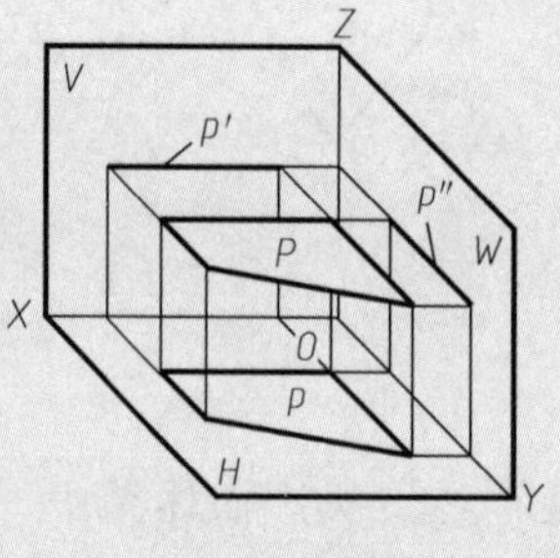	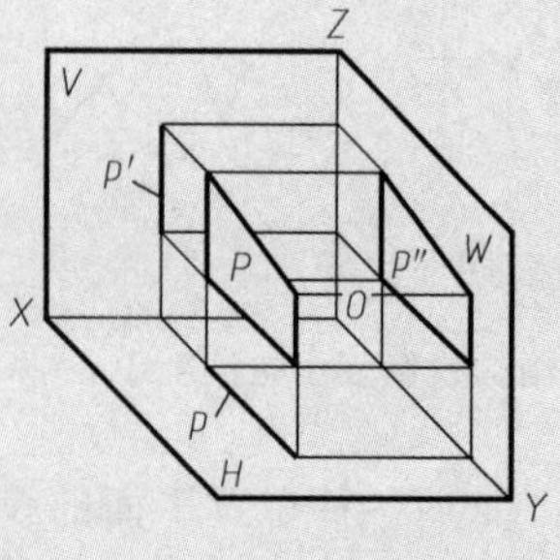

（续）

正 平 面	水 平 面	侧 平 面
投影图 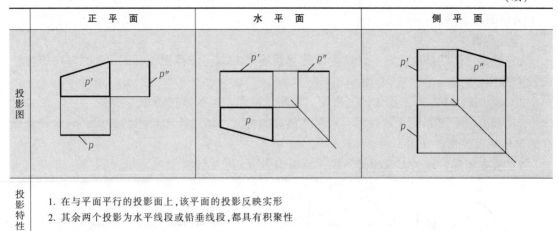		

| 投影特性 | 1. 在与平面平行的投影面上,该平面的投影反映实形
2. 其余两个投影为水平线段或铅垂线段,都具有积聚性 |

3）**一般位置平面**。图 2-43 所示为一般位置平面 R 的投影，它对三个投影面都是倾斜的，因此，一般位置平面的三个投影（r、r'、r''）都是小于实形的类似形。

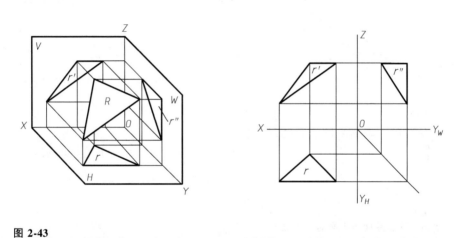

图 2-43

一般位置平面的三面投影

✏️【例 2-5】

绘出图 2-44a 所示立体的三视图。

解：

（1）**分析**

1）**形体分析**：该立体是在图 2-44b 所示柱体结构的基础上，在形体的左前部通过减材方式挖切掉一个三棱柱后形成的。

2）从立体构成的线和面的角度进行分析，即**线面分析**：该立体可以看成是一长方体先后被正垂面 P 切去左上角和被铅垂面 Q 切去左前角后形成的。正垂面 P 与铅垂面 Q 的交线 AD 为一般位置直线。这两个面（正垂面 P 和铅垂面 Q）分别与正面、水平面垂直，投影具有积聚性，在与其垂直的投影面上的投影均积聚为一条直线，在其他两个投影面上的投影为小于实形的类似形。

（2）作图

1）确定立体的摆放位置，设定立体的主视投射方向。选择图 2-44a 所示的方向即为主视投射方向。

2）画出图 2-44b 所示柱体的三视图。先画主视图，再画俯视图和左视图。

3）画出铅垂面 Q 的水平投影，根据类似形的特点，通过找点作图的方式，画出铅垂面 Q 的其他两面投影，如图 2-44c 所示。

4）检查加深，擦去多余的辅助线，完成作图。

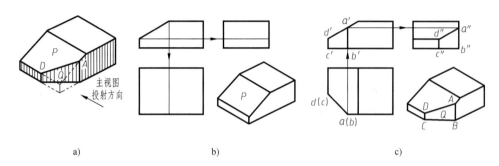

图 2-44

【例 2-5】图

4. 直线与平面、平面与平面的相对位置

直线与平面、平面与平面的相对位置分别有平行和相交两种。下面只介绍两几何元素中至少有一个几何元素处于特殊位置时的平行、相交的投影特点，见表 2-13。

表 2-13 直线与平面、平面与平面的相对位置

	几何条件	空间情况及投影图	投影特点
直线与平面平行	若平面外的一直线与平面内的一直线平行，则此直线与平面互相平行	a) 空间情况　　　b) 投影图	若直线与垂直于某一投影面的平面平行，则它们在该投影面上的投影也一定互相平行 例如：直线 AB 与铅垂面 P 平行，则它们的水平投影必定互相平行

（续）

几何条件	空间情况及投影图	投影特点
平面与平面平行	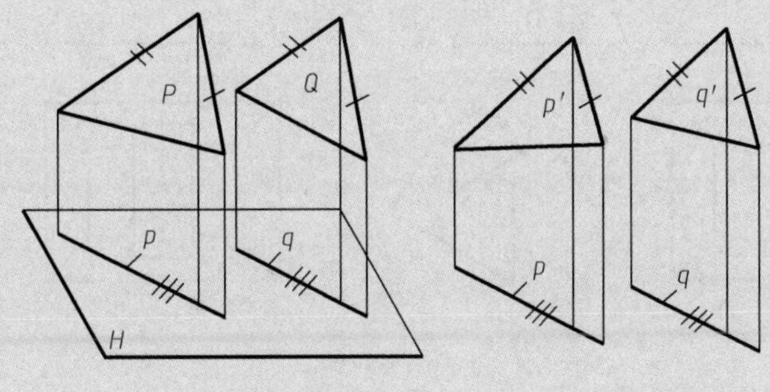 若一平面内的两相交直线分别平行于另一平面内的两相交直线，则这两个平面互相平行 a) 空间情况　　　b) 投影图	若两个互相平行的平面垂直于某一投影面，则它们在该投影面上的投影也一定互相平行 例如：互相平行的两个铅垂面 P 与 Q 的水平投影也互相平行
直线与平面相交	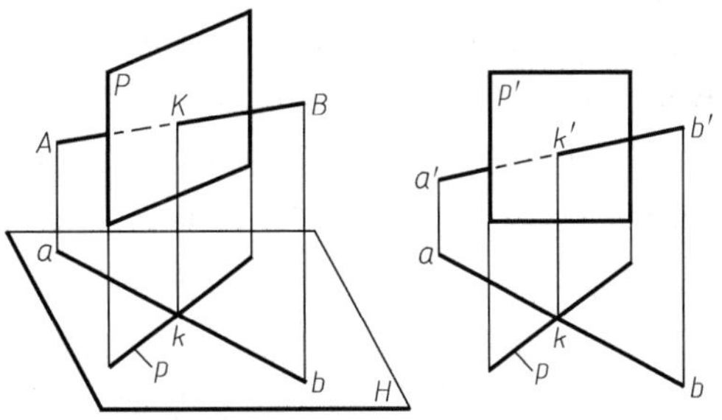 直线与平面相交，其交点是直线与平面的共有点 a) 空间情况　　　b) 投影图 **注意**：直线与平面相交时，所生成的投影图上会出现以交点的投影为分界点的可见部分与不可见部分，该可见性可通过重影点或直观性原理来判断	如图所示，当 P 面为铅垂面时，由于 P 面的水平投影具有积聚性，因此直线 AB 与 P 面水平投影的交点 k 必是线面空间交点 K 的水平投影
平面与平面相交	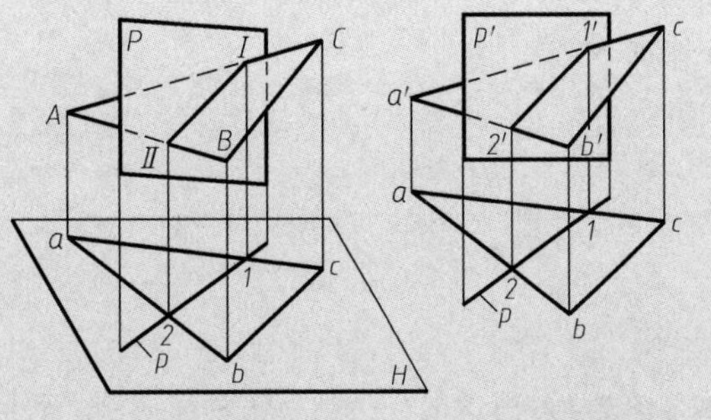 两平面相交，其交线是两平面的共有线，而且是直线 a) 空间情况　　　b) 投影图 **注意**：平面与平面相交时，所生成的投影图上会出现以交线的投影为分界线的可见区域与不可见区域，该可见性可通过用重影点或直观性原理来判断	如图所示，当 P 面为铅垂面时，由于 P 面的水平投影具有积聚性，根据交线是两平面的共有线和铅垂面的水平投影具有积聚性的性质，因此平面 ABC 与 P 面水平投影的交线 12 必是两平面空间交线 Ⅰ Ⅱ 的水平投影

【例 2-6】

分析图 2-45a 所示的立体并完成其俯、左视图。

解：

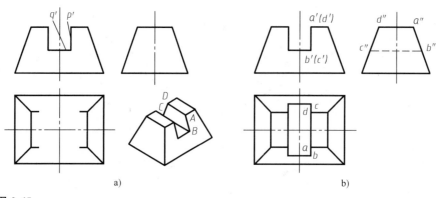

图 2-45

【例 2-6】图

（1）**分析**

1）形体分析：该立体可以看成是在四棱台上面切出一长方体切口后形成的。

2）线面分析：长方体切口是由两个左右对称的侧平面 P 和一个水平面 Q 组成的，侧平面 P 产生的交线为梯形 $ABCD$，其中 AD 和 BC 都是正垂线，侧平面 P 与水平面 Q 的交线为正垂线 BC。

（2）**作图**

1）作出侧平面 P 的侧面投影 $a''b''c''d''$，再作出侧平面 P 的积聚性的水平投影直线段，线段长度与左视图中 $b''c''$ 保持"宽相等"，如图 2-45b 所示。

2）作出水平面 Q 的矩形水平投影，长度与主视图保持"长对正"、宽度与左视图保持"宽相等"，如图 2-45b 所示。

注意：切口两个侧平面 P 的正面投影和水平投影均积聚成一条直线，侧面投影反映实形。切口水平面 Q 的正面投影和侧面投影均积聚成一条直线，水平投影反映实形。侧平面 P 与水平面 Q 的交线 BC 在侧面投影不可见。

✏【例 2-7】

分析图 2-46a 所示立体，完成其三视图，并注出全部尺寸。

解：

（1）**分析**

1）形体分析：该立体是图 2-46b 所示的柱体被一正垂面切割之后形成的，如图 2-46c 所示。

2）线面分析：切割面为正垂面，故切割面的正面投影积聚为直线，水平投影、侧面投影均为小于实形的类似形。

（2）**作图**

1）确定摆放位置，设定图 2-46a 所示箭头所指的方向为主视投射方向。

2）作出图 2-46b 所示柱体的三视图。先画该柱体底面的投影（左视图），再画具有矩形外轮廓的主视图和俯视图，如图 2-47a 所示。

3）绘制切割面积聚为直线的正面投影；根据"高平齐"的投影规律，在左视图和主视图中对应标注各点；由主、左两视图，根据"长对正""宽相等"的投影规律绘制出该面的

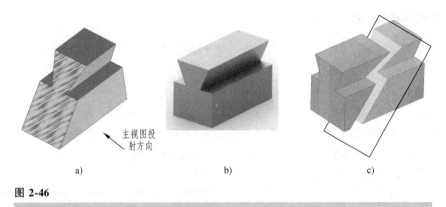

图 2-46

【例 2-7】题图

a）立体原型　b）柱体雏形　c）正垂面切割柱体

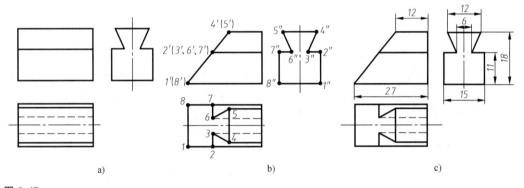

图 2-47

【例 2-7】解图

a）柱体三视图　b）正垂面切割后三视图　c）尺寸标注

水平投影，为小于实形的类似形。具体作图过程可采用找点的方法实现，在左视图中先标注出反映该平面图形的各顶点，再找出各点在主视图中的对应位置，根据投影规律，作出俯视图中各对应点的投影，结果如图 2-47b 所示。

4）检查加深，擦去不必要的图线。

（3）**标注尺寸**　该立体是在图 2-46b 所示柱体被正垂面切割后形成的，故该立体的尺寸构成为：柱体的底+高+切割面的位置尺寸。

1）柱体底的尺寸标注：柱体底面的投影即为左视图，因此所有反映底面的尺寸最好集中标注在左视图上，如图 2-47c 中左视图所示。

2）柱体高的尺寸标注：柱体高方向的投影分别在主视图和俯视图中，因此反映柱体高的尺寸 27mm 既可以标注在主视图上，也可以标注在俯视图上。如图 2-47c 所示标注在主视图上。

3）切割面的投影在主视图中积聚为一条直线，切割的位置反映得比较清晰，因此切割面的位置尺寸应标注在主视图上。如图 2-47c 主视图中的 12、27，其中 27 同时为反映柱体高的尺寸，已经标出，所以不需再重复注出。

五、简单体表面内点、线的作图方法

前面介绍了组成立体的最基本元素：点、线、面的投影特性，对于如何完成简单体表面内点、线的投影，下面具体介绍其作图的方法。

1. 平面内做点、线

根据立体几何定理可知：若点在平面内，则点必在平面内的一条线上；若直线在平面内，则直线必定通过平面内的两点或者通过平面内的一点并平行于该平面内的另一条直线。因此，在平面内作点，一般情况先需在平面内找一条已知直线，然后再在此线上作点。而在平面内作直线，则必须先在平面内找两已知点或者过平面内的一已知点作直线并且平行于该平面内的另一已知直线。

📝【例 2-8】

已知三棱锥表面上点 E 的正面投影 e' 和点 D 的水平投影 d，试完成点 E、D 的其余两投影（图 2-48a）。

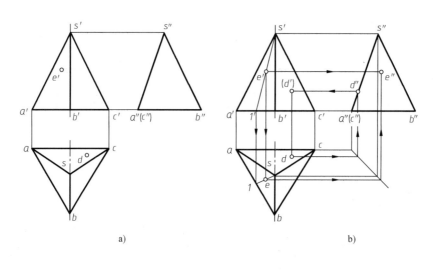

图 2-48

【例 2-8】图

解：

（1）**分析**　点 E 在三棱锥的 ABS 棱面内，则必定在 $\triangle ABS$ 棱面内的一条直线上。可通过点 e' 任作一辅助线，如直线 SI，根据点在直线上的投影特性，即可求出 e 和 e''。又已知点 D 在三棱锥的 $\triangle ACS$ 棱面内，且 $\triangle ACS$ 棱面为侧垂面，故其棱面内各点的侧面投影都积聚在相应的直线上，因此，可先作出 d''，然后再作出（d'）（由于 $\triangle ACS$ 棱面的正面投影不可见，故点 D 的正面投影也不可见）。

（2）**作图**　过程如图 2-48b 所示。

✏ 【例 2-9】

已知四棱台内有一个三棱柱形通孔，试完成立体的俯视图（图 2-49a、b）。

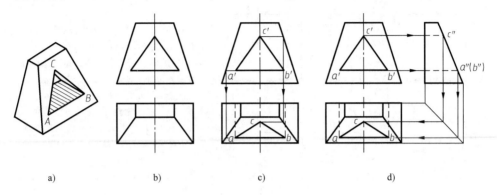

　a)　　　　　　　　b)　　　　　　　c)　　　　　　　　d)

图 2-49

完成三棱柱形通孔的俯视图

解：

（1）**分析**　根据轴测图和投影图可看出，四棱台的水平投影是完整的，只有三棱柱形通孔尚未表达清楚。

由于四棱台的后棱面是正平面，其上所有形状的水平投影都积聚在相应的直线上。因此，本题主要是求作前棱面内 $\triangle ABC$ 的水平投影 $\triangle abc$。

（2）**作图**

方法一——利用面内作点、线的方法求作 $\triangle abc$（图 2-49c）。

1）由于 AB 平行于底边，故可利用 $a'b'$ 平行性作出 a、b 点。同理，过 c' 作辅助线平行于底边，可求出 c。

2）连接 a、b、c 即得到 $\triangle ABC$ 的水平投影。

3）画出通孔中的三条棱线的水平投影，因不可见而画成虚线。

方法二——根据俯、左视图宽相等的投影规律求作 $\triangle abc$（图 2-49d）。

根据轴测图和立体的两个投影图可加第三视图（左视图）。图 2-49d 表示了根据俯、左视图宽相等的投影规律来完成俯视图 $\triangle abc$ 的作图方法。

2. 曲面（回转面）内作点、线

回转面内的点根据其所在的位置，可分为两类：①在转向线上；②在回转面上。

对于在转向线上的点，其作图关键是找到该点所在转向线的其余两个投影位置。根据转向线的投影特性，即可直接求出点的其余两投影。

对于在回转面内的点，根据其所在表面的几何性质可分别利用积聚性、辅助素线和辅助纬圆法来作图，其中最常用的方法是辅助纬圆法。另外，求出点的各投影后，还需判别其可见性。

回转面内作线的一般方法是先求出线上的一系列点，然后判别可见性后顺次光滑连接。

常见回转面内的点、线的作图方法举例见表 2-24。

表 2-24 常见回转面内点、线的作图方法

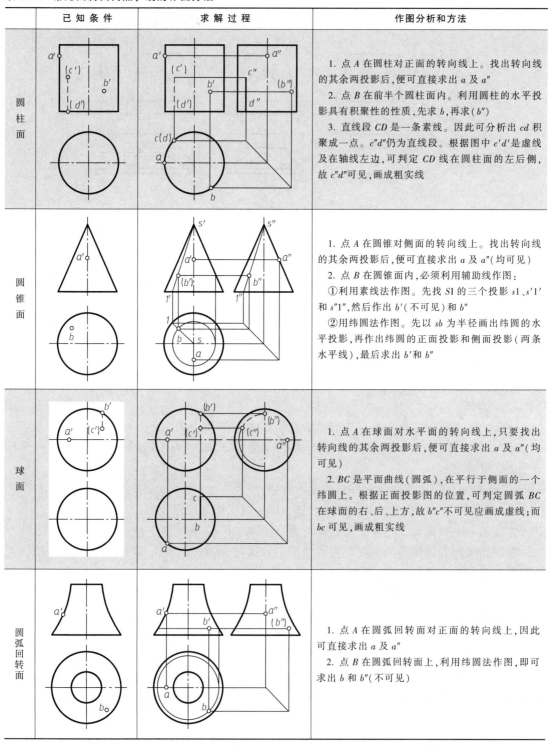

	已 知 条 件	求 解 过 程	作 图 分 析 和 方 法
圆柱面			1. 点 *A* 在圆柱对正面的转向线上。找出转向线的其余两投影后，便可直接求出 *a* 及 *a″* 2. 点 *B* 在前半个圆柱面内。利用圆柱的水平投影具有积聚性的性质，先求 *b*，再求 (*b″*) 3. 直线段 *CD* 是一条素线。因此可分析出 *cd* 积聚成一点。*c″d″* 仍为直线段。根据图中 *c′d′* 是虚线及在轴线左边，可判定 *CD* 线在圆柱面的左后侧，故 *c″d″* 可见，画成粗实线
圆锥面			1. 点 *A* 在圆锥对侧面的转向线上。找出转向线的其余两投影后，便可直接求出 *a* 及 *a″*（均可见） 2. 点 *B* 在圆锥面内，必须利用辅助线作图： ① 利用素线法作图。先找 *SI* 的三个投影 *s1*、*s′1′* 和 *s″1″*，然后作出 *b′*（不可见）和 *b″* ② 用纬圆法作图。先以 *sb* 为半径画出纬圆的水平投影，再作出纬圆的正面投影和侧面投影（两条水平线），最后求出 *b′* 和 *b″*
球面			1. 点 *A* 在球面对水平面的转向线上，只要找出转向线的其余两投影后，便可直接求出 *a* 及 *a″*（均可见） 2. *BC* 是平面曲线（圆弧），在平行于侧面的一个纬圆上。根据正面投影图的位置，可判定圆弧 *BC* 在球面的右、后、上方，故 *b″c″* 不可见应画成虚线；而 *bc* 可见，画成粗实线
圆弧回转面			1. 点 *A* 在圆弧回转面对正面的转向线上，因此可直接求出 *a* 及 *a″* 2. 点 *B* 在圆弧回转面上，利用纬圆法作图，即可求出 *b* 和 *b″*（不可见）

第三章
组合体的表示方法

组合体是机器零件的简化模型，其构形分析、模型创建、三视图画法、尺寸标注及读图等内容均以形体分析为基础。本章通过介绍组合体的三维和二维表示方法，贯彻运用形体分析法对组合体进行分析和表达的思想方法，力求达到使学生掌握绘制与阅读组合体图样的目的。

第一节　组合体的构形分析与三维建模

一、构形分析

1. 组合体构形分析

简单体是构成组合体的基本单元。从特征的角度看，任何组合体都可看成是由一些具有简单特征的立体所组成的。如图 3-1 所示的立体，可以将其视为如图 3-2 所示体 1（广义柱体）、体 2（广义柱体）、体 3（圆柱体）三部分的组合；而体 1 与体 3 之间的通孔，可看成在两形体中同时挖切掉一个如图 3-3 所示的圆柱体形成的。这种把立体看作由若干简单体组成的方法，就是利用前面内容所涉及的形体特征进行分析的方法，称为**形体分析法**。

图 3-1

立体模型

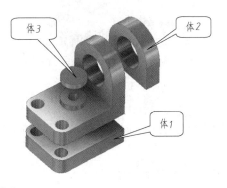

图 3-2

立体模型的分解

　　形体分析法是假想把组合体分解成若干个简单体，确定它们的构形方式和相对位置，分析它们的表面连接形式、过渡关系，完成组合体结构分析的方法。它采用化整为零、化繁为简的手段，有步骤、分层次地对组合体进行拆解、组合，将复杂问题简单化，是解决组合体三维立体与二维投影相互转换的主要方法。

　　对图 3-4 所示的轴承盖进行形体分析，可得出它是由柱体 I 、II 、III，以及在圆柱体基础上进行切槽、挖孔后形成的件IV，相互间通过叠加方式组合而成的一种立体。

　　组合体的构形组合方式，即组合体的三维建模方式主要分为以下两种。

　　（1）**叠加方式建立新特征**　叠加的组合方式是以增材方式，即通过新增特征，以增加模型的体积、重量的方式形成新的特征。其结果是在所建立的基础特征（基础件）之上新增部分材料，**基础件**是构成组合体最基本的实体特征，是简单体，如图 3-5a 所示。

　　（2）**挖切方式建立新特征**　挖切的组合方式是以减材方式，即通过减少模型的体积、重量的方式产生新的特征。其结果是从已有的实体中按照特征去除掉部分材料，如图 3-5b 所示。

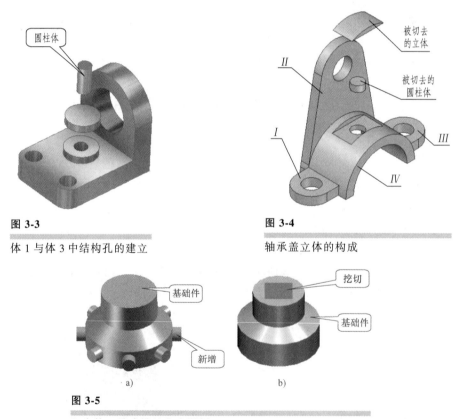

图 3-3

体 1 与体 3 中结构孔的建立

图 3-4

轴承盖立体的构成

图 3-5

组合体三维建模的方式举例

a）以增材方式建立的特征　b）以减材方式建立的特征

注：图中基础件是通过旋转运算方式得到的简单体（回转体）。

2. 组合体的构形表示法

　　将组合体分解成简单体的形体分析方法可以通过 CSG（Constructive Solid Geometry）三维复杂体构形表示法来直观地加以描述。CSG 是实体造型方法中的一个术语，CSG 表示法实质上是利用正则集合运算，即运用并（∪）、交（∩）、差（＼）的运算方式，将复杂体定义为简单体的合成，它是计算机实体造型中的一种构形方法。

组合体的 CSG 表示法是用一棵有序的二叉树来表示的（二叉树是一棵每个树叉最多有两个子树叉的树状结构，包含树枝、树根），二叉树的叶结点（或终结点）是体素，根结点为复杂体，其余结点都是规范化布尔运算（并、交、差）运算符号，如图 3-6 所示。图 3-6a 表示的是运用并（∪）运算和差（＼）运算得到的立体模型和反映立体构成的 CSG 树；图 3-6b 表示的是运用交（∩）运算得到的立体模型和反映立体构成的 CSG 树。CSG 表示法表示的是构建组合体的一种过程模型，它能形象地描述组合体构形的整个思维过程，对分析、构建模型很有帮助。

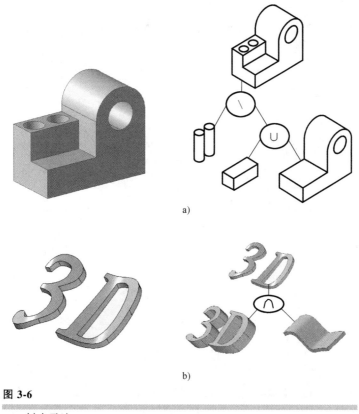

a)

b)

图 3-6

CSG 树表示法

通过以上分析可知，要构建一个组合体，拆分是关键。但是同一组合体可以存在几种不同的分解方案，如图 3-7 所示，因此，在分解组合体时应注意，要以分解得到的简单体数量最少、最能反映立体特征为最终目的。

二、组合体的创建

构建组合体的基本方法就是利用组合体的构成特点，先采用形体分析法拆分组合体，将组合体分解为各种简单体；再分析各简单体的构成特点，是具有柱体的特征，还是具有回转体的特征，根据特征进行创建；然后根据各简单体之间的相对位置关系，分析各简单体之间

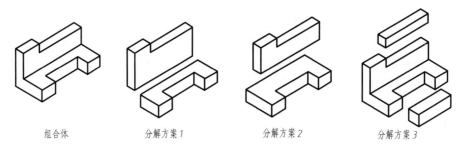

图 3-7

组合体的不同分解方案

所采用的组合方式是叠加还是挖切，最后完成组合体的创建。

【例 3-1】

完成图 3-8a 所示组合体的创建。

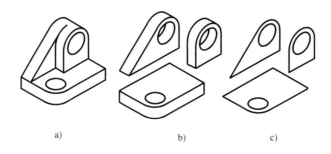

图 3-8

【例 3-1】图

a）组合体　b）分解　c）特征平面

解：

通过形体分析，根据其构成特点，可将该组合体分
解为图 3-8b 所示的三个简单体，并且这三个简单体都具
有广义柱体的特性。因此，这三个简单体可以通过图3-8c
所示的特征平面运用拉伸运算方式构建，最后将三者相
互叠加即为所求组合体。组合体及 CSG 树表示法如图 3-9
所示。

【例 3-2】

完成如图 3-10a 所示组合体的创建。

解：

经过对立体构成特点的分析，可以将该立体初步

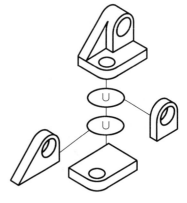

图 3-9

【例 3-1】CSG 树表示法

分解为图 3-10b 所示的两部分；这两部分是可以通过图 3-10c 所示特征平面通过拉伸运算方式构建形成的广义柱体；要达到最终结果，还必须在图 3-10b 所示体 1 上挖切掉一半圆柱体体 3，如图 3-10d 所示；最后，各简单体经相互叠加得到所求组合体。组合体构形的方式可通过形体表示法及 CSG 树这两种表示法进行表达。如图 3-11 所示。其中，依附件顾名思义为依靠基础件才能确立其位置的简单体，即为除基础件外，从组合体分解下来的部分。依附件的确立一般是通过利用叠加（增材）或挖切（减材）方式，在基础件上生成的。如图 3-11中，体 1 为基础件，体 2、体 3 为依附件。

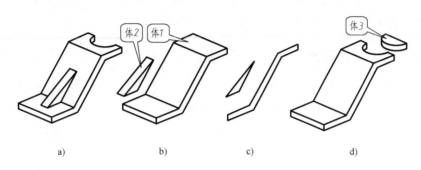

图 3-10

【例 3-2】图

a）原型 b）分解 c）特征平面 d）分解

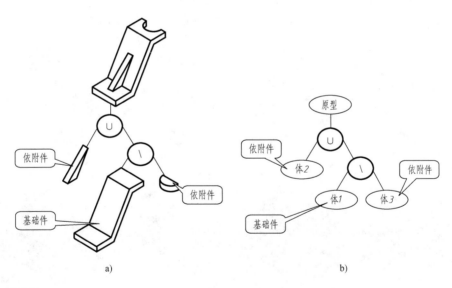

图 3-11

【例 3-2】CSG 树表示法

a）方法一：形体表示法 b）方法二：符号表示法

以上介绍了组合体创建的基本方法。但是在组合体创建的实际操作过程中，应先建立基础件，再建立依附件，创建组合体的具体操作步骤如下。

1）分析组合体构形特点，确定基础件、依附件。

2）画出 CSG 树，确定创建步骤。

3）根据基础件构形特点，选择特征运算方式，创建基础件。

4）根据依附件与基础件的相对位置关系，确定以增材方式还是以减材方式创建依附件。

5）完成组合体的创建。

第二节　组合体的三视图

前一节介绍了如何利用形体分析法完成对组合体的构形分析与三维建模，下面将针对组合体的二维表示法进行论述。

一、组合体三视图的画法

与建立立体的三维模型一样，画组合体的三视图首先要针对组合体进行形体分析，形体分析方法是组合体画图、尺寸标注和读图的基本方法。然而，对于组合体表面上的线和面，以及投影图中难以想象的投影图线、投影图框，必要时还需辅之以**线面分析法**，就是要遵循以形体分析法为主，线面分析法为辅的原则。

线面分析法是对立体表面上的线、面或者投影图中的图线、图框进行分析，进而掌握它们的形状、相对位置关系及其在投影面体系中的位置和投影特点的方法。它是画出或读懂立体上或视图中复杂而难以画图或读图的部分的重要方法。运用形体分析法应掌握基本几何体的投影特性，运用线面分析法应掌握线、面的投影理论。

下面以图 3-12 所示的立体为例，介绍组合体的分析方法和画图步骤。

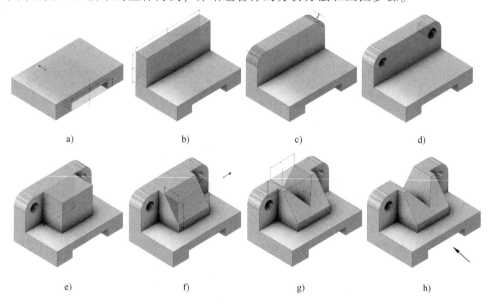

a)　　　　　　　　　b)　　　　　　　　　c)　　　　　　　　　d)

e)　　　　　　　　　f)　　　　　　　　　g)　　　　　　　　　h)

图 3-12

组合体的形体分析

a）建立长方体并在其上开方形通槽　b）叠加竖板　c）生成圆角　d）对称打孔　e）叠加长方体

f）截切三棱柱　g）挖切三棱柱　h）结果

（1）**形体分析**　图 3-12h 所示的立体可分解为底板、竖板和 V 形块三大部分。立体的构形方式可按如图 3-12a~g 所示的顺序实现。

（2）**选择主视图**　主视图是表达组合体的一组视图中最主要的视图，应选择形状特征最明显，位置特征最多的方向作为主视图的投射方向，同时应避免在其他视图上出现较多的虚线，否则会影响图形表达和尺寸标注的清晰性。以图 3-12h 所示箭头方向作为主视投射方向，符合主视图选择的要求。

（3）**布置图面，画基准线**　立体在上下和前后方向上不对称，在底面和后端面的投影位置分别画出高度和宽度方向的基准线；立体在左右方向上对称，在主视图和俯视图上画出长度方向的对称线，作为画图的基准线，如图 3-13a 所示。每个视图上的基准线是下一步画底稿的作图基线，同时也确定了各视图的位置，应通过对图幅大小和画图比例的计算，合理地布置视图。

（4）**画三视图底稿**　以形体分析确定的构形顺序为作图顺序，依次画出组合体各部分。

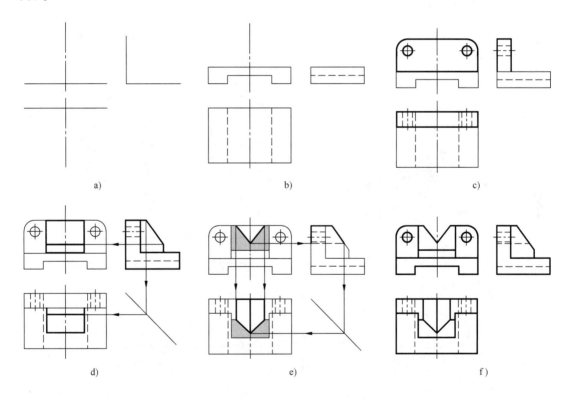

a)　　　　　　　　　　　　　　b)　　　　　　　　　　　　　　c)

d)　　　　　　　　　　　　　　e)　　　　　　　　　　　　　　f)

图 3-13

组合体画三视图的步骤

1）画出底板长方体和底板上方形通槽的投影，如图 3-13b 所示。
2）画出叠加的包括圆角和孔的竖板的投影，如图 3-13c 所示。
3）画出叠加的长方体被挖切了三棱柱后的投影，如图 3-13d 所示。

4）画出中间挖切三棱柱后的投影，如图 3-13e 所示。

画三视图时，一般应先画出各简单体的特征投影，再画出另外两面投影，且按照"长对正""高平齐""宽相等"的"三等规律"同时画；画底稿时应采用细实线，以便于修改（图中为明确每步作图的内容，使用了粗实线）。

（5）**线面分析** 运用线面分析法便于想象多次截切所形成的表面形状并完成其投影。立体被截切三棱柱后会形成 V 形槽，如图 3-13e 所示，主视图显示其左右两侧面为正垂面；该正垂面与立体前侧被截切三棱柱后形成的侧垂面相交，产生了一般位置的交线，同时导致侧垂面的形状发生改变，其正面和水平面的投影如图 3-13e 中阴影部分线框所示，可以看出图中的俯视图线框和主视图线框具有类似形的特点。如此找出侧垂面所具有的类似形的投影，可验证作图的正确性，同时也可更加明确此表面的形状。

（6）**检查加深** 检查图形，擦去多余辅助线，按照线型要求加深各类图线，完成的三视图如图 3-13f 所示。

二、组合体相邻表面的关系分析

组合体中互相结合的两个简单体相邻表面间的关系有三种情况，即平齐、相切和相交，如图 3-14a 所示。

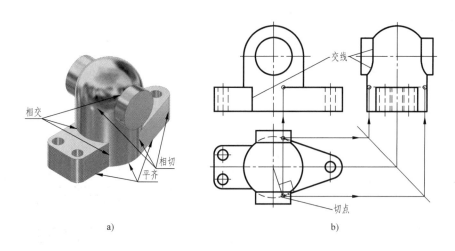

a)　　　　　　　　　b)

图 3-14

组合体的表面间关系

a）立体图　b）三视图

1. 平齐

互相组合的简单体表面平齐时，两简单体的表面实际上就构成一个"完整"的平面（即共平面或共柱面），不存在分界线，在图 3-14a 所示的立体中，左侧底板、大圆柱和右侧底板的下表面即为平齐的表面。

2. 相切

两立体表面相切，可以是平面与回转面相切，如图 3-14a 所示，立体中的右侧底板侧面与圆柱回转面相切；也可以是两回转面相切，如图 3-14a 所示立体中的上半球与大圆柱相切。由于相切处是光滑过渡的，不存在分界线，因此三视图中不应画出表示分界的"分界线"的投影，但应准确作出相切位置，得到相应轮廓的投影，如图 3-14b 的三视图所示。

3. 相交

两立体相交也称为两立体相贯。我们知道简单体包括平面立体、回转体和广义柱体，由简单体到组合体的构形方式既可叠加（增材方式），亦可挖切（减材方式），因此，两立体相贯的情况也是多种多样的，图 3-15a～e 就分别表示了两平面立体相交、平面立体和回转体相交、两回转体相交、四个同轴回转体相交、两轴线平行的圆柱体相交的不同情况。

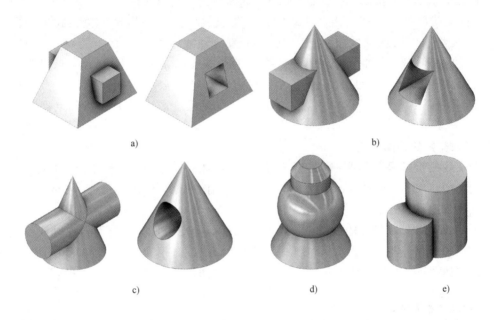

a)　　　　　　　　　　　　　b)

c)　　　　　　　　　d)　　　　　　　　e)

图 3-15

两立体相交

a）两平面立体相交　b）平面立体和回转体相交

c）两回转体相交　d）四个同轴回转体相交　e）两轴线平行的圆柱体相交

立体与立体的相交方式总体上可分为平面立体与平面立体相交、平面立体与回转体相交、回转体与回转体相交三种。下面就在立体相交的不同形式下，对立体表面所产生的交线进行分析。由于平面立体与平面立体相交的方式仍属于平面立体的范畴，因此不作为本部分讨论的内容，下面主要针对平面立体与回转体相交、两回转体相交的形式，重点讨论平面与回转面相交、回转面与回转面相交所产生的交线的基本概念和作图方法。

三、平面与回转面相交的分析与作图

常见的回转面有圆柱面、圆锥面、球面和圆弧回转面，平面与这三种形式的回转面相交

会产生不同形状的交线，该交线称为**截交线**，该平面称为**截平面**。截交线的形状取决于回转面的形状和截平面与回转面轴线的相对位置，且截交线的形状一定是平面曲线或直线，同时该交线一定是截平面与回转面共有点的集合。但当截平面与回转面的轴线垂直时，任何回转面的截交线都是圆，这个圆如第二章第二节所介绍的**纬圆**。

1. 求截交线的一般步骤

1）空间分析。根据回转面的形状以及截平面与回转面轴线的相对位置，确定截平面与回转面相交所得截交线的空间形状。

2）投影分析。根据截交线是回转面与截平面共有点的集合的性质，再根据截平面和回转面轴线在投影面体系中的位置，明确截交线在每个投影面的投影特点，分析哪些截交线的投影是已知的，哪些截交线的投影是未知的，再采用适当的方法作图。

3）截交线的投影作图。当截交线的投影是直线时，可根据投影关系找出线段的两个端点，或者一个端点及线段的投影特性（如与轴线平行、垂直等关系）直接作出；当截交线的投影是圆或圆弧时，可根据投影关系找出圆心、半径画出；非圆曲线的投影可根据投影关系找点连线作出，作图步骤为先取**特殊点**（转向轮廓线上点、极限位置点，椭圆特征点等），后取中间点，然后判断可见性，顺次光滑连接各点即得到截交线的投影。

2. 求截交线的作图方法

作截交线的投影即作出截平面与回转面共有点的投影。平面与圆柱面相交共有点的求解是利用圆柱回转面和平面具有积聚性的特点。平面与圆锥面、球面相交共有点的求解通常利用纬圆法，下面具体介绍。

（1）**平面与圆柱面相交的截交线**　平面与圆柱面相交根据平面与圆柱面轴线的相对位置可分为三种情况，即平行、垂直和倾斜，产生的截交线分别为直线、圆和椭圆。不同相交情况下的立体图、三视图及作图步骤、投影分析及作图说明等见表 3-1。

表 3-1　平面与圆柱面相交的截交线

平面位置	立体	三视图及作图步骤	投影分析及作图说明
与圆柱轴线平行			1. 圆柱体的轴线为铅垂线，圆柱面的水平投影积聚成圆 2. 参与相交的平面是正平面，截交线是两条平行于轴线的素线，其正面投影反映实形 3. 截交的两条素线是铅垂线。根据截交线是两面共有点的集合的特性，截平面积聚的水平投影直线和圆柱面积聚的水平投影圆的交点，即素线的水平投影

（续）

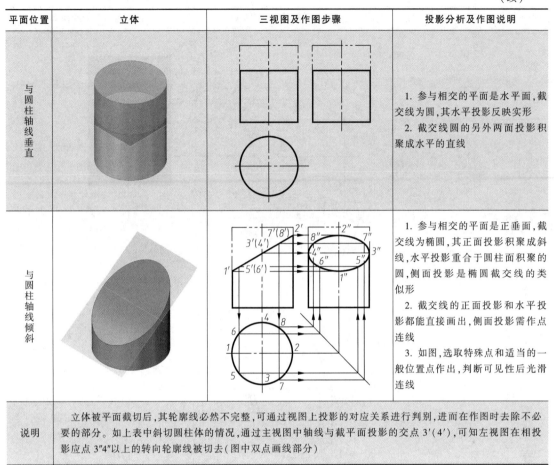

平面位置	立 体	三视图及作图步骤	投影分析及作图说明
与圆柱轴线垂直			1. 参与相交的平面是水平面,截交线为圆,其水平投影反映实形 2. 截交线圆的另外两面投影积聚成水平的直线
与圆柱轴线倾斜			1. 参与相交的平面是正垂面,截交线为椭圆,其正面投影积聚成斜线,水平投影重合于圆柱面积聚的圆,侧面投影是椭圆截交线的类似形 2. 截交线的正面投影和水平投影都能直接画出,侧面投影需作点连线 3. 如图,选取特殊点和适当的一般位置点作出,判断可见性后光滑连线
说明	立体被平面截切后,其轮廓线必然不完整,可通过视图上投影的对应关系进行判别,进而在作图时去除不必要的部分。如上表中斜切圆柱体的情况,通过主视图中轴线与截平面投影的交点 3′(4′),可知左视图在相投影应点 3″4″ 以上的转向轮廓线被切去(图中双点画线部分)		

（2）**平面与圆锥面相交的截交线** 平面与圆锥面相交根据平面与圆锥面轴线的相对位置可分为五种情况,产生的截交线分别为圆、椭圆、抛物线、双曲线和直线,不同相交情况下的立体图、三视图及作图步骤、投影分析及作图说明等见表 3-2。

表 3-2 平面与圆锥面相交的截交线（α 为半顶角，θ 为截平面与轴线夹角）

平面位置	立 体	三视图及作图步骤	投影分析及作图说明
与圆锥轴线垂直 ($\theta = 90°$)			1. 圆锥体的轴线为铅垂线,圆锥面的水平投影积聚为圆 2. 参与相交的平面是水平面,截交线为圆,其水平投影反映实形 3. 截交线圆的另外两面投影积聚成垂直于圆锥体轴线投影的直线段 4. 截交线圆的半径为正面或侧面直线投影的一半(纬圆法)

（续）

平面位置	立体	三视图及作图步骤	投影分析及作图说明

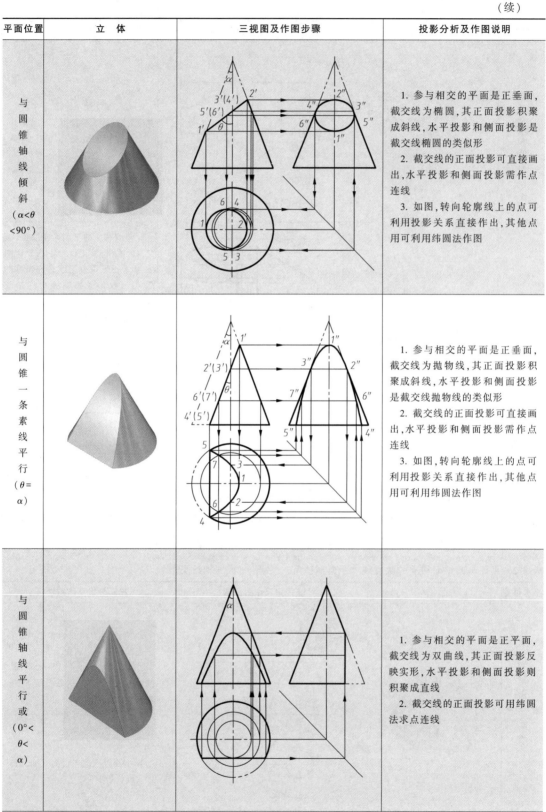

与圆锥轴线倾斜（α<θ<90°）

1. 参与相交的平面是正垂面，截交线为椭圆，其正面投影积聚成斜线，水平投影和侧面投影是截交线椭圆的类似形

2. 截交线的正面投影可直接画出，水平投影和侧面投影需作点连线

3. 如图，转向轮廓线上的点可利用投影关系直接作出，其他点用可利用纬圆法作图

与圆锥一条素线平行（θ=α）

1. 参与相交的平面是正垂面，截交线为抛物线，其正面投影积聚成斜线，水平投影和侧面投影是截交线抛物线的类似形

2. 截交线的正面投影可直接画出，水平投影和侧面投影需作点连线

3. 如图，转向轮廓线上的点可利用投影关系直接作出，其他点用可利用纬圆法作图

与圆锥轴线平行或（0°<θ<α）

1. 参与相交的平面是正平面，截交线为双曲线，其正面投影反映实形，水平投影和侧面投影则积聚成直线

2. 截交线的正面投影可用纬圆法求点连线

（续）

平面位置	立 体	三视图及作图步骤	投影分析及作图说明
过圆锥锥顶	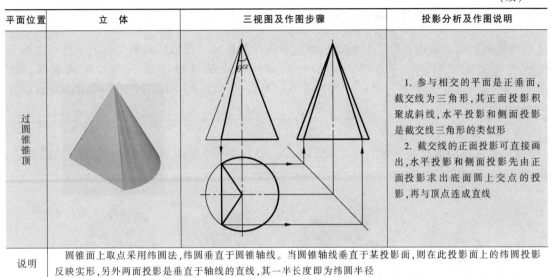		1. 参与相交的平面是正垂面,截交线为三角形,其正面投影积聚成斜线,水平投影和侧面投影是截交线三角形的类似形 2. 截交线的正面投影可直接画出,水平投影和侧面投影先由正面投影求出底面圆上交点的投影,再与顶点连成直线
说明	圆锥面上取点采用纬圆法,纬圆垂直于圆锥轴线。当圆锥轴线垂直于某投影面,则在此投影面上的纬圆投影反映实形,另外两面投影是垂直于轴线的直线,其一半长度即为纬圆半径		

（3）**平面与球面的截交线** 平面与球面相交,产生的截交线一定是圆。当截平面相对于投影面处于不同位置时,截交线的投影可以是圆、椭圆或直线,见表 3-3。

表 3-3 平面与球面相交的截交线

平面类型	立 体	三视图及作图步骤	投影分析及作图说明
水平面			1. 参与相交的平面是水平面,截交线圆的水平投影反映实形 2. 截交线圆的另外两面投影积聚成水平的直线 3. 截交线圆的半径为正面或侧面直线投影的一半(纬圆)
水平面和侧平面			1. 参与相交的平面为水平面和左右对称的两个侧平面,分别产生的截交线圆的水平投影和侧面投影反映实形(方槽范围内的一段圆弧) 2. 截交线圆的另外两面投影积聚成垂直于相应轴线的直线
说明	平面与球面相交,主要分析参与相交的平面与投影面的相对位置,若该平面为投影面平行面,则可先在其平行的投影面内画出反应实形的圆的投影;若该平面为投影面垂直面,则在其垂直的投影面内的投影积聚为直线,另外两面投影为椭圆。平面与球面相交,截交线的作图关键在于找准纬圆的圆心和半径		

四、两回转面相交的分析与作图

常见的回转面有圆柱面、圆锥面、球面和圆弧回转面，两回转面相交在表面所产生的交线称为**相贯线**。相贯线一般是封闭的空间曲线，特殊情况下为平面曲线或直线，如图 3-15d、e 所示，相贯线上的每一点都是两回转面的共有点，相贯线即为两回转面共有点的集合。

1. 相贯线的投影特性

1）**相贯线的形状**：取决于回转面的形状、大小和两回转面轴线的相对位置，如图 3-16 所示。

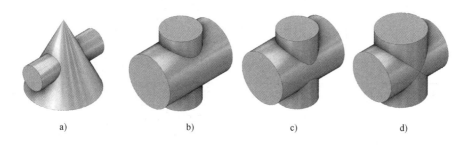

a)   b)   c)   d)

图 3-16

不同情况下的相贯线形状

a）不同形状两回转面相交   b）不同直径两圆柱面正交

c）不同直径两圆柱面偏交   d）两等直径圆柱面正交

2）**相贯线的投影**　取决于相交两回转面轴线对各投影面的相对位置。作图时可根据相交两回转面的形状、大小和两回转面轴线的相对位置，分析交线的形状特点，再依据相交两回转面轴线对各投影面的相对位置，明确交线各投影特点，进而采用适当的方法作图。

3）**求相贯线的投影通常有以下两种方法：积聚投影法**，相交两回转面中，如果有一个回转面的投影具有积聚性，就可利用该面的积聚性投影作出两回转面的一系列共有点，然后依次连成相贯线；**辅助平面法**，根据三面共点原理，作辅助平面与两回转面相交，求出辅助面与两回转面的截交线，截交线的交点即为相贯点。

为了使相贯线的作图清楚、准确，在求两面共有点时，应先求特殊点，再求一般点。相贯线上的特殊点包括可见性分界点、回转面投影轮廓线上的点、极限位置（最高、最低、最左、最右、最前、最后）点等。根据这些点不仅可以确定相贯线投影的范围，而且还可以比较恰当地设立求一般点的位置。

2. 相贯线的作图方法

1）**利用圆柱面的积聚性，采用表面取点法，可求出与轴线垂直相交的两圆柱面的相贯线**。对轴线垂直相交的两个圆柱，当两圆柱轴线垂直于投影面时，根据圆柱面的投影具有积聚性的投影特性，以及相贯线是两回转面共有点的集合的性质，可直接得出相贯线的已知投影，不等直径和相等直径的轴线垂直相交两圆柱面的相贯线及其作图方法分别见表 3-4 和表 3-5。

表 3-4　轴线垂直相交两圆柱面的相贯线及其作图方法

相对位置	立　体	三视图及作图步骤	投影分析及作图说明
外表面相交	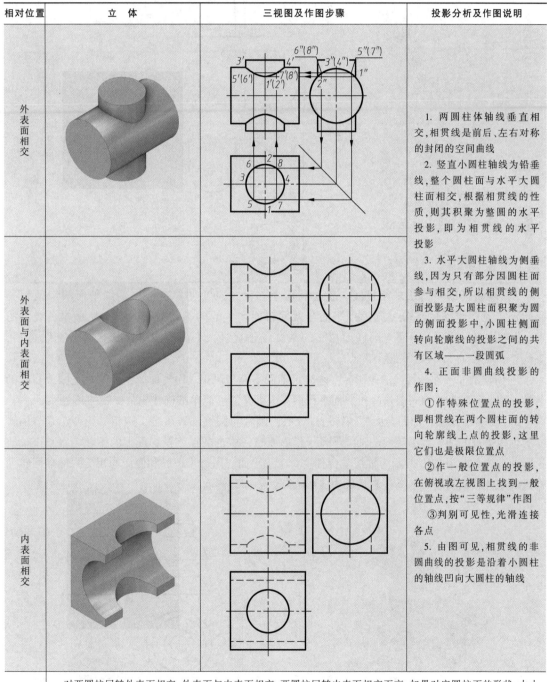		1. 两圆柱体轴线垂直相交，相贯线是前后、左右对称的封闭的空间曲线 2. 竖直小圆柱轴线为铅垂线，整个圆柱面与水平大圆柱面相交，根据相贯线的性质，则其积聚为整圆的水平投影，即为相贯线的水平投影 3. 水平大圆柱轴线为侧垂线，因为只有部分因圆柱面参与相交，所以相贯线的侧面投影是大圆柱面积聚为圆的侧面投影中，小圆柱侧面转向轮廓线的投影之间的共有区域——一段圆弧 4. 正面非圆曲线投影的作图： ①作特殊位置点的投影，即相贯线在两个圆柱面的转向轮廓线上点的投影，这里它们也是极限位置点 ②作一般位置点的投影，在俯视或左视图上找到一般位置点，按"三等规律"作图 ③判别可见性，光滑连接各点 5. 由图可见，相贯线的非圆曲线的投影是沿着小圆柱的轴线凹向大圆柱的轴线
外表面与内表面相交			
内表面相交			
说明	对两圆柱回转外表面相交、外表面与内表面相交、两圆柱回转内表面相交而言，如果对应圆柱面的形状、大小和相对位置相同，那么相贯线的空间形状和作图方法就相同，投影也相同，只需判断可见性		

表 3-5　轴线垂直相交直径相等的两圆柱面的相贯线及其作图方法

相对位置	立 体	三视图及作图步骤	投影分析及作图说明
两圆柱贯穿			1. 相交两圆柱的轴线垂直相交且直径相等，相贯线的空间形状是平面曲线，为椭圆 2. 在图示情况下，椭圆面是正垂面，因此相贯线的正面投影为两圆柱轮廓线投影的交点的对角连线，且通过两轴线投影的交点
直角接头			

2）**利用辅助平面法求相贯线**，就是利用"三面共点"的原理，用辅助平面截切两相交回转面上有相贯线的部分，则辅助平面与两回转面产生的两条截交线的交点就是相贯线上的点。如图 3-17 所示，平面与圆柱面相交的截交线是直线，平面与圆锥面相交的截交线是圆，直线与圆的交点即为相贯线上的点。

利用辅助面法作相贯线的投影，必须满足辅助平面与两相交回转面产生的交线是圆或直线的条件，因此，辅助平面一般选择投影面平行面，或者是能够简单准确作出截交线的其他平面。

3）**回转面同轴**，即回转面的轴线通过球心，圆柱与圆锥轴线重合，则相贯线一定是与回转面的轴线垂直的圆。当回转面的轴线平行于投影面时，这个圆在该投影面上的投影为垂直于轴线投影的直线。如图 3-18 所示为轴线重合且垂直于水平面、平行于正面和侧面的相交同轴多回转面构成的立体，相贯线的水平投影是反映实形的圆，正面和侧面投影是垂直于轴线投影的直线。

图 3-17

辅助平面法的截交线

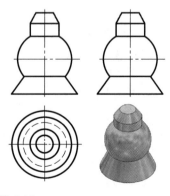

图 3-18

同轴回转面的交线的投影

五、组合体三视图综合举例

【例 3-3】

在图 3-19a 中，已知俯视图和左视图，画出主视图。

解：

1）从外轮廓入手，分析得出本例组合体是由半球、同轴的小圆柱和大圆柱叠加而成，画出的基础外轮廓三视图如图 3-19b 所示。

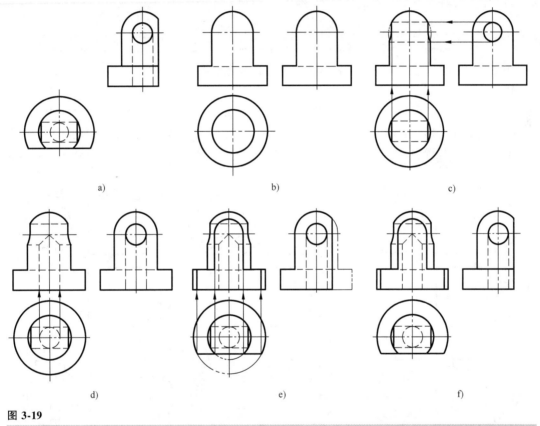

图 3-19

【例 3-3】图

a）已知的俯、左视图 b）半球和圆柱同轴叠加 c）水平打孔 d）竖直打孔 e）正平面截切 f）完成的主视图

2）分析两视图，可知组合体上部被水平打孔。孔与半球同轴相贯，相贯线的侧面投影是上半圆弧，其正面和水平投影为垂直于水平轴线投影的线段；孔与圆柱轴线垂直相交，相贯线的水平投影为积聚为圆的圆柱面投影上的一段圆弧，侧面投影为下半圆弧，由已知的水平投影和侧面投影可作出正面投影的非圆曲线。水平打孔的作图方法，如图 3-19c 所示。

3）分析两视图，可知组合体内部被竖直打孔。竖直孔与水平孔轴线垂直相交且直径相等，相贯线为椭圆，竖直孔只到水平孔轴线位置，因此相贯线的正面投影为从轮廓线的投影交点到两轴线的交点的连线。注意，水平孔的正面转向轮廓线在竖直孔轮廓线中间的部分已不存在。竖直打孔的作图方法如图 3-19d 所示。

4）分析两视图，可知组合体前部被正平面
截切。正平面截切半球，所得截交线为一段半圆
弧，纬圆圆心、半径可从水平投影得到，则可画
出正面反映真形的投影半圆弧。正平面截切小圆
柱和大圆柱，截交线为各圆柱面上与轴线平行的
两条素线，根据截交线积聚为点的水平投影。可
按"长对正"画出正面投影的直线。正平面截
切的作图方法如图 3-19e 所示，完成的主视图如
图 3-19f所示，立体如图 3-20 所示。

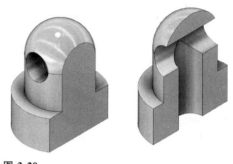

图 3-20

【例 3-3】立体图

✏ 【例 3-4】

在图 3-21a 中，已知俯视图，补全主视图和左视图。

解：

1）从外轮廓入手，分析得出本例组合体是由半球和大圆柱同轴叠加，然后在上方叠加
俯视图反映底面实形（特征平面）的直柱体构成。再分析内轮廓，它是由竖直孔贯穿形成，
孔与半球同轴，与圆柱轴线垂直相交，组合体前后结构对称。

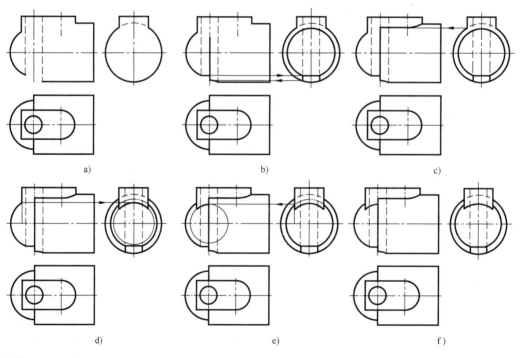

图 3-21

【例 3-4】图
a）题图 b）画竖直孔交线，圆柱左断面投影 c）画叠加半圆柱和长方体
d）侧平面与球面交线 e）正平面与球面交线 f）完成的三视图

2）补画半球和竖直孔的正面投影和侧面投影。如图 3-21b 所示，竖直孔左半部分与半

球同轴相贯，相贯线的正面投影和侧面投影是垂直于轴线的直线。竖直孔右半部分与圆柱相交，通过侧面投影作出交线最高点、最低点（两圆柱正面转向轮廓线的交点）的正面投影，画出正面非圆曲线的投影。

3）画水平圆柱上方叠加直柱体中的右侧半圆柱的投影，如图 3-21c 所示，直柱体中的右侧半圆柱与水平圆柱的轴线垂直相交，相贯线的水平投影为半圆，侧面投影为一段虚线圆弧，作出相贯线最低点与最高点（两圆柱正面转向轮廓线的交点）的正面投影，画出正面非圆曲线的投影。

4）画水平圆柱上方叠加直柱体中的左侧长方体的投影，如图 3-21c 所示，长方体前后正平面与水平圆柱的轴线平行，因此与其相交产生的截交线为一平行于水平圆柱轴线的直线段。根据"三面共点"或投影关系，从上一步所作出的正面投影的非圆曲线的最低点为起始点，画出截交线的正面投影，为平行于水平圆柱体轴线投影的直线段。

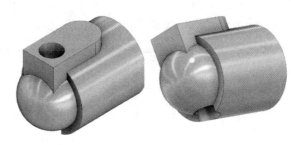

图 3-22

【例 3-4】 立体图

5）画半球上方叠加直柱体中的左侧长方体的投影。如图 3-21d、e 所示，直柱体中的左侧长方体与半球相交，同样也会有截交线产生。长方体的左端面为侧平面，与球面截交线的侧面投影为圆弧；长方体的前、后端面为正平面，与球面截交线的正面投影为圆弧，利用"纬圆法"，找出纬圆圆心、半径，可作出相应的投影。

完成的三视图如图 3-21f 所示，立体如图 3-22 所示。

第三节　组合体的尺寸标注

一、组合体尺寸标注的基本要求

（1）正确　尺寸标注应完全符合国家标准的相关规定。

（2）完整　尺寸必须注写齐全，既不遗漏也不重复，能完全确定立体的形状和大小。

（3）清晰　尺寸布置要恰当，每个尺寸均应标注在对所指定形体的形状和位置反映得最清晰的视图上，以便与其形成较直接的关联。

二、组合体的尺寸分析

（1）尺寸基准　标注尺寸的起点称为尺寸基准。**在长、宽、高三个方向上，应选择组合体的底面、端面、对称平面、回转体的轴线等作为尺寸基准。**在图 3-23 中，长度方向尺寸基准选择组合体的右端面，高度方向尺寸基准选择组合体的底面，组合体的前后方向结构对称，因此以对称面为宽度方向的尺寸基准。

（2）定位尺寸　确定组合体中各简单体之间相对位置的尺寸。如图 3-23 中，竖板上的孔到底面基准的尺寸"50"，底板上的方槽到右端面基准的尺寸"15"，底板上的两个小孔到右端面基准的尺寸"58"，以及以对称面为基准的孔间距离尺寸"36"。

当简单体在组合体中的位置为与端面贴合（间距为 0）、平齐，或者关于对称面对称时，在相应方向上不需标注定位尺寸。如图 3-23 中，三棱柱在宽度方向上关于组合体对称面对称，在高度和长度方向上与底板和竖板面贴合（间距为 0），定位尺寸已确定分别为底板高度 10 及竖板厚度 10，因此都不需标注定位尺寸。

（3）定形尺寸　确定组合体中各简单体大小的尺寸。如图 3-23 中，底板的长、宽、高，方槽的长和高，孔的直径，圆角的半径以及肋板的长、宽、高等尺寸。

（4）总体尺寸　确定组合体的总长、总宽和总高的尺寸。如图 3-23 中，总长即底板的长度尺寸"70"，总宽即底板的宽度尺寸"56"，总高由竖板上孔的定位尺寸"50"和与孔同轴的圆柱回转面的半径尺寸"R15"共同确定，因此不注总高尺寸。

注： 当组合体的一端带有同轴于孔的回转面时，该方向的总体尺寸一般不注。

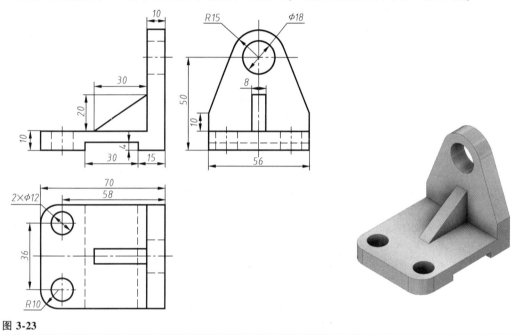

图 3-23

组合体的尺寸分析

三、组合体尺寸标注的注意事项

1）简单体被平面截切（或两简单体相贯）后的尺寸注法，除了需标注简单体的定形尺寸外，还应标注截平面（或相贯的两简单体之间）的定位尺寸，不应标注表示截交线（或相贯线）的大小的尺寸。这是因为截平面与简单体（或者相贯的两简单体）的相对位置确定之后，截交线（或相贯线）的形状和大小就确定了。正确的尺寸注法如图 3-24 所示。

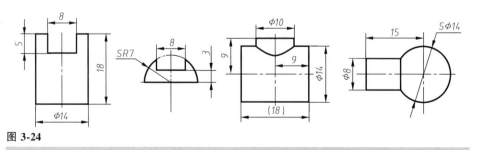

图 3-24

截切体和相贯体的尺寸注法

2）尺寸应尽量标注在视图之外，与两个视图有关的尺寸最好布置在两个视图之间。

3）同一简单体的定形、定位尺寸应尽量集中标注在明显反映形状和位置特征的视图上，如图 3-23 中底板上圆孔的尺寸。

4）直径尺寸应尽量标注在投影为非圆的视图上，如图 3-25b 中竖直空心圆柱的尺寸；也可标注在反映圆的投影视图上，但最多只标注两个同心圆的直径尺寸，如图 3-25c 所示；当同心圆多于两个时，其他同心圆的直径尺寸可标注在投影为非圆的视图上。

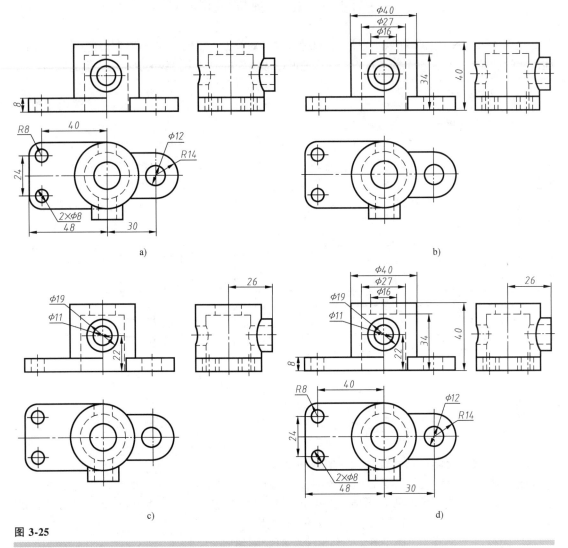

图 3-25

组合体的尺寸注法

a) 标注底板尺寸　b) 标注竖直空心圆柱尺寸　c) 标注圆柱凸台尺寸　d) 标注全部尺寸

5）尺寸尽量不标注在虚线上。

四、标注组合体尺寸的步骤

标注组合体的尺寸时，应运用形体分析法分析形体，并确定该组合体长、宽、高三个方向的主要基准，然后分别注出构成组合体的各简单体的定位尺寸和定形尺寸，再标注总体尺寸，最后调整、校对全部尺寸。

如图 3-25 所示组合体由底板、竖直空心圆柱和前部圆柱凸台三部分构成。该组合体的尺寸基准为：长度方向以竖直空心圆柱的轴线为基准，高度方向以底面为基准，宽度方向近似看作形体对称，以竖直空心圆柱的轴线为基准。尺寸标注时，逐个标注构成组合体的各简单体的定位尺寸和定形尺寸，最后标注或调整组合体的总体尺寸。

第四节　组合体的读图

组合体的读图是依据必要的视图，通过分线框、对投影，想象出各组成部分和整个立体的空间形状的过程。读图是画图的逆过程，同样遵循以形体分析法为主、线面分析法为辅的原则。

一、读图要点

1. 把几个视图联系起来进行分析

一般情况下，一个视图不能完全确定组合体的形状，如图 3-26a、b 所示，主视图相同，俯视图不同，所表示的形体也不同；有时，两个视图也不能完全确定组合体的形状，如图 3-26c、d 所示，俯视图和左视图相同，主视图不同，所表示的形体也不相同。因此，要把几个视图联系起来进行分析，依据明确反映形状特征的视图，才能想象出组合体的形状。

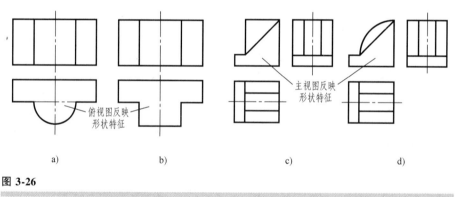

a)　　　　　　b)　　　　　　c)　　　　　　d)

图 3-26

把几个视图联系起来进行分析

2. 从反映组合体形状和位置特征的视图看起

图 3-26a、b 所示的形体，俯视图反映形状特征；图 3-26c、d 所示的形体，主视图反映形状特征；图 3-27 所示的两个形体，主、俯视图完全相同，主视图反映主要形状特征，而左视图最能反映圆柱体（圆柱孔）和长方体（方形孔）的位置特征。

3. 遵循"长对正""高平齐""宽相等"的投影规律

二、读图方法和步骤

1. 形体分析法

读组合体的视图，应根据投影规律，从特征投影入手，把投影分解为若干个对应的部分，确定各为哪种类型的简单体，再分析它们的组合形式、相对位置关系及表面连接关系，综合起来想象出组合体的整体形状。下面以如图 3-28a 所示的组合体三视图为例，介绍形体分析法读图的方法和步骤。

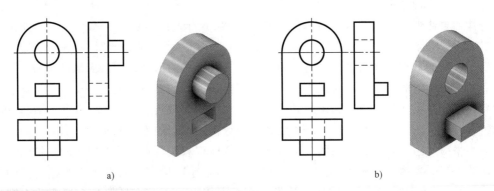

图 3-27

从反映形状和位置特征的视图看起

（1）看视图，分线框　组合体三视图如图 3-28a 所示，从主视图看起，各个视图兼顾，如图 3-28b 所示，找出特征投影及其对应的其他投影，分离出每个视图上投影关系相互对应的四个线框。

（2）对投影，定形体　按投影关系，从每个简单体的特征投影入手，想象出每一部分的形状，它们分别为底板、肋板、空心半圆柱及凸台，如图 3-28c 所示。

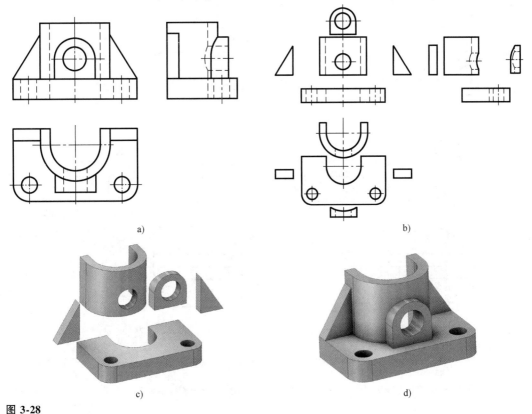

图 3-28

形体分析法读图

a）三视图　b）看视图，分线框　c）对投影，定形体　d）综合起来想整体

（3）综合起来想整体　根据各简单体的组合形式及各部分之间的相对位置关系，想象出组合体的整体形状，组合体左右对称，如图 3-28d 所示。

2. 线面分析法

对于以平面截切立体或者立体与立体相贯等方式形成的组合体，利用形体分析法可确定构成立体的简单体的形状及相对位置，但是相邻形体表面的关系，尤其是交线的形状和投影有时只用形体分析法很难想象和确定，这时就可利用线面分析法来读图。下面以图 3-29a 所示的组合体三视图为例，介绍形体分析结合线面分析法读图的方法和步骤。

从主视图入手，兼顾其他视图分析可知，组合体可看作由双点画线补齐轮廓的长方体经过挖切后得到的立体，如图 3-29a 所示。如图 3-29b 所示带阴影的特征投影为挖切掉的简单体（直柱体）的投影。这些被挖切掉的形体在组合体上已不存在，但是在组合体上产生了新的轮廓，即面和线，因此需作线面分析。

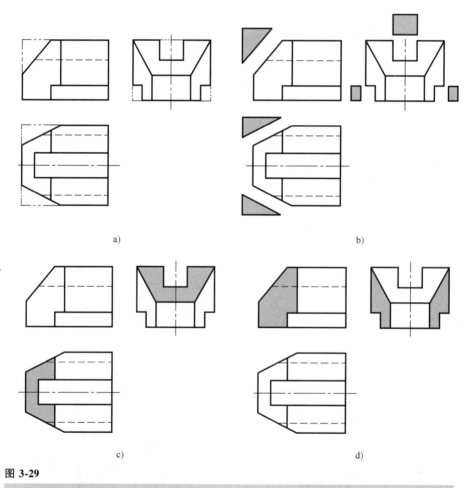

a)　　　　　　　　　　　　　　　　　　　　b)

c)　　　　　　　　　　　　　　　　　　　　d)

图 3-29

线面分析法读图

a）三视图　b）形体分析法读图　c）线面分析得正垂面　d）线面分析得铅垂面

（1）看视图，分线框　如图 3-29c 所示，俯、左视图上的阴影线框投影关系相互对应且是类似形，在主视图上对应的投影为斜线；如图 3-29d 所示，主、左视图上的阴影线框投影

关系相互对应且是类似形，在俯视图上对应的投影为前后
对称的斜线。

（2）对投影，想形状　根据线、面的投影特性可知，图
3-29c 中的阴影线框反映的是正垂面，图 3-29d 中的阴影线框
反映的是铅垂面，在三维立体中的对应面如图 3-30 所示。

（3）综合起来想整体　通过形体分析，结合立体上的投
影面垂直面的分析，想象出立体整体形状，如图 3-30 所示。

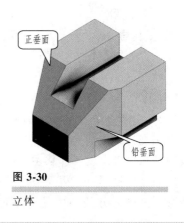

图 3-30
立体

三、读图综合举例

【例 3-5】

在图 3-31a 中，已知主视图和俯视图，画出左视图。

解：

（1）**形体分析**　先分析外轮廓，根据俯视图上的同心圆和左右对称的广义柱体特征面
的投影特性，结合主视图可知该组合体由圆筒和底板（广义柱体）两部分构成。再分析内
部细节，可知底板上左右对称打了孔；圆筒的后方打了孔；圆筒的前方开了槽，槽底为半圆
柱面，槽底半圆柱面轴线以上部分为方形。

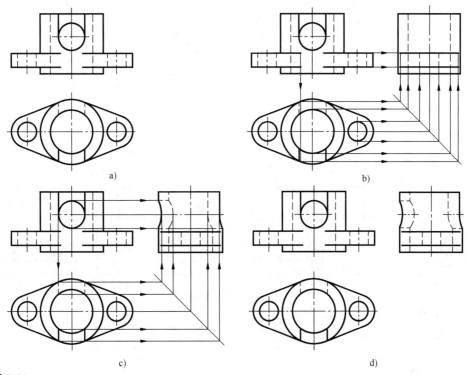

图 3-31

【例 3-5】图

a）已知的主、俯视图　b）画圆筒和底板内外轮廓的矩形投影　c）画圆筒上前方的槽和后方的通孔

d）完成的三视图

（2）**作图**

1）构建轮廓。画出圆筒和底板柱体形式部分的左视图，即内外轮廓的矩形投影，底板前后表面与圆筒外表面相切，因此按如图 3-31b 所示方式，从主、俯视图上的相切位置按"长对正""宽相等"作图。

2）分析细节并作图。圆筒后方的孔属于两圆柱面轴线垂直相交的相贯情况，求解相贯线的未知投影需从分析相贯线的已知投影出发，即从主、俯视图中找特殊点并作出它们对应的侧面投影点，再光滑连接各点得到相贯线的非圆曲线投影。圆筒前方的半圆柱面槽底的相贯情况与后方的孔相同，其相贯线的作图方法也与后方的孔相同；上部分方形槽的左右两侧面为侧平面，且与圆筒轴线平行，根据"三面共点"，可利用已作出的相贯线上的点，直接作出相贯线的投影，作图过程如图 3-31c 所示。

图 3-32
立体

完成的左视图如图 3-31d 所示，其立体如图 3-32 所示。

✎【例 3-6】

在图 3-33a 中，已知主视图和左视图，画出俯视图。

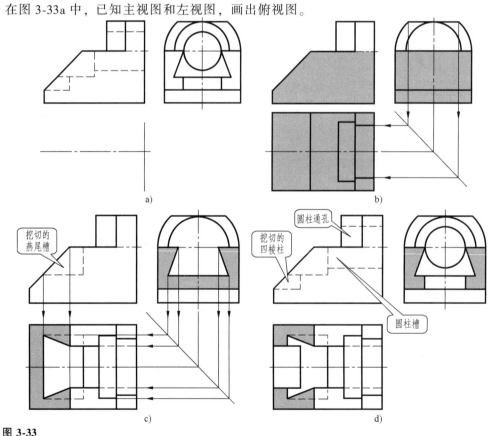

图 3-33

【例 3-6】图
a）已知主、左视图　b）画基本形体　c）画燕尾槽　d）完成的三视图

解：

（1）**形体分析**　首先分析图 3-33a 所示主、左两视图的外轮廓，可认为该组合体是由上、下两部分组成。上部分对应图 3-33b 中的无阴影部分，左视图的半圆和较大的不完整半圆分别对应主视图的左、右两矩形框，可知其对应的简单体为两个半圆柱，且右端半圆柱顶部被水平面截切。下部分对应图 3-33b 中的阴影部分，主视图的五边形对应左视图的矩形框，可知其对应的简单体为五棱柱。再依据如图 3-33a 所示主、左视图分析其内部结构，可知在五棱柱左侧分别挖切了一个不通的燕尾槽和四棱柱，并以燕尾槽右端面为起始面分别挖切了一个圆柱槽和通孔。

（2）**作图**

1）画五棱柱和上部两个半圆柱的水平投影。如图 3-33b 所示，右端半圆柱被水平面截切，产生平面与回转面相交的截交线，画出截交线的水平投影。

2）画燕尾槽的水平投影，可利用线面分析法进行分析。从主、左视图可知，五棱柱左上方的面为正垂面，燕尾槽左端起于此面。因此可按如图 3-33c 所示方法，通过燕尾图形四个端点的正面和侧面投影，求出其水平投影，顺次连接各点，得到的线框与左视图中的对应线框是类似形，符合正垂面的投影特性。然后画出燕尾槽各棱线及右端面的水平投影，注意判别可见性。

分析燕尾槽的前后棱面，可知它们都是侧垂面，作图得到的水平投影与正面投影的线框同样是类似形，如图 3-33c 所示，图中没有用阴影标出，学生可自行分析判断。

3）画出挖切四棱柱后的水平投影，如图 3-33d 所示。

图 3-34

立体

4）画等直径的半圆柱槽和圆柱孔的水平投影。从主视图上可知，半圆柱槽起始于燕尾槽的右端面，俯视图上的投影可见；圆柱孔的轮廓线投影不可见，应画为虚线，完成的俯视图如图 3-33d 所示。其立体如图 3-34 所示。

第五节　轴　测　图

轴测图是一种能同时反映立体的正面、侧面和水平面形状的单面投影图，它的特点是直观性好，具有较强的立体感。但是轴测图一般不能反映出立体各表面的实形，因而度量性差，作图较复杂。因此，在工程中常把轴测图作为辅助图样，用来说明产品的结构形状和使用方法。在设计中，常用轴测图帮助构思、想象立体的形状，以弥补正投影图的不足。在本课程学习读正投影图时，也可利用轴测图帮助想象立体的形状。本节主要介绍轴测图的基本知识、正等轴测图、斜二等轴测图的画法。

一、轴测图的基本知识

1. 轴测图的形成

如图 3-35 所示，将立体连同其参考的直角坐标系，沿不平行于任一坐标平面的方向，用平行投影法将其投射在单一投影面（轴测投影面）上所得到的图形，称为轴测投影图，简称为轴测图。这样的投影图能反映立体三个坐标方向的形状，具有良好的直观性。

1）用正投影法形成的轴测图称为正轴测图，如图 3-35a 所示。

2）用斜投影法形成的轴测图称为斜轴测图，如图 3-35b 所示。

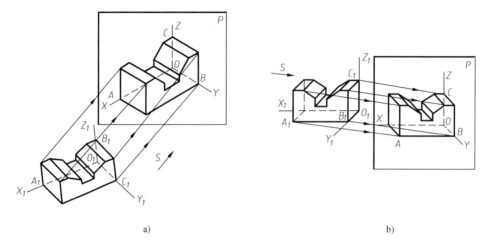

图 3-35

轴测图的形成

a）正轴测图　b）斜轴测图

2. 轴间角和轴向伸缩系数

（1）轴间角　立体的参考直角坐标系的三条直角坐标轴 O_1X_1、O_1Y_1、O_1Z_1 的轴测投影 OX、OY、OZ 称为轴测轴。轴测轴之间的夹角 $\angle XOY$、$\angle YOZ$、$\angle ZOX$ 称为轴间角。

（2）轴向伸缩系数　轴测轴上的单位长度与相应直角坐标轴上的单位长度的比值，称为轴向伸缩系数。图 3-35 中各坐标轴的轴向伸缩系数为：

OX 轴的轴向伸缩系数 $p = OA/O_1A_1$

OY 轴的轴向伸缩系数 $q = OB/O_1B_1$

OZ 轴的轴向伸缩系数 $r = OC/O_1C_1$

绘制轴测图时，要先确定轴间角和轴向伸缩系数。对立体上平行于直角坐标轴的线段，应按平行于相应轴测轴的方向，并按相应的轴向伸缩系数计算后，直接量取该线段的轴测投影长度；对不平行于坐标轴的线段，在轴测图上先定出端点，然后连线。

注意：对于立体上与坐标轴平行的线段长度的测量和点的坐标的测量，必须沿着轴测轴的方向进行测量，这就是所谓"轴测"的含义。

3. 轴测图的投影特性

轴测图是用平行投影法得到的，因此具有平行投影的投影特性。

1）立体上互相平行的直线的轴测投影仍相互平行，立体上平行于坐标轴的线段，其轴测投影平行于相应的轴测轴。

2）立体上平行于轴测投影面的直线和平面，在轴测图中的投影反映实长和实形。

工程中常用的轴测图是正等轴测图和斜二等轴测图，如图 3-36 所示。下面主要介绍它们的画法。

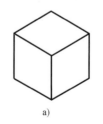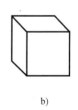

a）　　　　　b）

图 3-36

正方体的两种轴测图

a）正等轴测图　b）斜二等轴测图

二、正等轴测图的画法

1. 正等轴测图的特点

当三条直角坐标轴与轴测投影面的倾角相同时，用正投影法得到的投影图称为正等轴测图，简称为正等测。

由于正等测的三条直角坐标轴与轴测投影面的倾角相同，因此，正等测的三个轴间角相等，均为120°。画正等轴测图时，规定把 OZ 轴画成铅垂方向，而 OX 轴和 OY 轴与水平方向夹角为30°，如图 3-37 所示。

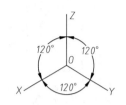

图 3-37

正等测的轴间角

正等测的三个轴向伸缩系数相同，根据计算，约为 0.82。为了便于作图，实际绘图时通常采用简化的轴向伸缩系数 $p=q=r=1$ 来作图，这样画出的正等轴测图各轴向尺寸大约放大了 $1/0.82 \approx 1.22$ 倍，如图 3-38 所示。

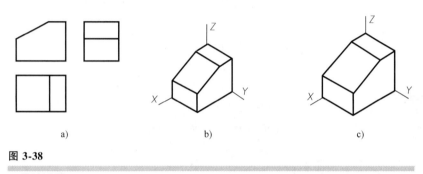

      a)   b)   c)

图 3-38

正等轴测图

a）正投影图　b）按 $p=q=r=0.82$ 画的正等轴测图　c）按 $p=q=r=1$ 画的正等轴测图

2. 平面立体正等轴测图的画法

画轴测图时，首先在投影图中确定坐标原点和坐标轴，在轴测图中不可见轮廓线不画出。为了减少图线，应将坐标原点确定在立体的可见表面上，通常确定在立体的顶面、左面或前面上，以立体的主要轮廓线、对称中心线等为坐标轴。

平面立体轴测图的作图方法有坐标法、切割法等。坐标法是最基本的方法，它是根据立体表面上各顶点的坐标，分别画出其轴测投影，然后依次连接各顶点的轴测投影，就完成了平面立体的轴测图。

✎ **【例 3-7】**

画出如图 3-39a 所示正六棱柱的正等轴测图。

解：

1）选定坐标原点和坐标轴。由于六棱柱前后、左右对称，应把坐标原点确定在顶面六边形的中心，这样便于直接确定顶面六边形各顶点的坐标，如图 3-39a 所示。

2）画出轴测轴，作出顶面的轴测投影。根据顶面各点的坐标在 XOY 平面上定出 A、B、C、D、E、F 各点的位置，并连接各点，如图 3-39b 所示。

3）从各顶点向下作出 OZ 轴的平行线，并根据棱柱高度在各平行线上截取长度，同时也就确定了底面各顶点的位置, 如图 3-39c 所示。

4) 连接底面各顶点, 整理加深, 完成作图, 如图 3-39d 所示。

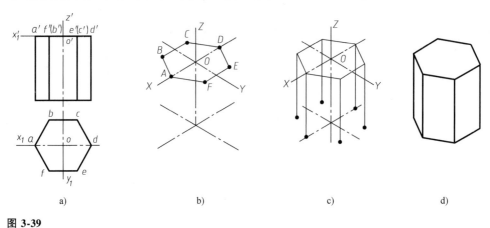

a)   b)   c)   d)

图 3-39

【例 3-7】 图

a) 选坐标原点和坐标轴　b) 画顶面各顶点　c) 画棱线平行 OZ 轴　d) 完成作图

✍ 【例 3-8】

用切割法画出如图 3-40a 所示平面立体的正等轴测图。

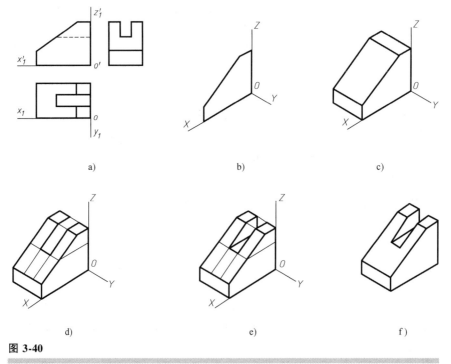

a)   b)   c)

d)   e)   f)

图 3-40

【例 3-8】 图

a) 平面立体的三视图　b) 画柱体底面的投影　c) 完成柱体的投影　d) 画切口

e) 补全切口的图线　f) 整理加深

解：

（1）**分析**　如图 3-40a 所示的三视图表示一个切割得到的平面立体，它可看作是由底面形状为五边形的柱体在上方切去一方槽形成的。

（2）**作图**　先按坐标法画出五边形底面柱体的轴测图，然后完成在上方切去方槽的作图。具体作图步骤如图 3-40b~图 3-40f 所示。

3. 回转体正等轴测图的画法

回转体表面轮廓线多为曲线，要画好回转体的正等轴测图，重点是掌握圆或圆弧的轴测图的画法。

（1）平行于坐标面的圆的正等轴测图的画法　根据正等轴测图的形成原理，各坐标面对于轴测投影面都是倾斜的，因此，平行于坐标面的圆的轴测投影为椭圆。图 3-41 表示了平行于三个坐标面的圆的正等轴测图。从图中可以看出：三个椭圆的形状和大小完全相同，但方向各不相同。图 3-42 表示了三条轴线分别平行于三条坐标轴的圆柱的正等轴测图。从图中可以看出：圆柱的轴线与椭圆的短轴在一条直线上。

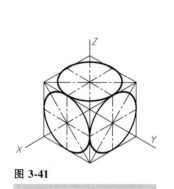

图 3-41

平行于坐标面的圆的正等轴测图

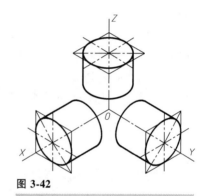

图 3-42

轴线平行于坐标轴的圆柱的正等轴测图

为了简化作图，通常采用四段圆弧连接成近似椭圆的作图方法，下面以平行于 $X_1O_1Y_1$ 坐标面的圆为例，说明这种近似画法的作图步骤，如图 3-43 所示。

1）选坐标原点和坐标轴，如图 3-43a 所示。

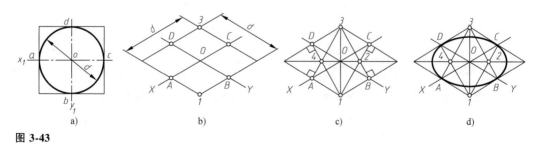

a)　　　　b)　　　　c)　　　　d)

图 3-43

水平圆正等轴测图的画法

2）画轴测轴 OX 和 OY，按圆的直径 d 量得 A、B、C、D 四点，作圆外切正方形的轴测投影，如图 3-43b 所示，得到 1、3 两点。

3）连接 $1D$、$1C$ 和 $3A$、$3B$ 得 2、4 两交点，1、2、3、4 四点即为四段圆弧的圆心，如

图 3-43c 所示。

4）分别以点 1、3 为圆心，1D 长为半径画两个大圆弧；以点 2、4 为圆心，4D 长为半径画两个小圆弧，四段圆弧光滑连接成近似椭圆，如图 3-43d 所示。

【例 3-9】

根据如图 3-44a 所示两视图，作出轴线为铅垂线的圆柱的正等轴测图。

解：

（1）**分析**

1）圆柱的轴线为铅垂线，顶面和底面都是水平面。为了便于作图，可将坐标原点置于圆柱顶面的圆心处。

2）画相同直径的圆的轴测投影时，采用平移四段圆弧圆心的方法，可以减少画图工作量，提高画图速度。画好顶面的轴测投影后，将四段圆弧的圆心沿 OZ 轴向下移动一个圆柱高的距离 h，就可以得到底面椭圆形轴测图的四段圆弧的圆心位置。

（2）**作图**

1）选坐标原点和坐标轴，如图 3-44a 所示。

2）画上、下底面圆的轴测图，使两椭圆中心距等于圆柱体的高度 h，如图 3-44b 所示。

3）作两椭圆的外公切线，如图 3-44c 所示。

4）检查加深，擦去多余的图线，结果如图 3-44d 所示。

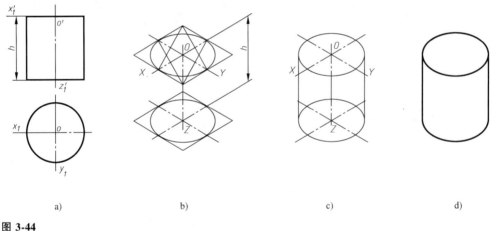

a)　　　　　　　b)　　　　　　　c)　　　　　　　d)

图 3-44

【例 3-9】图
a）选坐标原点和坐标轴　b）画顶、底圆的轴测图　c）作两椭圆的外公切线　d）加深

【例 3-10】

作出图 3-45a 所示圆台的正等轴测图。

解：

圆台轴线为侧垂线，将坐标原点置于圆台左底面的圆心处。画两个圆形底面的轴测投影时，注意不要将椭圆的方向画错。具体作图步骤与圆柱的画法类似，如图 3-45b ~ 图 3-45d

所示。

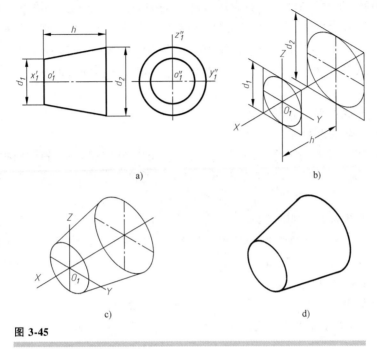

图 3-45

【例 3-10】图

a) 选坐标原点和坐标轴　b) 画两个圆形底面的轴测图　c) 作两椭圆的公切线　d) 加深、完成作图

（2）圆角的正等轴测图的画法　平行于坐标面的圆角，是平行于坐标面的圆的一部分，可以用椭圆的近似画法来完成，1/4 圆周圆角的轴测投影是 1/4 椭圆弧，具体作图步骤如图 3-46 所示。

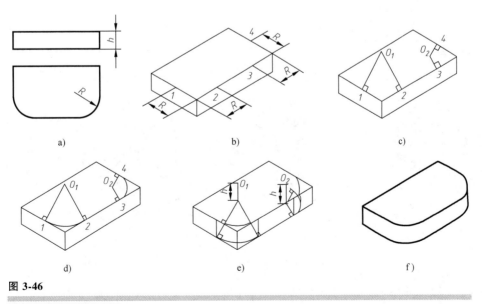

图 3-46

圆角正等轴测图的画法

1）在视图上量取 R 和 h，如图 3-46a 所示。

2）画出倒圆角前的底板的轴测图，根据顶点和 R 找出切点 1、2、3、4，如图 3-46b 所示。

3）过点 1、2、3、4 分别作所在直线的垂线，由垂线相交得点 O_1、O_2，如图 3-46c 所示。

4）分别以点 O_1 和 O_2 为圆心，$1O_1$ 长和 $3O_2$ 长为半径画弧，如图 3-46d 所示。

5）将 O_1 和 O_2 分别沿 OZ 轴向下移动底板厚 h，得到下底面圆角的圆心，并画出下底面圆角的轴测图，如图 3-46e 所示。

6）检查加深，完成作图，如图 3-46f 所示。

4. 组合体正等轴测图的画法

画组合体的轴测图时，要根据组合体的形体结构，正确确定组合体各形体的相对位置。这就要求坐标原点的选择一定要有利于各形体相对位置的确定。图 3-47 所示为组合体轴测图的作图步骤。

1）选坐标原点和坐标轴，如图 3-47a 所示。

2）画底板并确定上部柱体椭圆圆心位置，如图 3-47b 所示。图中利用四段圆弧连接成近似椭圆的作图方法绘制出半个椭圆弧，同时采用移心法分别将所绘制的圆弧的圆心沿与 OY 轴平行的方向向后偏移柱体高度距离 b。

3）根据广义柱体及底板两个圆柱孔的位置，采用四段圆弧连接成近似椭圆的作图方法，完成上部广义柱体及底板两个圆柱孔的绘制，如图 3-47c、d 所示。

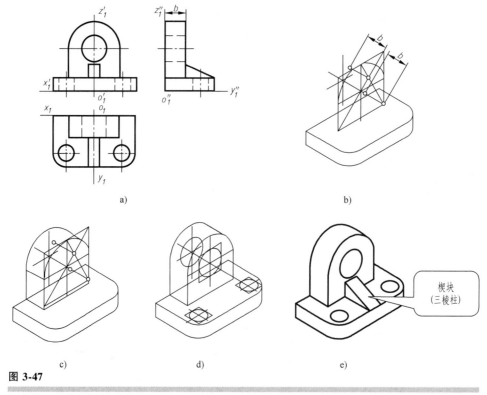

图 3-47

组合体正等轴测图的画法

a）选坐标原点和坐标轴   b）画底板并确定上部柱体椭圆圆心的位置   c）画上部柱体

d）画底板圆柱孔   e）画楔块并加深

4）根据楔块（三棱柱）的位置完成楔块（三棱柱）的绘制，如图 3-47e 所示。

5）检查加深，擦去多余的图线，结果如图 3-47e 所示。

三、斜二等轴测图的画法

1. 斜二等轴测图的形成、轴间角和轴向伸缩系数

（1）形成　以倾斜于轴测投影面的方向投射，所得到的轴测投影图称为斜轴测图。如果使参考直角坐标系的 $X_1O_1Z_1$ 坐标面平行于轴测投影面，使 OY 轴和 OX 轴的夹角为 135°，并且使 OY 轴的轴向伸缩系数为 0.5，这样得到的轴测图就称为**斜二等轴测图**，简称**斜二测**。

（2）轴间角和轴向伸缩系数　形成斜二等轴测图时，由于 $X_1O_1Z_1$ 坐标面平行于轴测投影面，凡平行于这个坐标面的图形的轴测投影必然反映实形，因此在斜二等轴测图中，OX 轴与 OZ 轴的轴间角 $\angle XOZ$ 呈 90°，OX 轴与 OZ 轴的轴向伸缩系数都是 1。OY 轴与水平方向呈 45°，其轴向伸缩系数为 0.5，如图 3-48a 所示。

（3）轴测图的投影特性　斜二等轴测图一般用来表示只在互相平行的平面内有圆或圆弧的立体，这是因为斜二等轴测图具有如下投影特性。

1）平行于 $X_1O_1Z_1$ 坐标面的圆的斜二轴测投影反映实形。

2）平行于 $X_1O_1Y_1$ 和 $Y_1O_1Z_1$ 两个坐标面的圆的斜二轴测投影为椭圆，这些椭圆的短轴不与相应的轴测轴平行，且作图较繁琐，如图 3-48b 所示。因此在作图时，应该使相互平行的圆形平面平行于 $X_1O_1Z_1$ 坐标面。

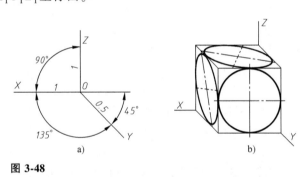

图 3-48

斜二等轴测图的轴间角、轴向伸缩系数、投影特性

2. 斜二等轴测图的画法

✏️【例 3-11】

作出如图 3-49 所示圆柱的斜二等轴测图。

解：

（1）**分析**

1）圆柱的轴线为正垂线，顶部和底面都是正平面。为了避免画出不必要的不可见轮廓线，可将坐标原点选择在圆柱顶面圆的圆心处。

2）由于 $X_1O_1Z_1$ 坐标面平行于轴测投影面，凡平行于这个坐标面的图形的轴测投影必然反映实形，因此可以先直接画出反映实形的圆，画好前底面的轴测投影后，将圆心测 OY 轴向后移动一个柱高的距离 h，就可以得到后底圆的圆心位置。

（2）**作图**

1）选择坐标原点和坐标轴，如图 3-49a 所示。

2）画出斜二轴测轴并在 OY 轴上确定前后底面投影的圆心位置，如图 3-49b 所示。

3）画出前后底面的圆形轴测投影，以及两条公切线，如图 3-49c 所示。

4）检查加深，擦去多余的线，结果如图 3-49d 所示。

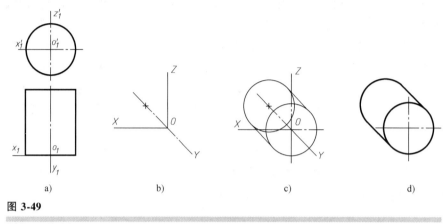

a)　　　　　　　b)　　　　　　　c)　　　　　　　d)

图 **3-49**

【例 3-11】图

【例 **3-12**】

作图如图 3-50a 所示组合体的斜二等轴测图。

解：

1）选择坐标原点和坐标轴，如图 3-50a 所示。

2）在 OY 轴上确定出各个端面圆投影的圆心位置，如图 3-50b 所示。

3）由前至后画出各圆，整理加深，结果如图 3-50c 所示。

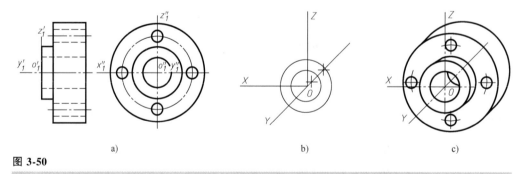

a)　　　　　　　　　b)　　　　　　　　　c)

图 **3-50**

【例 3-12】图

第四章
机件形状的基本表示方法

为使工程图样能够准确而清晰地表达机件的结构形状，同时为了便于绘图和读图，制图国家标准规定了基于投影法理论的相关的机件形状的基本表示方法。本章根据 GB/T 17451—1998、GB/T 17452—1998、GB/T 4458.1—2002 和 GB/T 4458.6—2002 而编写。

第一节 视 图

一、基本视图

（1）定义 由六面体组成的六投影面体系中的每个投影面称为**基本投影面**，采用正投影法将机件向这六个基本投影面投射所得到的视图称为**基本视图**，如图 4-1 所示。它们分

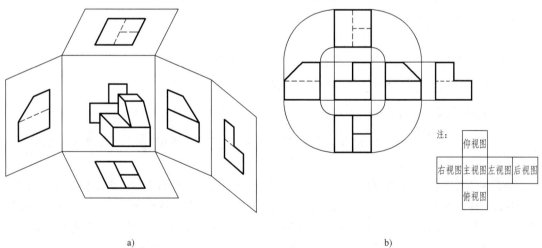

a)   b)

图 4-1

基本视图

a）六投影面体系 b）展开后的六个基本视图

别为主视图、俯视图、左视图、右视图、仰视图和后视图。六个基本视图符合长对正、高平齐、宽相等的投影规律。

（2）配置与标注　六个基本视图的投影关系如图 4-1a 所示，展开后的视图位置配置如图 4-1b 所示。基本视图按图 4-1 所示配置关系配置视图时，可不标注视图名称。

（3）应注意的问题　在确定表达方案时，需要根据机件的结构形状特点，以合理、清晰、简洁为宗旨来选用若干或全部基本视图（注意并非一定要全部采用六个基本视图）。如图 4-2 所示，选用了主、俯、左、右四个基本视图来表达机件的主体结构和左右凸缘及圆孔的形状，图中省去了左视图和右视图中已表达清楚的不必要的虚线。

二、向视图

（1）定义　可自由配置的视图称为**向视图**。如受图纸空间限制，可将某个视图平移到其他位置。如图 4-3 所示，为方便视图布局，将后视图 A 平移到俯视图右侧。

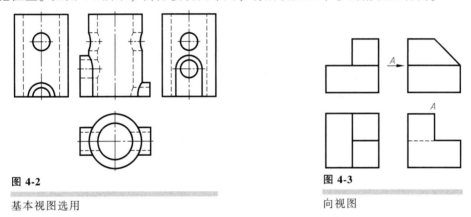

图 4-2

基本视图选用

图 4-3

向视图

（2）配置与标注　向视图必须进行视图标注，在向视图上方须标注大写拉丁字母，在相应视图的附近须用箭头指明该向视图的投射方向，并标注相同的字母。如图 4-3 中的字母 A 指示了投射方向和视图的名称。

（3）应注意的问题

1）向视图使用灵活，可自由配置在图纸的适当位置。

2）标注时，用来表示向视图名称的字母应以看图方向水平书写。

三、局部视图

（1）定义　局部视图是将机件的某一部分向基本投影面投射所得到的视图，用来表达机件上某一局部的真实形状。

如图 4-4 所示，在表达机件上左、右两端凸缘的形状时，由于机件的主体结构为带孔的圆柱体，且已经在主视图中表达清楚，故为了避免结构的重复表达，将左视图和右视图画成了局部视图。

（2）配置与标注　画局部视图时，一般可按向视图的配置形式配置，同时须按向视图的方式进行标注，加注投射方向和字母。当局部视图按基本视图的配置形式配置时，可省略标注，如图 4-4 所示。

（3）应注意的问题　局部视图的假想断裂边界用波浪线或双折线表示，如图 4-4 中的局部左视图所示。当所表达的局部结构的外形轮廓是完整的封闭图形时，可省略断裂边界线，如图 4-4 中的局部右视图所示。

四、斜视图

（1）定义　斜视图是将机件向不平行于任何基本投影面的平面投射所得的视图，用于表达机件上倾斜结构的真实形状。如图 4-5 所示，为了表达机件倾斜部分的真实形状，省略了该部分结构的俯视图，增加了一个斜视图。

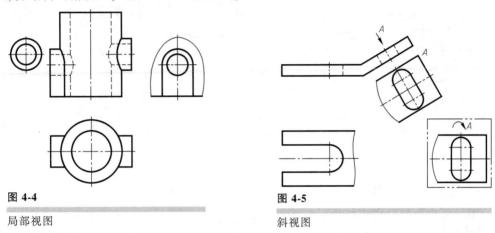

图 4-4
局部视图

图 4-5
斜视图

斜视图所用的斜投影面是一个垂直于基本投影面，且与倾斜表面平行的辅助投影面，如图 4-5 中的斜投影面与正投影面垂直。

（2）配置与标注　斜视图应配置在符合投影关系的位置上，也可平移到其他位置。在不致引起误解的情况下，可旋转画出，旋转角度不大（小）于正（负）90°。

斜视图须按向视图的标注方式进行标注。如果是旋转画出的，还需在该斜视图上方画出旋转符号，以及表示该视图名称的大写拉丁字母，同时旋转符号的指示方向应与图形旋转方向一致，书写的字母应靠近旋转符号的箭头端，如图 4-5 中用细双点画线圈出表示的部分。如有必要，也允许将旋转角度标注在字母之后，如 ⌒ A30°。

（3）应注意的问题

1）因斜视图主要表达机件倾斜部分的形状，所以斜视图一般为局部视图。

2）标注时，旋转符号为带有箭头的半圆，半圆的线宽等于字体笔画宽度，半圆的半径等于字体的高度，箭头表示旋转方向。

第二节　剖　视　图

一、基本概念

1. 定义

假想用剖切面剖开机件，将处在观察者和剖切面之间的部分移去，将其余部分向与剖切面平行的投影面投射所得的视图，称为剖视图。假想的剖切过程和所得剖视图如图 4-6 所示，其中的 "V" 面就是一个与剖切面平行的投影面。

绘制剖视图时，剖开后的可见轮廓线用粗实线绘制。为使表达清晰，采用剖视图后，已

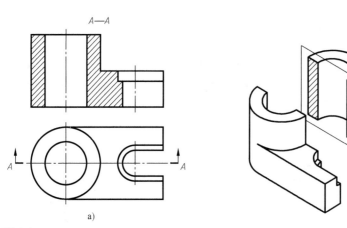

图 4-6

剖视图概念

a) 剖视图   b) 剖切过程

表达清楚的不可见轮廓线不再画出。剖切面区域，即剖切面切到的实体部分内须绘制剖面符号，如图 4-6 中画斜线的区域所示。对于金属材料，剖面符号是与水平方向成正负 45°的互相平行的细实线组，其他材料的剖面符号见表 4-1。还应**注意**，同一个机件表达在同一张图纸上的图样中，剖面符号的方向和间隔必须一致。

表 4-1   剖面区域的表示法（GB/T 4457.5—2013）

材料类别	剖面符号	材料类别	剖面符号	材料类别	剖面符号
金属材料(已有规定剖面符号者除外)		转子、电枢、变压器和电抗器等的叠钢片		型砂、填砂、粉末冶金、砂轮、陶瓷刀片、硬质合金刀片等	
非金属材料(已有规定剖面符号者除外)		玻璃及供观察用的其他透明材料		砖	
线圈绕组元件		液体		钢筋混凝土	

2. 配置与标注

剖视图的配置仍须遵循视图配置的规定，一般按投影关系配置并进行标注，如图 4-6 所示。必要时允许配置在其他适当位置，但此时必须进行标注。

一般应在剖视图的上方标注"$X—X$"表示剖视图的名称，X 为大写拉丁字母，如图 4-6 中"$A—A$"所示。此外，应在相应的视图上用**剖切符号**和**箭头**表示剖切位置和投射方向，并标注与剖视图名称相同的字母，其中，剖切符号用粗短画线画出，剖切位置即投影面体系中剖切平面与投影面的交线位置，如图 4-6a 俯视图中的标注。

3. 应注意的问题

1）剖切符号为粗短画，箭头线为细实线。

2）剖切符号在剖切面的起止位置均应画出，且尽可能不与图形的轮廓线相交，箭头线应与剖切符号垂直。同时，在剖切符号的起止位置应标记相同的字母。不论剖切符号的方向如何，字母总是水平书写，如图 4-10~图 4-15 所示。

　　3）当剖视图按投影关系配置，中间又无其他图形隔开时，可省略箭头。

　　4）当剖切面重合于机件的对称平面或基本对称的平面，且剖视图是按投影关系配置，中间又无其他图形隔开时，可省略标注，如图 4-7 所示。

　　4. 剖视图的分类

　　剖视图一般用来表达机件的内部结构形状。根据具体的机件特点，可采用灵活的剖视表达方法。因此，剖视图的种类很多，如果按照剖视的表达范围划分，有全剖视图、半剖视图和局部剖视图；如果按照剖视图中所采用的剖切面的构成划分，则分为单一剖切面、几个平行的剖切面和几个相交的剖切面剖切的剖视图。

二、按表达范围划分的剖视图

1. 全剖视图

（1）定义　用剖切平面完整地剖开机件所得的剖视图称为全剖视图。

　　全剖视图一般适用于机件外形简单或主体形状特征已在其他视图中表达清楚的情况。如图 4-7 中，由于机件的外形简单且主体形状特征已经在俯视图中表达清楚，因此将主视图和左视图画成了全剖视图。

（2）标注　按前述规定标注。

（3）应注意的问题　由于全剖视图无法表达机件的外部结构形状，在必须反映机件的内部结构形状，且必须采用全剖视图来进行表达时，为表达相应的外部结构形状，可考虑增加同方向投射的向视图。

2. 半剖视图

（1）定义　当机件具有对称平面时，向垂直于对称平面的投影面上投射所得的图形，可以以对称中心线为界，一半画成视图，另一半画成剖视图，如此画出的图形称为半剖视图。

　　半剖视图可兼顾机件外形和内部结构，所以当机件结构对称，或者机件基本对称而非对称部分已经在其他视图中表达清楚时，可采用半剖视图（除非机件外形特别简单或者外形已经表达清楚而采用全剖视图的情况）。如图 4-8 所示，由于机件前后、左右对称，为了在一个投影图中既表达外形又表达内部结构，将主视图和俯视图都画成了半剖视图。

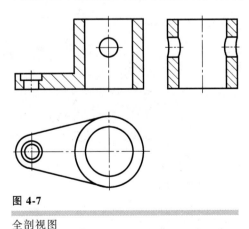

图 4-7

全剖视图

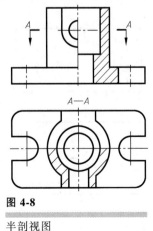

图 4-8

半剖视图

（2）画法与标注　半剖视图中，剖视部分与视图部分以对称中心线分界。标注方法同前。

（3）应注意的问题

1）因剖视图是用假想剖切面剖切得到的，所以半剖视图中剖视部分与视图部分绝对不能以粗实线分界。

2）已通过剖视部分表达的对称的内部结构，视图部分应注意将其省略，如图4-8所示。

3. 局部剖视图

（1）定义　用剖切平面局部地剖开机件所得的剖视图称为局部剖视图。

局部剖视图不受机件是否对称的条件限制，既可表达外形，又能表达机件的内部结构，所以应用非常广泛。如图4-9所示，由于机件的内外结构均需要表达，形体又不具有对称性，故不能采用半剖视图，而采用了局部剖视图进行表达。

（2）画法与标注　局部剖视图的剖视部分与视图部分以波浪线分界。局部剖视图中的波浪线可理解为假想断裂面的投影，所以只能存在于有实体材料的部分。如图4-9所示，从投射方向观察，距观察者最近的表面存在实体材料遮挡，应有断裂面存在，因此画出波浪线如图4-9所示。另外，波浪线不能用轮廓线代替，也不能画在轮廓线的延长线上，应是独立的一条线。其他标注方法同前。

（3）应注意的问题

1）在大多数情况下，局部剖视图的剖切位置都很明显，所以往往省略标注。

2）局部剖视图中允许省略不必要（已表达清楚）的虚线。

三、按剖切面构成划分的剖视图

1. 单一剖切面剖切的剖视图

（1）定义　用一个剖切面剖切机件后所得到的剖视图。前述所有剖视图图例均是采用单一剖切面剖切得到的剖视图，它们采用了与投影面平行的剖切平面。

除了与投影面平行的剖切平面，还可以采用不平行于任何基本投影面的剖切面剖开机件，这种表达方法称为斜剖视图。如图4-10中，圆孔的结构组合不平行于任何一个基本投影面，因此为了同时以剖切方式表达两个圆孔采用了斜剖视图。斜剖视图所采用的剖切平面以及与其平行的投影面是垂直于基本投影面的平面，如图4-10所示采用的斜剖切平面和斜投影面都垂直于正面投影面。

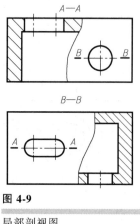

图 4-9

局部剖视图

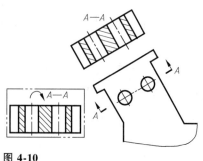

图 4-10

单一剖切平面的斜剖全剖视图

（2）画法与标注　斜剖视图应尽量配置在符合投影关系的位置上，也可平移到其他位置。在不致引起误解的情况下，可旋转摆正画出，如图4-10中细双点画线圈出表示的部分。

斜剖视图的标注方法如图4-10所示，字母水平书写。注意如果采用旋转画法，标注时必须添加旋转箭头，剖视图名称应靠近旋转符号的箭头端。

（3）应注意的问题

1）当斜剖视图中的主体轮廓线对水平方向倾角接近于45°时，金属材料的剖面符号可按30°或60°方向画出。

2）在采用单一剖切面剖切绘制的剖视图中，除了用到上述介绍的平行于基本投影面的剖切面和垂直于基本投影面的剖切面以外，还可以采用垂直于某一基本投影面的柱面作为剖切面来表达机件上的某些柱面结构，如图4-11所示。

2. 几个平行的剖切面剖切的剖视图

（1）定义　用几个相互平行的剖切平面剖开机件所得的剖视图，在较旧版本的国家标准中亦称为阶梯剖视图。如图4-12所示，为了在一个剖视图中同时表达出圆孔、沉孔及切槽的内部结构形状，用了三个相互平行的剖切平面。

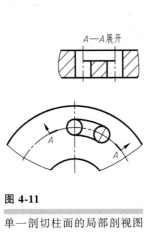

图 4-11

单一剖切柱面的局部剖视图

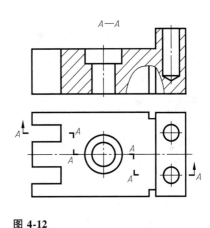

图 4-12

几个平行的剖切平面的局部剖视图

（2）画法与标注

1）在采用这种方法画剖视图时，各剖切平面的转折处必须为直角，并且要使待表达的内形不相互遮挡，在图形内不应出现不完整的要素。仅当两个要素在图形上具有公共对称中心线或轴线时，可以将它们各画一半，此时应以对称中心线或轴线为界，如图4-13所示。

2）由于这种剖切方法只是假想地剖开机件，假想将几个平行的剖切平面平移到同一位置后再进行投射，因此，不应画出剖切平面转折处的交线，如图4-12和图4-13所示。

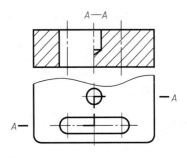

图 4-13

具有公共对称中心线或轴线结构的阶梯剖视图

3）剖切符号在剖切面的起讫和转折处均应画出，且尽可能不与图形的轮廓线相交。箭头线应与剖切符号垂直。在剖切符号的起讫和转折处应标记相同的字母，字母总是水平书写。但当转折处位置有限且不致引起误解时，允许省略标注，如图 4-13 所示。

（3）应注意的问题　一组剖切平面的名称均需要一致，且每个剖切平面的位置必须明确标示，不得省略。

3. 几个相交的剖切面剖切的剖视图

（1）两个相交的剖切平面　用两个相交且交线垂直于某个投影面的剖切面剖开机件，这种方法称为旋转剖。如图 4-14 所示，为了同时表达机件上的主孔和两个支臂上的圆孔，采用了旋转剖。

在采用这种方法画剖视图时，先假想按剖切位置剖开机件，然后将剖开后所显示的结构及其有关部分旋转到与选定的投影面平行的位置，再进行投射。但剖切平面后面的结构不应旋转（如主孔内小孔），仍按原来的位置投射，如图 4-14 所示。旋转剖的标注方法如图 4-14 所示。

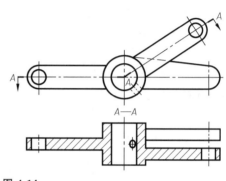

图 4-14

两个相交剖切平面的全剖视图

画旋转剖得到剖视图时应注意，倾斜的剖切平面如遇到非旋转部分或剖切后将产生不完整要素，应将此部分按不剖绘制，如图 4-14 中机件右端无孔支臂。

（2）相交的剖切平面与其他剖切面组合如图 4-15a 所示，可以用相交剖切面与几个平行的剖切平面组合剖切机件得到剖视图。

（3）几个连续相交的剖切平面剖切　此时剖视图应采用展开画法，并在剖视图上方标注 "$X—X$ 展开"，X 为大写拉丁字母，如图 4-15b 所示。

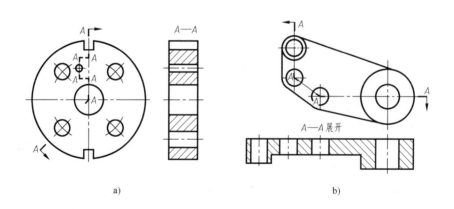

a)　　　　　　　　　　　　　　　　　　b)

图 4-15

多个相交的剖切平面的剖视图

a）相交的剖切平面与其他剖切面组合　b）几个连续相交的剖切平面剖切

第三节　断　面　图

一、基本概念

假想用剖切平面将机件的某处切断，仅画出剖切平面与机件接触部分的图形（无须画出剖切平面之后的可见轮廓），称为断面图，如图 4-16 所示。断面图常常用来表达机件的横截面形状，如轴、薄板的横断面等。断面图的使用广泛灵活，与剖视图相比，当需要表达机件上某一截面形状时，表达更为简洁明晰。

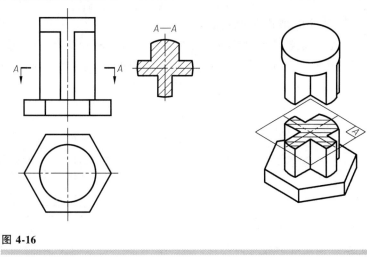

图 4-16

移出断面图

二、断面图的种类

断面图分为移出断面图和重合断面图。

1. 移出断面图

（1）定义　画在视图轮廓线之外的断面图称为移出断面图。移出断面图的轮廓线用粗实线绘制。图 4-17 所示即为利用几个移出断面图配合主视图来表达轴零件的典型图例。

（2）配置与标注

1）移出断面图应配置在剖切符号或**剖切线**（剖切平面与投影面的交线，用点画线表示）的延长线上，如图 4-16 中断面图配置在剖切符号的延长线上，图 4-17 中间的断面图配置在剖切线的延长线上。用剖切符号形式标注剖切位置时，也可将断面图放置到其他位置，但必须加以标注，如图 4-17 中的 *A—A* 断面图。

2）移出断面图的标注方法类似于剖视图，如图 4-16 所示。如断面图配置在剖切符号的延长线上，可省略字母，如图 4-17 中左侧的断面图；如断面图对称，可省略箭头，如图 4-17 中右侧的断面图；如果断面图配置在剖切线延长线上且结构对称，可省略全部标注，但此时须将断面图的对称中心线延长至视图处，不能更改断面图放置的位置，如图 4-17 中间的断面图。

3）断面图在表达机件倾斜结构的横截断面时，会用到斜剖切平面和斜投影面。图 4-18 是为表达肋板的横截面形状，采用了一个斜剖切平面剖切来获得反映实形的移出断面图；而图 4-19 是为表达两个不同方向的肋板截面形状，采用了两个相交的剖切平面来获得移出断面图。多个剖切平面产生的断面图，须用波浪线或细双点画线断开画出，此时移出断面图可省略全部标注。

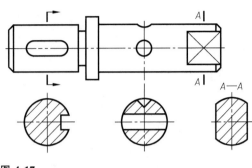

图 4-17

移出断面图的画法与标注

4）在表达细长机件的截面形状时，若机件的截面连续一致，或者截面呈规律变化，可以将视图断开画出，假想断裂处用波浪线作为边界线，而将表达机件截面的移出断面图画在视图的断裂空白处，此时移出断面图可省略全部标注，如图 4-20 所示。

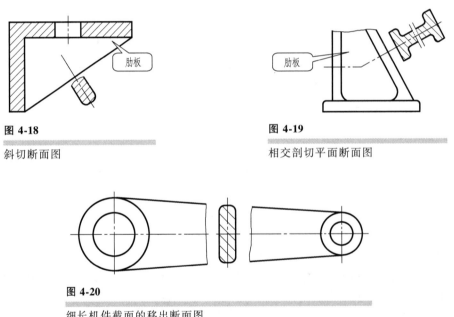

图 4-18

斜切断面图

图 4-19

相交剖切平面断面图

图 4-20

细长机件截面的移出断面图

（3）应注意的问题　断面应形成一个轮廓封闭的完整图形，而不能由两个或两个以上分离的断面图形构成。因此，当剖切平面通过回转而形成的孔或凹坑的轴线时，则这些结构按剖视图要求绘制，如图 4-17 中间位置的断面图所示。当剖切平面通过非圆孔，会导致出现完全分离的断面时，则这些结构应按剖视图要求绘制，即若图 4-17 中部的圆孔为方孔，也应按剖视图要求绘制。

2. 重合断面图

（1）定义　画在视图轮廓线之内的断面图称为重合断面图，如图 4-21 所示。

（2）画法与标注　重合断面图的轮廓线用细实线绘制。当视图的轮廓线穿越重合断面

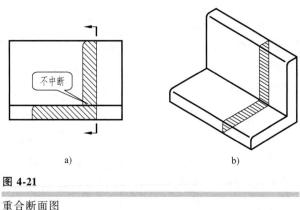

a)　　　　　　　　　　　　　　　　b)

图 4-21

重合断面图

图图形时，视图的轮廓线不可中断，如图 4-21 所示。

　　重合断面图的标注方法同移出断面图，但无须标注字母，如图 4-21、图 4-22 所示。其他有关移出断面图的画法规定同样适用于重合断面图，如图 4-23 即为采用斜剖切面剖切来表达肋板横截面的情形。

　　（3）应注意的问题　重合断面图一般用于视图轮廓线内的内轮廓简单清晰的场合，以免造成视图中图线杂乱而影响读图，如图 4-22、图 4-23 所示。

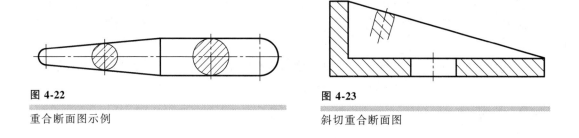

图 4-22

重合断面图示例

图 4-23

斜切重合断面图

第四节　机件图样的规定画法及简化画法

一、机件图样的表达思路

　　1）绘制的机件图样，要力争用较少和较简洁的图形清晰明了地表达机件的内外部结构形状。在选用各种视图、剖视图及断面图时，表达目的要明确，图形布局要形成一个完整的体系，不要使表达杂乱无序或出现重复。

　　2）在绘制的机件图样中，要尽量避免使用细虚线，因为细虚线在表达机件轮廓时，缺乏纵深感，会带来读图的不便。如图 4-24 中的左视图采用了局部剖视图来表达机件右下部的切口结构，而避免了使用细虚线，这里也可以用添加右视图的方式表示。

　　3）在绘制机件图样时，如果仅按照机件形状的一般表达方法，有时会出现绘图繁琐、结构表达不够清晰或者需要添加许多图形才能详尽表达结构形状的情形。为此，国家标准规定了机件图样的其他画法和简化画法。

二、局部放大图

（1）定义 对机件的细小结构进行不同于主体视图比例的局部放大表达，称为局部放大图。如图 4-25 中，由于机件上有相对于主体结构非常细小的局部结构，为了清楚表达结构且方便标注尺寸，作出了三处局部放大图。

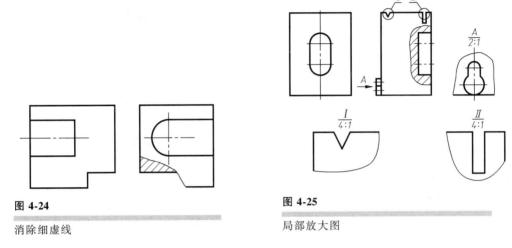

图 4-24

消除细虚线

图 4-25

局部放大图

（2）画法与标注 须用细实线圆圈出放大部位，在视图外画出局部放大图，并在其上方写出放大比例（实际比例）。如图 4-25 中局部放大不止一处，则需用罗马数字编号进行标注。

（3）应注意的问题 可以将局部视图直接画成局部放大图，但必须以向视图方式进行标注，并给出放大比例，如图 4-25 中 A 向视图。

三、简化画法

1. 对称机件的简化画法

（1）特征及表达方法 针对对称机件，在不致引起误解的前提下，可将视图画成一半，甚至四分之一。如图 4-26 中，为了节省图纸空间和减小绘图工作量，左视图采用了简化画法。

（2）画法与标注 以对称中心线作为简化为一半的视图的绘图边界线，边界线最好靠近另一个完整视图，并在对称中心线的两端画出垂直于对称中心线的两条平行细实线，如图 4-26 中细双点画线圈出部分。

（3）应注意的问题 可以用单箭头形式标注相关尺寸，尺寸线应超越对称中心线。

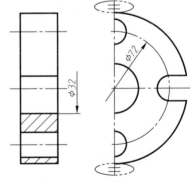

图 4-26

对称机件的简化画法

2. 细长机件的断裂画法

（1）特征及表达方法 对截面形状规律变化的

细长杆件，可采用假想断裂缩短的视图表达。如图 4-27 中，机件的轴向尺寸远远大于径向尺寸，且截面形状规律变化，所以将其断裂缩短画出。

（2）画法与标注　机件的假想截断面以波浪线或细双点画线绘制。

（3）应注意的问题

1）假想断裂线如用波浪线表示，波浪线应从视图轮廓线处开始绘制；如用细双点画线表示，则细双点画线须超出视图轮廓线。

2）标注尺寸时应以实际尺寸标注。

3. 重复性结构的简化画法

（1）特征及表达方法　对机件上均布排列的相同结构，如孔、槽、齿等，可仅画出少量完整图形。

（2）画法与标注　先画出几个结构完整的图形，其余相同结构用细实线或细点画线表示出相应位置，并用尺寸标注的方式给出均布结构的个数，如图 4-28 所示。

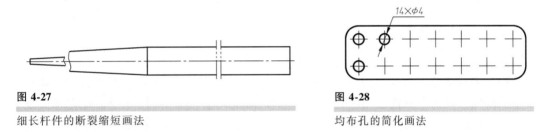

图 4-27

细长杆件的断裂缩短画法

图 4-28

均布孔的简化画法

（3）应注意的问题　该画法主要适用于机件上的均布或对称结构。如果结构相同但不均布，则在不致引起误解的情况下，也可这样绘制，但必须用尺寸标注的方法明确每个结构的相对位置。

4. 平面区域的简化画法

（1）特征及表达方法　当回转体机件上的平面不能充分表达时，可采用符号来辅助表达。如图 4-29 中，采用两组平面区域符号来表达短轴上的两个切削平面。

（2）画法与标注　平面区域内绘制两条相交的细实线，并尽量覆盖整个平面区域。

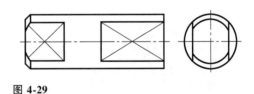

图 4-29

平面区域的简化画法

（3）应注意的问题　用平面区域符号表达平面的目的是减少视图，它只是一种辅助表达方式，如用相应的断面图来表达将更加清晰。

5. 较小结构交线的简化画法

（1）特征及表达方法　对机件上的较小结构的表面交线，如截交线、相贯线等进行简化处理。

（2）画法与标注　在不致引起误解的前提下，这些结构的表面交线可画成简单曲线，甚至不画。如图 4-30a 中用直线代替了相贯线的非圆曲线投影（细双点画线圈出部分），图 4-30b 中则省略了截交线。

（3）应注意的问题　所谓机件上的较小结构，并不是以结构的实际大小来衡量，而是

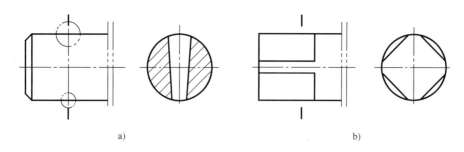

a)   b)

图 4-30

较小结构交线的简化画法

a）简化交线   b）省略交线

以绘图面积多少来估计的。

四、其他规定画法

1. 肋、轮辐、薄壁等结构的纵向剖切的规定画法

（1）特征及表达方法   对机件上的肋板、轮辐、薄壁等结构如按纵向剖切，肋板、薄壁指沿厚度方向的中分面剖切，轮辐指沿轴线剖切，则在它们的剖切面区域内不画剖面符号，而是用粗实线将这些结构的剖切面区域与其邻接部分分开，如图 4-31a 主视图所示。

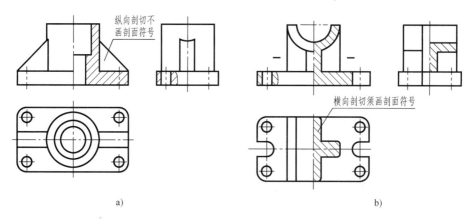

a)   b)

图 4-31

肋板的剖视画法

a）纵向剖切   b）横向及纵向剖切

（2）画法与标注   用粗实线画出在剖切位置处与周边结构的分界线，所围成的区域内不画剖面符号，也无需任何标注说明，如图 4-31a 所示。

（3）应注意的问题

1）国家标准规定肋板的纵向剖切不画剖面符号，如图 4-31a 所示。

2）垂直于纵向剖切的方向称为横向剖切，国家标准规定横向剖切时剖切区域内必须绘制剖面符号，如图 4-31b 所示。

2. 剖切均布结构的回转机件的规定画法

（1）特征及表达方法　对回转体机件中均匀分布的肋板、轮辐、孔等结构，可假想旋转后画出。

（2）画法与标注　将不被剖切平面通过的肋板、轮辐、孔等均匀分布结构，假想绕机件轴线旋转到剖切平面位置后画出，且无需任何标注说明，如图 4-32 所示。

（3）应注意的问题　不能将其他视图也进行旋转。

3. 剖切平面之后结构的局部剖切（剖中剖）的规定画法

（1）特征及表达方法　当需要表达的结构位于已有剖切平面之后且不方便采用其他视图、剖视图、断面图来表达时，可在原剖切区域内再进行一次局部剖切。

（2）画法与标注　剖视图中的局部剖同样要用波浪线标出剖切范围，剖面符号应与原区域内的剖面符号错开画出，但方向和间隔必须一致，如图 4-33 主视图所示。

（3）应注意的问题　局部剖的波浪线走向尽量不与剖面符号方向一致，以使视图表达清晰明显。

4. 剖切平面之前结构的假想画法

（1）特征及表达方法　当需要表达的结构位于剖切平面之前且不方便或不必要添加其他视图来表达时，可采用相应的假想画法。

（2）画法与标注　用细双点画线画出假想投影轮廓，且无须任何标注说明，如图 4-34 所示。

（3）应注意的问题　假想画法是一种辅助表达方法，因此画出的假想轮廓线不得干扰原视图轮廓的表达。

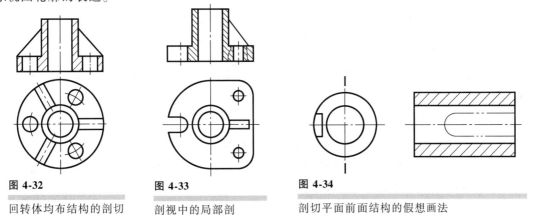

图 4-32　　　　　　　　图 4-33　　　　　　　　　图 4-34

回转体均布结构的剖切　剖视中的局部剖　　　剖切平面前面结构的假想画法

第五节　轴测剖视图

轴测图是一种能同时反映立体的正面、侧面和水平面形状的单面投影图，第三章已经介绍了轴测图的基本知识、正等轴测图的画法、斜二等轴测图的画法。在轴测图中，为了表示机件内部不可见的结构形状，也常用剖切后的轴测图来表示，这种剖切后的轴测图称为轴测剖视图。

一、轴测剖视图画法的有关规定

（1）剖切平面的位置　为了同时表达机件的内、外形状，通常采用两个平行于不同坐标面的相交平面剖切机件，剖切平面应通过机件的主要轴线或对称平面，避免采用一个剖切平面将机件全部剖开，对应的剖视图和轴测剖视图如图 4-35a、b 所示。

（2）剖面线画法　剖切平面剖到的机件实体部分上应画等距、平行的剖面线。

正等测剖面线方向如图 4-35c 所示。从坐标原点起，分别在三条轴测轴上等长取点，再连成三角形。三角形每一边表示相应轴测坐标面的剖面线方向。

斜二测剖面线方向如图 4-35d 所示。从坐标原点起，分别在 *OX* 轴和 *OZ* 轴等长取点，在 *OY* 轴上按在 *OX* 轴和 *OZ* 轴上所取长度的一半取点，再连成三角形。三角形每一边表示相应轴测坐标面的剖面线方向。

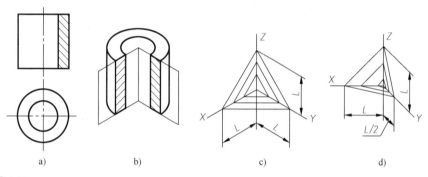

图 4-35

轴测剖视图画法的有关规定

a）剖视图　b）轴测剖视图　c）正等测剖面线方向　d）斜二测剖面线方向

二、轴测剖视图的画图步骤

画轴测剖视图时，通常先把机件完整外形的轴测图画出，然后沿着平行于坐标面的方向将机件剖开。以如图 4-36a 所示组合体为例，完成其轴测剖视图的具体画图步骤如下。

1）画出机件的外形轮廓，如图 4-36b 所示。

2）在 *XOZ*、*YOZ* 轴测坐标面内分别画出剖到的断面形状，如图 4-36c 所示。

3）擦去被剖切掉的 1/4 部分的图线和不可见轮廓线，补画剖切后下部孔的轴测投影，画剖面线，加深图线，如图 4-36d 所示。

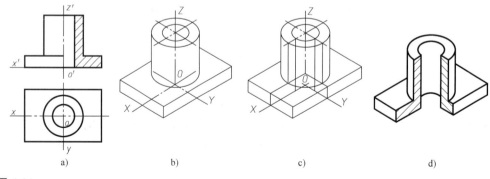

图 4-36

轴测剖视图的画法

a）选坐标定原点和坐标轴　b）画出完整外形的轴测图　c）画断面形状　d）画细节、完成轴测剖视图

第六节 第三角投影法简介

一、第三分角投影体系

1. 定义

用三个相互正交的平面（V 面、H 面及 W 面）将三维空间分成八个分角如图 4-37a 所示。我国、俄罗斯、德国等一些国家的制图标准采用第一分角投影体系，而世界上另外一些国家，如美国、日本等则采用第三分角投影体系。

2. 第三分角投影特点

与第一分角投影体系相比，第三分角投影体系的投影面位于观察者与空间立体之间，建立了一种"观察者-投影面-空间立体"的布局，而第一分角则为"观察者-空间立体-投影面"。当把投影面看成透明平面，采用正投影法投射，就可以得到相应的视图，如图 4-37b 所示。

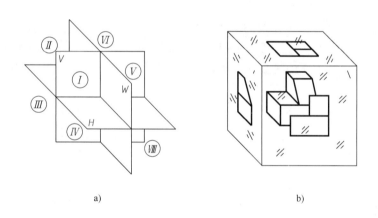

a)   b)

图 4-37

第三分角投影体系

a) 八个分角划分　b) 第三分角投影体系投影

3. 第三分角的六个基本视图

由六面体组成的第三分角六投影面体系如图 4-37b 所示。假想投影面透明，观察者从六面体的外部透过投影面观察立体，从而在六个投影面上得到六个基本视图。将图 4-37b 所示的六面体按图 4-38a 所示的方式展开，则得到第三分角六个基本视图的配置，如图 4-38b 所示。六个基本视图依然符合长对正、高平齐、宽相等的投影规律。

4. 第三分角相邻视图的投影关系

第三分角的两个相邻视图之间具有如图 4-39 所示的投影关系而第一分角的两个相邻视图之间的投影关系如图 4-40 所示。（注意圈出内容在实际图样中并不需要，仅为说明问题而添加。）

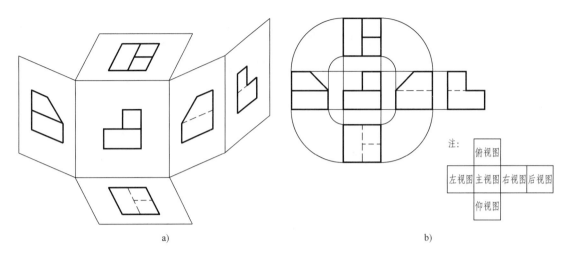

a)　　　　　　　　　　　　　　　b)

图 4-38

第三分角视图

a）第三分角视图展开　　b）第三分角六个基本视图

　　正是由于第三分角与第一分角的视点、投影面、空间立体三者之间的相互位置关系不同，造成了两个分角视图相对位置的不同。掌握了第三分角和第一分角的相邻视图的投影关系，就可以方便地将两个分角视图进行相互转换。**把相邻两视图的位置对调即得另一分角的投影视图。**

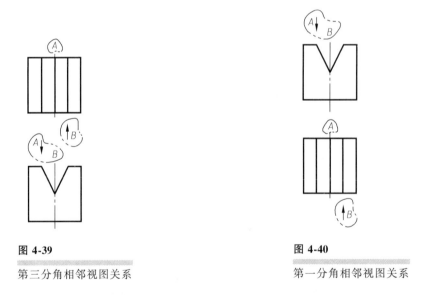

图 4-39

第三分角相邻视图关系

图 4-40

第一分角相邻视图关系

二、第三分角视图的应用

　　由于我国的技术图样的绘制主要采用第一分角投影体系，所以当需要绘制第三分角投影体系的技术图样时，必须在图纸标题栏内注写第三分角的识别图形符号，如图 4-41 所示。而第一分角的图形识别符号如图 4-42 所示。

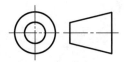

图 4-41

第三分角识别图形符号

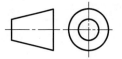

图 4-42

第一分角识别图形符号

我国制图国家标准规定，第一分角技术图样与第三分角技术图样有着等同效力。

在采用第一分角投影体系绘制的机件图样中，有时为了使作图简洁明了，允许采用第三分角绘图方法绘制局部视图。这种局部视图须绘制在需要表达的机件局部结构的附近，并用细点画线将它们连接起来，如图 4-43 所示。

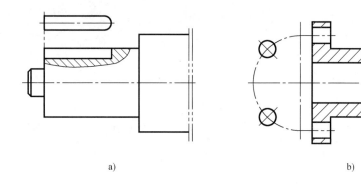

a)　　　　　　　　　　　　　　　　b)

图 4-43

第一分角环境下的第三分角局部视图

a）按第三分角画出的局部视图　　b）按第三分角画出的局部简化视图

第五章
零件的表示方法

　　零件是组成任何机器或部件的最小单元，若干零件按一定要求就可装配成产品，如图 2-1 所示的千斤顶及图 5-1 所示的齿轮泵。齿轮泵是柴油机的一个部件，它可以将低压油变为高压油送至柴油机各部分进行润滑或冷却。该齿轮泵的零件组成如图 5-1b 所示，可将这些零件分为如下三大类。

　　(1) 标准件　这类零件包括螺纹紧固件 (如螺栓、螺柱、螺钉、螺母、垫圈)、轴承、键、销、弹簧、带轮等，已由国家或行业制定了相关标准，由专业厂家按照标准设计和生产。图 5-1 所示的齿轮泵共有五种标准件，它们分别是圆柱销 1、螺栓 2、平键 8、垫圈 15 和螺母 16。它们在机器中主要起零件间的定位、连接、密封等作用。设计时只需根据已知条件查阅相关标准，就能获得标准件的全部尺寸。标准件不需要画零件图，使用时可根据标记直接采购。

　　(2) 传动件　这类零件包括主动齿轮 5、从动齿轮 7。传动件需根据使用要求画出零件图。

　　(3) 一般零件　这类零件如轴、箱体等，其形状、结构、大小需要根据零件在装配体中的功用和装配关系专门设计、制造。该齿轮泵共有九种一般零件，它们分别是左端盖 4、右端盖 10、泵体 3、从动轴 7、主动轴 9、密封圈 11、轴套 12、压紧螺母 13、传动齿轮 14。这些零件必须先设计和编写出用于制造、检验零件是否合格的技术文件，才能用于生产。下文中所提及的零件均指一般零件。

　　本章主要介绍零件的三维建模和二维零件图的表示方法，包括零件上的螺纹结构和常见工艺结构的表示法，并围绕二维表示法 (零件图) 中所包含的零件图内容、技术要求及读零件图的方法等四项内容进行介绍。

a)

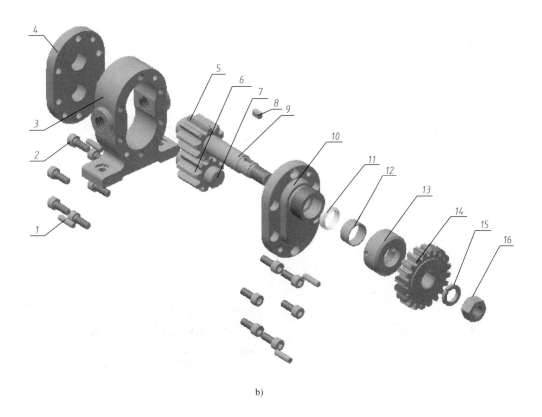

b)

图 5-1

齿轮泵与组成零件

a）齿轮泵   b）齿轮泵组成零件

第一节　零件上的常见工艺结构

本节将主要介绍螺纹和一些常见工艺结构的基本知识和表示方法。

一、螺纹

螺纹是指在圆柱表面或圆锥表面，沿着螺旋线形成的、具有相同断面的连续凸起和沟槽。如图 5-2 所示，凸起部分的顶端称为**牙顶**，沟槽部分的底部称为**牙底**。在工件外表面形成的螺纹称为**外螺纹**，在工件内表面形成的螺纹称为**内螺纹**。

1. 螺纹的五要素

（1）螺纹牙型　在通过螺纹轴线的断面上，螺纹的轮廓形状称为**螺纹牙型**。常见的螺纹牙型有三角形、梯形、锯齿形和矩形，如图 5-3 所示。

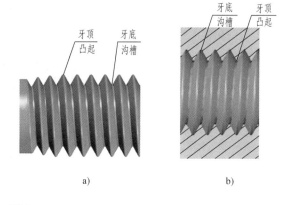

图 5-2

螺纹

a）外螺纹　b）内螺纹

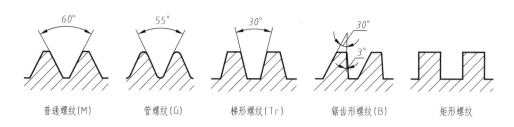

普通螺纹(M)　　管螺纹(G)　　梯形螺纹(Tr)　　锯齿形螺纹(B)　　矩形螺纹

图 5-3

常见的螺纹牙型

（2）公称直径　代表螺纹尺寸的直径。螺纹直径有大径、小径和中径，如图 5-4 所示。

1）与外螺纹的牙顶或内螺纹的牙底相重合的假想圆柱直径（即螺纹的最大直径）称为**大径**，内、外螺纹的大径分别以 D 和 d 表示。

2）与外螺纹的牙底或内螺纹的牙顶相重合的假想圆柱直径（即螺纹的最小直径）称为**小径**，内、外螺纹的小径分别以 D_1 和 d_1 表示。

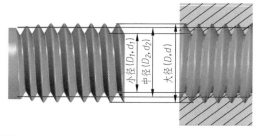

图 5-4

螺纹的基本尺寸

3）在大径和小径之间假想有一圆柱，它的母线通过牙型上沟槽宽度和凸起宽度相等的地方，此假想圆柱称为中径圆柱。中径圆柱的母线为中径线，直径为螺纹**中径**，内、外螺纹中径分别以 D_2 和 d_2 表示。

普通螺纹、梯形螺纹、锯齿形螺纹的公称直径都是指大径。

（3）螺纹线数（n）　沿一条螺旋线形成的螺纹称为单线螺纹；沿两条或两条以上、在轴向等距离分布的螺旋线所形成的螺纹，称为多线螺纹，如图 5-5 所示。

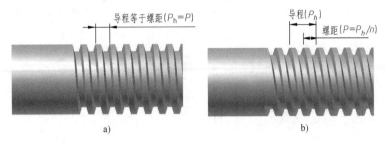

图 5-5

螺纹的线数、螺距

a）单线螺纹　b）双线螺纹（$n=2$）

（4）螺距（P）和导程（P_h）　相邻两牙在中径线上对应两点间的轴向距离，称为螺距。同一条螺旋线形成的螺纹上的相邻两牙，在中径线上对应两点间的轴向距离，称为导程。因此，单线螺纹的螺距＝导程，多线螺纹的螺距＝导程/线数，如图 5-5 所示。

（5）旋向　顺时针旋转时旋入的螺纹，称为右旋螺纹；逆时针旋转时旋入的螺纹，称为左旋螺纹，如图 5-6 所示。

牙型、公称直径、螺距、线数和旋向是确定螺纹结构尺寸的五要素。只有五要素完全相同的外螺纹和内螺纹才能相互旋合。

2. 螺纹的种类

根据制造和使用的要求，螺纹可按下列方法分类。

（1）按标准分类　螺纹可分为标准螺纹、特殊螺纹和非标准螺纹。凡牙型、公称直径、螺距都符合国家标准的螺纹，称为标准螺纹。牙型符合国家标准，而公称直径、螺距不符合国家标准的螺纹，称为特殊螺纹。牙型不符合国家标准的螺纹，称为非标准螺纹。

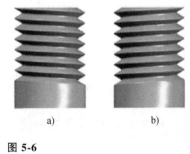

图 5-6

螺纹的旋向

a）左旋螺纹　b）右旋螺纹

常用的标准螺纹有普通螺纹（M）、梯形螺纹（Tr）、锯齿形螺纹（B）和管螺纹（G）。矩形螺纹是非标准螺纹，没有特征代号。

（2）按用途分类　螺纹可分为连接螺纹和传动螺纹两种，前者起连接固定的作用，后者则用于传递运动和动力。用作连接螺纹的有普通螺纹和管螺纹；用作传动螺纹的有梯形螺纹、锯齿形螺纹和矩形螺纹。

（3）按螺距分类　普通螺纹有粗牙和细牙之分。螺纹大径相同时，螺距最大的一种称为粗牙螺纹，其余的都称为细牙螺纹。

二、常用机械加工工艺结构

1. 倒角

为了去除切削零件时产生的毛刺、锐边，使操作安全，保护装配面及便于装配，通常在轴和孔的端部等位置加工出倒角，即在轴端作出小圆锥台结构，在孔口作出小圆锥台孔结构。倒角多为 45°的，也可制成 30°或 60°的，如图 5-7 所示。

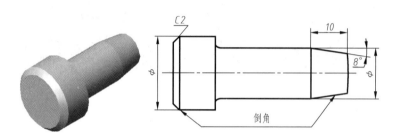

图 5-7

倒角

2. 倒圆

对于阶梯状的孔和轴，为了避免转角处发生应力集中而产生裂纹，设计和制造零件时，这些地方常以圆角过渡，如图 5-8 所示。

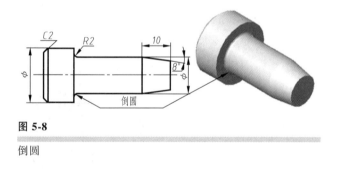

图 5-8

倒圆

3. 螺纹退刀槽和砂轮越程槽

在车削加工，特别是在车削螺纹时，为了避免在所加工零件的尾端出现一段达不到规定螺纹深度的**螺尾**，就在车螺纹之前对将产生螺尾的那一段预先车出一个槽，这个槽称为**螺纹退刀槽**。同样，用砂轮磨削加工时，为避免轴肩与圆柱面交界处产生的圆角影响到装配时零件的可靠定位，以及使砂轮磨削后略越过加工面而不破坏端面，通常预先在被加工轴的轴肩处加工出一个退刀槽，这种退刀槽称为**砂轮越程槽，简称越程槽**。综上所述，为保证零件的加工质量，通常在零件待加工面的台肩处，预先加工出越程槽和退刀槽，如图 5-9 所示。

4. 中心孔

中心孔是在轴类零件端面制出的小孔，供在车床和磨床上进行加工或检验时定位和装

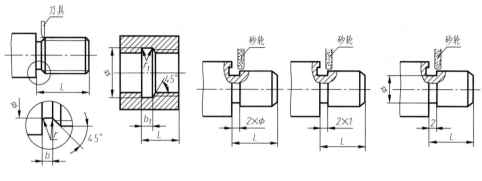

图 5-9

螺纹退刀槽和砂轮越程槽

夹，是轴类零件上常见的工艺结构。标准的中心孔有 R 型、A 型、B 型和 C 型四种形式，它们的形状和尺寸系列可查阅有关标准。A 型和 B 型中心孔如图 5-10 所示。

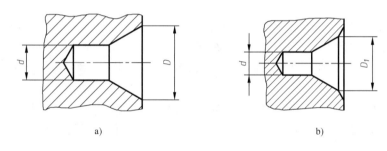

a)   b)

图 5-10

中心孔

a）A 型中心孔 b）B 型中心孔

5. 不通螺孔

加工不通螺孔的顺序为：先用钻头钻出圆孔，然后用丝锥攻出螺纹，如图 5-11 所示。用丝锥加工的不通螺孔也有螺尾部分。

6. 钻孔处的工艺结构

对需用钻头钻孔的零件进行结构设计时，应考虑加工方便，以及保证钻孔的主要位置准确和避免钻头折断。因此，要求钻头行进的方向尽量垂直于被钻孔的端面，如果钻孔处的表面是斜面或曲面，应预先设计出与钻孔方向垂直的平面凸台或凹坑，以避免钻头单边受力而产生偏斜或发生折断，如图 5-12 所示。

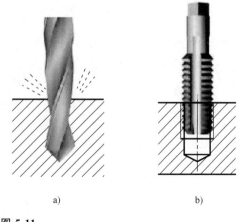

a)   b)

图 5-11

用丝锥加工不通螺孔

a）钻孔 b）攻螺纹

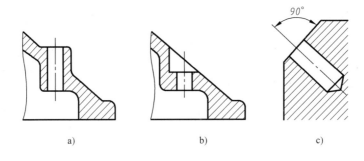

图 5-12

钻孔处的工艺结构

a）凸台　b）凹坑　c）斜面

三、铸造工艺结构

由于铸造加工属于成型加工，通常是将熔化的金属液体注入砂箱的型腔内，待金属液体冷却凝固后，去除型砂而获得铸件，因此在铸造加工时，为了保证零件质量，便于加工制造，铸件上需设计出均匀的壁厚、铸造圆角、凸台、凹坑和凹槽等一些铸造工艺结构。

1. 铸件的壁厚

（1）铸件的最小壁厚　受金属液的流动性及浇注温度的限制，同时为了避免金属液在充满砂箱型腔之前凝固，铸件壁厚一般不小于表 5-1 所列数值。数值大小与铸件的尺寸和材料相关。

表 5-1　铸件最小壁厚　　　　　　　　　　　　　　　　　　　　　　　　　　（单位：mm）

铸造方法	铸件尺寸	铸　钢	灰铸铁	球墨铸铁
砂型	≤200×200	8	6	6
	200×200 ~ 500×500	10 ~ 12	6 ~ 10	12
	>500×500	15 ~ 20	15 ~ 20	

（2）铸件壁厚要均匀　铸件壁厚应保持大致相等或逐渐过渡。若铸件壁厚相差过大，浇铸后，铸件会因各部分在凝固过程中的冷却速度不同而产生气泡、变形、缩孔或裂缝。因此，铸件壁厚应该尽量均匀或采用逐渐过渡的结构，如图 5-13 所示。

（3）内外壁与肋的厚度　为了使铸件均匀冷却，避免铸件因铸造应力而变形、开裂，应使外壁最厚，内壁次之，肋板最薄，外壁、内壁与肋的厚度顺次相差约 20% 左右，如图 5-14 所示。

2. 铸造斜度（拔模斜度）

铸造零件的毛坯时，为了便于从砂型中取出模样，一般将模样沿起模方向作成 1：10 ~ 1：20 的斜度（3°~6°），这种斜度称为铸造斜度，如图 5-15 所示。如对零件的铸造斜度无特殊要求，可仅在技术要求中说明，而无需在图上画出。

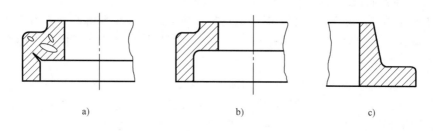

图 5-13

铸件壁厚

a）壁厚不均匀　b）壁厚均匀　c）逐渐过渡

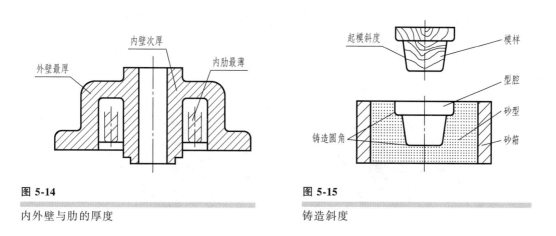

图 5-14

内外壁与肋的厚度

图 5-15

铸造斜度

3. 铸造圆角

为保证铸件在铸造加工时能方便起模，防止浇铸铁水时将砂型转角处冲坏，以及避免铸件在冷却时产生裂纹或缩孔，毛坯各相邻表面相交处均应以圆角过渡。铸造圆角的半径一般为 3~5mm，如图 5-16 所示。

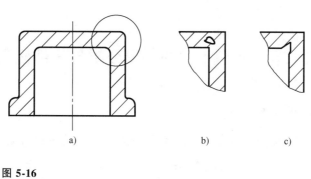

图 5-16

铸造圆角

a）铸造圆角　b）缩孔　c）裂纹

4. 箱体类零件底面上的凹槽和安装面上的凸台和凹坑

为了使箱体类零件的底面在装配时接触良好，应合理地减少接触面积，因此通常在箱体类铸件底面设计一些凹坑和凹槽等铸造工艺结构，这样还可以减少铸件的加工面积，节省材料和加工费用，如图5-17a所示。

为了保证在装配时各零件间的接触面接触良好，铸件与其他零件相接触（或相配合）的面需进行切削加工。为了既能获得良好的接触表面，又可减少加工面积、降低成本，通常在铸件的接触面处设计出凸台、沉孔或凹坑等结构，如图5-17b所示。

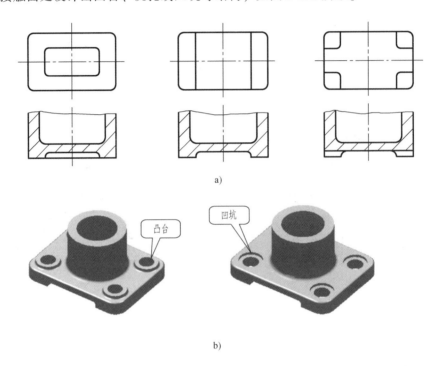

a)

b)

图 5-17

箱体类零件底面上和安装面上结构

a）凹坑和凹槽　b）凸台和凹坑

第二节　典型零件的构形分析与三维建模

一、典型零件的构形分析

一般零件的设计结构取决于该零件在特定装配体中的功用及其与相邻零件的装配关系。零件在机器或部件中，可以起到支承、容纳、传动、配合、连接、安装、定位、密封和防松等一项或几项功用，这些功能对零件的要求是决定零件主要结构的依据。根据零件设计结构的形状特点，可将零件分为如第一章第二节所描述的箱体类、盘盖类、轴套类、叉架类四大类典型零件。

1. 轴套类零件

常见轴套类零件如图 5-18 所示。图 5-18a 所示的轴是用来支承传动零件，并使之绕其轴线转动的零件，通常根据需要在某些轴段上设计出起连接、定位作用的孔、槽等结构；图 5-18b 所示的柱塞主体部分是同轴回转体，具有径向尺寸小、轴向尺寸大的特点；图 5-18c 所示的钻套具有与轴配合的内形结构。轴套类零件的主要加工过程是在卧式车床上完成的。

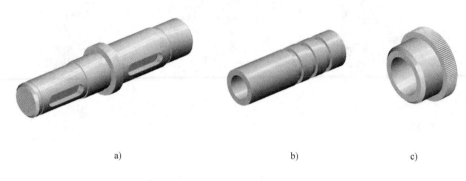

a)　　　　　　　　　　b)　　　　　　　　　c)

图 5-18

轴套类零件

a）轴　b）柱塞　c）钻套

2. 盘盖类零件

常见盘盖类零件如图 5-19 所示。其结构特征是径向尺寸大、轴向尺寸小，一般为偏平状结构，并且常带有均匀分布的孔、销孔、肋板及凸台等结构。盘盖类零件的主要加工过程是在卧式车床上完成的。

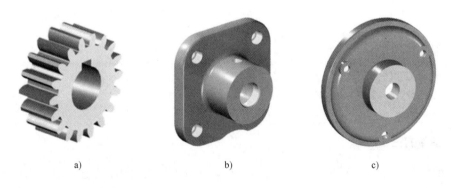

a)　　　　　　　　　　b)　　　　　　　　　c)

图 5-19

盘盖类零件

a）齿轮　b）尾架端盖　c）电机端盖

3. 叉架类零件

常见叉架类零件如图 5-20 所示。毛坯多为铸件，需经多道工序加工而成，一般可分为工作部分、连接部分和支承部分。工作部分和支承部分细部结构较多，通常有圆孔、螺孔、油槽、油孔、凸台和凹坑等；连接部分多为肋板结构，且形状有弯曲或扭斜。叉架类零件形状各异，在制造时所使用的加工方法并不一致。

图 5-20

叉架类零件

4. 箱体类零件

常见箱体类零件如图 5-21 所示。箱体类零件通常起支承、容纳机器运动部件的作用。其内部常具有空腔、孔等结构，空腔形状取决于所需容纳的零件形状。

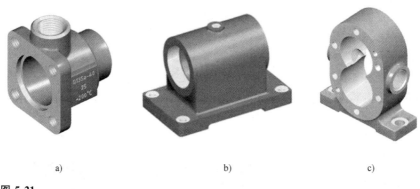

a)   b)   c)

图 5-21

箱体类零件

a）阀体　b）支座　c）泵体

二、零件的三维建模

实际的机器零件不同于简单的几何体，零件蕴含其独特的设计和工艺信息，因此零件三维建模的任务应不仅仅是创建有形状的实体模型，还应将设计和工艺信息注入其中，并能够为后续的 CAD（计算在辅助设计）、CAPP（计算机辅助工艺规程）或 CAM（计算机辅助制造）提供正确的数据。然而关于如何正确制订零件的加工工艺、合理选择加工方案的内容，将在后续的专业课程中进行学习，本节主要关注零件三维建模的方法和步骤，只需在第二章第二节和第三章第一节的基础上学习。

1. 零件三维建模的方法与步骤

通常将零件建模过程分为如下三步。

（1）**形体分析** 虽然零件的形状是各种各样的，但从几何角度来看，零件都可以分解成一些简单体，如棱柱体、棱锥体、圆柱体、圆锥体、球体等。因此，进行形体分析主要就是为了将复杂零件进行分解，以达到化繁为简、化难为易的目的。

（2）**造型分析** 造型分析就是在对零件进行形体分析的基础上，分析构成零件的各简单体的构形特点，以确定零件建模的基本思路、建模方式和工作流程。造型分析一般包括下列内容。

1）分析构成零件的每个简单体的构成方式，即分析该简单体是通过拉伸运算方式还是某种其他运算方式创建的。

2）分析每个特征所属的类型，如属于绘制性特征（草图特征）还是置放性特征（放置特征）等。

3）分析添加的特征是否符合制造工艺。

4）分析添加特征的顺序是否符合制造工序等。

显然，前两步与第二章第二节、第三章第一节介绍的建模过程相同，但第3）、4）步则是零件造型过程中需要多加思考的，需要在具备一定专业知识的基础上完成。

这里需要注意，有时一个结构会有多种创建方法。例如，零件上的通孔、圆角和倒角等结构可按照广义柱体的构型方式进行创建，但是以放置特征方式建模更为合适，因为这些结构属于工艺结构，一定要考虑它们的制造和检验流程。

2. 综合举例

📝【例 5-1】

创建图 5-22a 所示的十字把手零件。

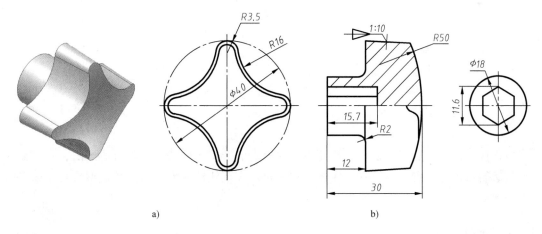

a)   b)

图 5-22

【例 5-1】题图

a）十字把手实体零件图　b）十字把手工程图

解：

（1）**形体分析** 该零件可分为四个简单体：零件右端的部分球体、中间的十字形状柱体、左侧的圆柱体及圆柱体中间挖去的一个正六棱柱。这些简单体都可以按基础特征方式创建。

（2）**造型分析** 该零件的三维模型可按图 5-23 所示的过程创建。（注：图中显示的尺寸数字为尺寸约束，不代表该图素的尺寸标注。）

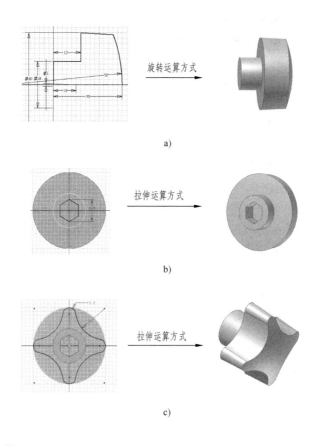

a)

b)

c)

图 5-23

【例 5-1】图

a）建立旋转特征创建基础件 b）创建带六角孔柱体依附件
c）创建切割出槽的依附件

值得注意的是，有时可以将一些简单体在符合制造工艺的条件下进行适当的合并，如本例中按旋转特征方式创建的第一个实体。这样可以实现快速建模。对这种造型技巧，请多加分析与比较。

【例 5-2】

创建图 5-24 所示的蝴蝶阀阀体。

解：

（1）**形体分析** 根据蝴蝶阀阀体的结构，可将其分为三个部分：主体、凸台和底部，如图 5-25 所示。

（2）**造型分析**

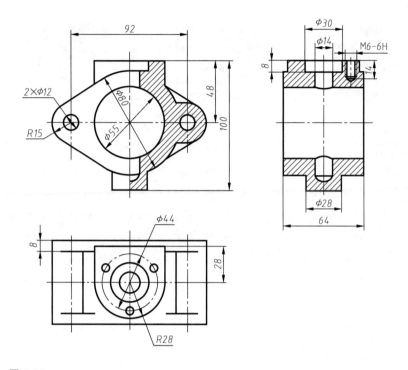

图 5-24

【例 5-2】题图

1）创建主体。首先创建主体的基础部分，可以有两种不同的分析方法。

方法一：以求差方式创建。先将一"腰形"特征面（底面）拉伸形成柱体，再在柱体中部的左上、左下、右上和右下处，以求差方式分别挖去四个依附件柱体，如图 5-26 所示。

方法二：以求和方式创建。先创建以主体前部、中部、后部外形轮廓为特征的三个柱体，再将它们以叠加（增材）方式组合而成，如图 5-27 所示。

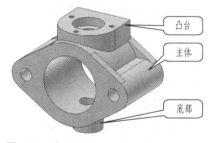

图 5-25

【例 5-2】图一

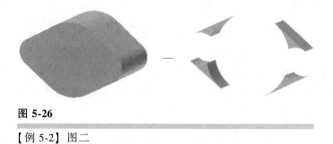

图 5-26

【例 5-2】图二

不管采用哪种方式建立主体的基础部分，创建完成后，都要以求差方式分别在主体中间

图 5-27

【例 5-2】图三

挖切一个大孔，在两侧挖切两个等直径的小孔。

2）创建凸台。凸台需在主体的基础上进行创建。首先，依据凸台底平面的定位尺寸 48，以其外形轮廓为特征，建立一个与主体相交的广义柱体。然后，以求差方式挖切完成中间的沉头孔结构（即直径不同的同轴圆柱孔），以及三个等直径的小孔。

3）创建底部。底部的造型过程与凸台类似，先创立一个特征面为圆的柱体，再以求差方式构建中间的小孔。

值得注意的是，以上例题介绍的造型过程和方法不是唯一的，请思考是否还有其他更好的造型方法。

第三节　零件的二维表示法——零件图

一、零件图的作用和内容

在实际生产中，零件的制作是根据零件图所表示的各种工艺信息完成的。如图 5-28 所示为支架的零件图。零件图是制造和检验零件的依据，直接服务于生产实际，它通常包括以下内容。

1）表达零件结构形状的**一组视图**。

2）制造零件所需的**全部尺寸**。

3）表明零件在制造和检验时应达到的一些**技术要求**，如尺寸公差、几何公差、表面结构要求、表面处理、热处理等。

4）说明零件的名称、材料、图样比例、图号等内容的**标题栏**。

二、零件的视图选择

零件图的视图选择是指正确选用第四章所介绍的视图、剖视图、断面图等表示方法。为了将零件的结构形状完整、清晰地表达出来，**视图的选择原则是：在便于读图的前提下，力求做到视图表达完整、清晰、合理、简练**。零件图的视图选择，一般可参考下列步骤。

（1）分析零件　分析零件在机器（或部件）中的作用、工作位置及所采用的加工方法，并对零件进行形体分析或结构分析。

（2）选择主视图　根据零件的类型特点，确定主视图的选择原则，选择主视图的投射方向。

（3）选择其他视图　应灵活运用各种表示方法，根据零件的每个组成部分的形状和它们的相对位置选配其他视图。

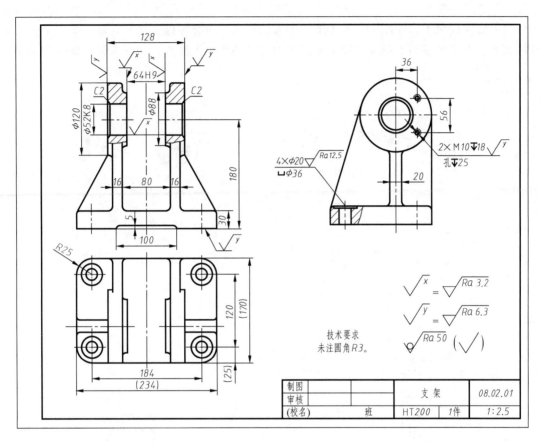

图 5-28

支架零件图

1. 选择主视图的一般原则

（1）形状特征原则 该原则是要求所选主视图应能够较好地反映零件的形状特征，即能较好地将零件各功能部分的形状及相对位置表达出来。

对图 5-29 所示的轴，比较按 *A* 向与 *B* 向投射所得到的视图，很明显按 *A* 向投射得到的视图能较好地反映此轴各部分结构的形状特征，因此应选择 *A* 向作为主视图的投射方向。

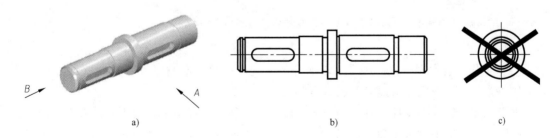

图 5-29

轴的主视图选择

a）轴零件 b）按 *A* 向投射好 c）按 *B* 向投射不好

（2）加工位置原则　该原则是要求所选的主视图应尽可能与零件在机床上加工时的装夹位置一致，以便于读图加工。由于轴、套、轮、盘、盖类零件一般是在卧式车床上完成机械加工的，因此可按加工位置选择主视图，即将其轴线水平放置，如图 5-30、图 5-31 所示。

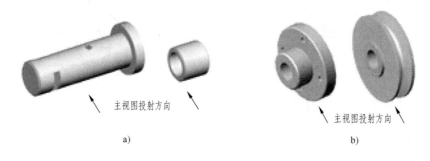

主视图投射方向　　　　　　　　　　主视图投射方向

a)　　　　　　　　　　　　　　　　b)

图 5-30

轴、套类，零件和盘、盖类零件

a）轴、套类零件　b）盘、盖类零件

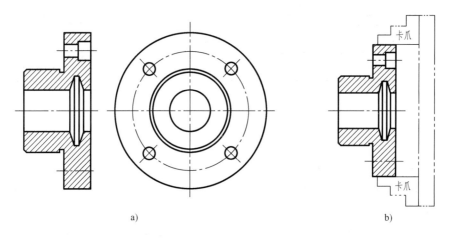

卡爪

卡爪

a)　　　　　　　　　　　　　　　　b)

图 5-31

盘类零件的主视图选择

a）按加工位置选择盘类零件的主视图　b）盘类零件加工时的装夹位置

（3）工作位置原则　该原则是要求所选的主视图应尽可能与零件在机器（或部件）中的工作位置一致，以便于对照装配图进行装配。

由于支座、箱体类零件，其结构一般比较复杂，往往需要加工多处不同的表面，加工位置经常变化，因此不宜采用加工位置原则。对于此类零件，选择主视图时应采用工作位置原则，如图 5-32、图 5-33 所示。

选择主视图时，上述三个原则不一定能同时满足，往往需要综合考虑并加以比较而定。

此外，选择主视图时，还需考虑主视图的选择应使其他视图的虚线较少。

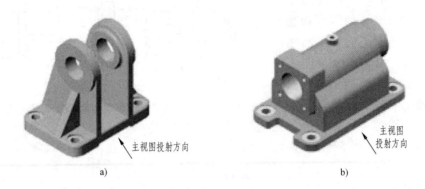

图 5-32

支座类、箱体类零件

a) 支座类零件   b) 箱体类零件

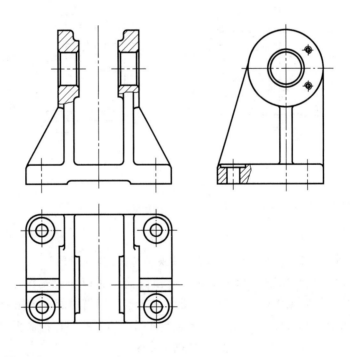

图 5-33

支座类零件的主视图选择

2. 选择其他视图

为了清楚表达零件的每个组成部分的形状和它们的相对位置，一般还需要选择其他视图来补充表达方案。

在选择其他视图时，应根据零件的结构特点，分析还需要清楚表达零件哪个组成部分的形状和相对位置，也就是考虑还需要哪些视图与主视图配合，以及所选视图之间如何配合。如图 5-34 所示，轴的主视图已将轴上各段圆柱体的大小和相对位置表达清楚，但键槽部分还需要选择两个断面图来表达其深度等。

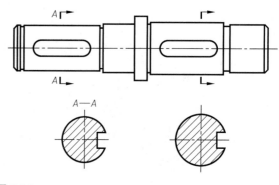

图 5-34

轴的视图表达方案

此外，有时还要考虑到视图与尺寸标注的配合。如对图 5-35 所示的零件，采用一个视图并标注带有符号"ϕ"的尺寸，即可清楚表示零件属于回转体。

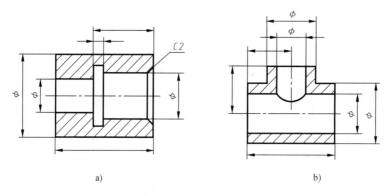

a)   b)

图 5-35

视图与尺寸标注的配合

3. 举例

下面以图 5-36 所示的支座为例，说明零件视图选择的具体过程。

（1）分析零件　支座用于支承传动轴。它由圆筒、底板和起支撑作用的十字肋组成。如图 5-36a 所示 A 向与其工作位置一致，以此方向观察，圆筒中部有个倾斜的贯通筒壁的凸台结构，圆筒内部是阶梯孔结构，左、右端面各有四个均布的螺孔；底板上有四个带贯通孔的凸台，底部有通槽；十字肋为十字交叉的肋板结构。

（2）选择主视图　综合考虑形状特征和工作位置原则，选择图 5-36a 中 A 向为主视图投射方向。为了使主视图既能表达清楚圆筒内的阶梯孔，又能表达倾斜的贯通筒壁的凸台内孔结构和凸台的左右位置关系，主视图采用 A—A 旋转剖视图；右端四个螺孔按简化画法画出。

（3）选择其他视图　为了配合主视图，能够更加完整、清晰地表达支座各组成部分的形状和相对位置，其他视图按如下分析进行选择和配置。

圆筒：为了表达倾斜凸台的方位和左端螺孔的分布情况，需要选配左视图；倾斜凸台的端面形状则用斜视图表达。

底板：为了表达底板的形状，选用俯视图。

十字肋：对于十字肋基本形状的表达，可以选配左视图或俯视图，但为了能在表达底板的同时表达出肋的横断面形状，则在俯视图上采用全剖视图。

结构间的相对位置：圆筒、底板和十字肋的上下位置和左右位置关系已经在主视图中表达清楚；前后位置关系可用左视图或俯视图来表达，但在俯视图上它们的投影互相重叠，不易分辨，因此在左视图中选择了局部剖视图进行表达。

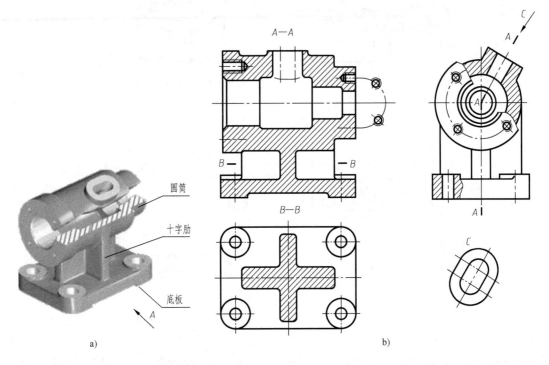

图 5-36

支座的视图表达方案

综合上述分析，最后确定的表达方案如图 5-36b 所示。俯视图采用 *B—B* 全剖视图，配合主视图，主要表达底板和十字肋的形状；左视图与主视图相配合，表达圆筒的形状，以及圆筒与底板、十字肋两部分的前后位置关系，左视图上部的局部剖视图除了表达倾斜凸台的形状外，还表达了十字肋的前后两个正平面与圆筒外表面的相切关系，左下角的局部剖视图则是为了表明底板四个角上的孔都是通孔。在上述表达方案中，一些次要部位，如倾斜凸台端面结构的表达问题，往往是在零件基本形状的表达方案确定之后考虑的，因此，在基本形状的表达方案确定后，采用了局部斜视图 *C* 进行适当补充，使之更加完善。

图 5-37 为支座的另一个表达方案，图中多画了一个 *B—B* 移出断面图，图中主视图未画出右端四个螺孔的简化画法，结合左视图和尺寸标注可以确定螺孔的个数和位置，故省略；俯视图用视图表达支座外形，但由于凸台结构与水平投影面不平行，其结构在水平投影面上的投影不反映实形，另外与 *C* 向局部斜视图表达重复；左视图上部虽采用了局部剖视图，

但其剖切范围处理不当，没有将十字肋与圆筒表面前后的相切关系表达出来。因此，这个方案表达得不够完整、清晰，既不便于读图，也不便于画图。

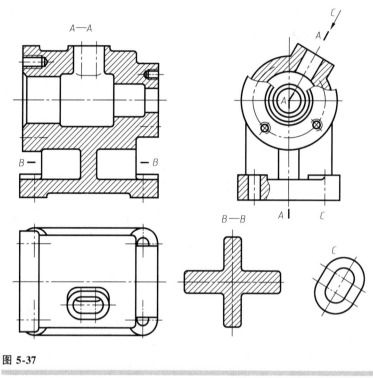

图 5-37

视图表达方案选择不合理

4. 典型零件的表达方法

（1）轴套类零件表达方法　在选择视图时，一般只采用一个基本视图，再根据其细节部分的具体结构，选择一些断面图、放大图等进行表达。由于轴类零件一般是实心的，所以主视图多采用不剖或局部剖视图，轴上的沟槽和孔结构可采用移出断面图或局部放大图表达。

主视图按加工位置原则选择，将轴线水平放置，以垂直于轴线的方向作为主视图的投射方向。选用水平放置的轴线和重要端面（如加工精度最高的面、轴肩等）作为主要尺寸基准。在图 5-38 所示的主动齿轮轴中，各部分均为同轴回转体，轴上有一个键槽，齿轮部分的两端设计有砂轮越程槽结构。径向的主要尺寸基准为轴线，长度方向的主要尺寸基准为齿轮的左端面。此外，主视图设置为键槽向前，以表达键槽的形状，键槽的深度用断面图表示。

（2）盘盖类零件表达方法　盘盖类零件通常用两个基本视图进行表达。主视图常取剖视图，以表达零件的内部结构；左视图主要表达其外形轮廓，以及零件上各种孔、肋、轮辐等的数量及其分布情况，常采用简化画法；如果还有细小结构，则需增加局部放大图。通常采用孔的轴线和重要端面（如与其他零件的接触面）作为主要尺寸基准。如图 5-39 所示的端盖，径向的主要尺寸基准为孔的轴线，长度方向的主要尺寸基准为零件右端结合面。视图选择主视图和左视图，其中主视图为用两个相交的剖切平面剖切的剖视图。

（3）叉架类零件表达方法　叉架类零件结构（尤其是外形）较为复杂，加工方法和加

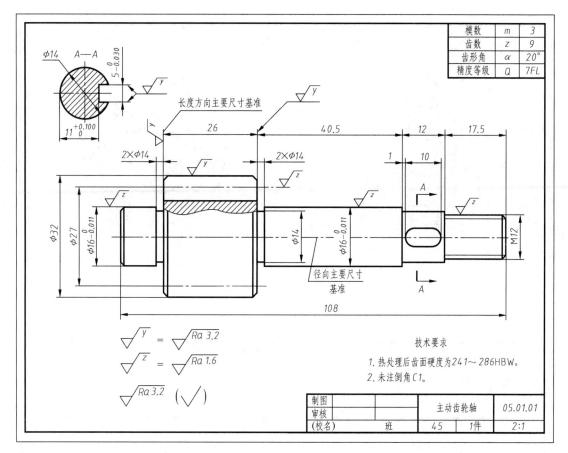

模数	m	3
齿数	z	9
齿形角	α	20°
精度等级	Q	7FL

技术要求
1. 热处理后齿面硬度为241～286HBW。
2. 未注倒角C1。

制图			主动齿轮轴	05.01.01
审核				
(校名)	班	45	1件	2:1

图 5-38

主动齿轮轴的零件图

工位置均不止一个，因此通常需要两个或两个以上的基本视图，再根据需要配置一些局部视图、斜视图或断面图来进行表达。主视图一般以工作位置原则选择。常采用重要的安装面、加工面、接触面或对称面，以及孔轴线作为主要基准。如图 5-40 所示的支架零件图中，长度方向的主要尺寸基准为下方结构的右端面，宽度方向的主要尺寸基准为前后对称面，高度方向的主要尺寸基准为 $\phi15$ 孔结构的轴线。主视图与工作位置一致，主、左视图均采用局部剖视图进行表达。此外，为了表达支架上部凸台的形状，采用了 A 向局部视图；倾斜肋板的断面形状采用了移出断面图表示。

　　（4）箱体类零件表达方法　箱体类零件内部常具有空腔、孔等结构，选择主视图时按这类零件的工作位置放置，以反映其形状特征的方向作为主视图的投射方向。表达时至少需要三个基本视图，且采用过主要支承孔轴线的剖视图表示其内部形状，并配以剖视图、断面图等表达方法才能完整、清晰地表达它们的结构。常采用重要的安装面、加工面、接触面或对称面，以及孔轴线作为主要尺寸基准。如图 5-41 所示的阀体零件图中，长度方向的主要尺寸基准为竖直孔轴线，宽度方向的主要尺寸基准为前后对称面，高度方向的主要尺寸基准为 $\phi43$ 孔结构的轴线。该零件图采用的三个基本视图中，主视图为全剖视图，俯视图为局部剖视图，左视图为半剖视图。

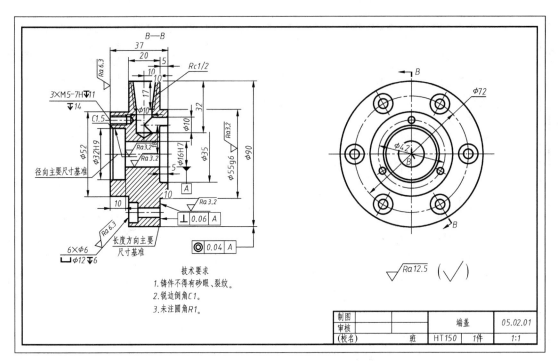

图 5-39

端盖的零件图

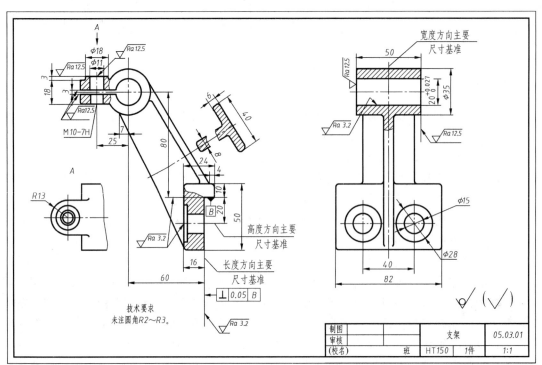

图 5-40

支架的零件图

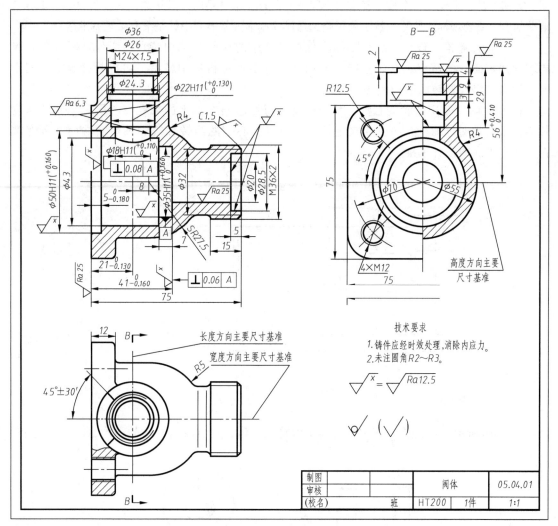

图 5-41

阀体的零件图

第四节　零件图的尺寸标注

一、零件图尺寸标注的基本规则

　　标注零件图尺寸的基本要求是完整、清晰与合理。在第三章第三节中已介绍了用形体分析法完整、清晰地标注尺寸的方法，这里主要介绍合理标注尺寸的基本知识。要使尺寸标注得合理，就意味着所注的尺寸必须满足：①设计要求，以保证机器的质量；②工艺要求，以便于加工制造和检验。要达到以上目标，还需要掌握一定的实际生产加工知识和其他有关的专业知识。

1. 尺寸基准的选择

　　尺寸基准是指在零件的设计、制造和测量时，确定尺寸位置的几何元素。零件的长、宽、高三个方向上都至少要有一个尺寸基准。当同一方向有几个基准时，其中之一为主要基准，其余为辅助基准。要合理标注尺寸，就必须正确选择尺寸基准。基准有设计基准和工艺基准两种。

（1）设计基准　设计基准是根据零件在机器中的作用和结构特点，为保证零件的设计要求而选定的一些基准。设计基准一般用来确定零件在机器中位置，可以是接触面、对称面、端面，以及回转面的轴线等。

在图 5-42 所示定滑轮的心轴，其径向是通过心轴与支架上的轴孔处于同一条轴线来定位的，轴向是通过轴肩右端面 A 来定位的。所以，心轴的回转轴线和轴肩右端面 A 就是其在径向和轴向的设计基准。

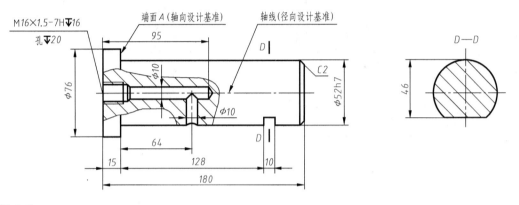

图 5-42

心轴的设计基准

图 5-43 所示的定滑轮的支架，它是定滑轮的主体，具有左右对称的结构，因此，这个

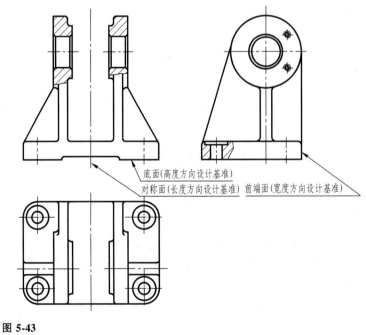

图 5-43

支架的设计基准

对称面就是长度方向的设计基准。定滑轮在机器中的位置是通过支架的底面和前端面来定位的，所以，底面和前端面分别是支架在高度和宽度方向的设计基准。

（2）工艺基准 工艺基准是指零件在加工过程中，用于装夹定位，测量和检验零件的已加工面时所选定的基准，主要是零件上的一些面、线或点。

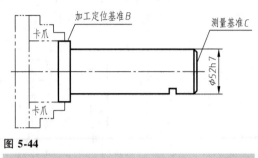

图 5-44

心轴的工艺基准

如图 5-44 所示，在车床上加工心轴上的 $\phi52h7$ 轴段时，夹具以左端大圆柱面 B 来定位，车削加工及测量长度时以端面 C 为起点。因此，圆柱面 B 和端面 C 分别是加工 $\phi52h7$ 轴段时的工艺基准。

从设计基准出发标注尺寸，能保证设计要求；从工艺基准出发标注尺寸，则便于加工和测量。因此，最好使设计基准与工艺基准重合。当设计基准与工艺基准不重合时，所注尺寸应在保证设计要求的前提下，满足工艺要求。

2. 尺寸的合理标注

（1）正确选择尺寸基准 当依据功能要求确定了机器（或部件）中各零件的结构、位置和装配关系以后，其设计基准就基本确定了，但工艺基准还需要根据所采用的加工方法来进一步确定。设计基准和工艺基准一致，可以减少误差。标注尺寸时，重要尺寸一般以设计基准为起点标注，以保证设计要求；其他一些必要的尺寸则从工艺基准出发进行标注，以便于加工和测量。

（2）尺寸链中留一个尺寸不标注，以形成开环 同一方向上的一组尺寸按顺序排列时，会连成一个封闭回（环）路，其中的每一个尺寸均受到其余尺寸的影响，这种尺寸回路称为尺寸链，如图 5-45a 中的 a、b、e、c 就构成了一个尺寸链。尺寸链中的尺寸称为环。每个尺寸链均应对精度要求最低的环不注尺寸，如图 5-45b 中的未注尺寸 e。此环称为开口环，目的是使加工其他尺寸产生的加工误差累积到这个环上。但有时，为了给设计、加工、检测或装配提供参考，也可把开口环的尺寸加上括号注出（称为参考尺寸），如图 5-45c 所示。但应注意，尺寸不能标注成图 5-45a 所示的封闭尺寸链形式。

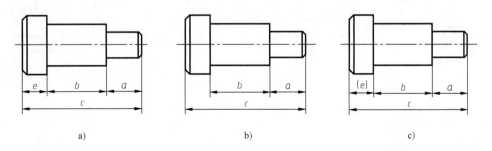

a)   b)   c)

图 5-45

尺寸链

a) 封闭尺寸链 b) 有开口环的尺寸注法 c) 参考尺寸注法

（3）重要尺寸必须直接标注 重要尺寸是指零件上对机器（或部件）的使用性能和装配质量有直接影响的尺寸，这些尺寸必须在图样上直接注出。如图 5-46 所示，标注定滑轮中支架的尺寸时，支架上部轴孔（心轴装在其内）的尺寸 $\phi52K8$，轴线到底面的距离（中心高）180，底板安装孔的位置尺寸 25、120 及 184 等都是重要尺寸，必须在零件图上直接标注。

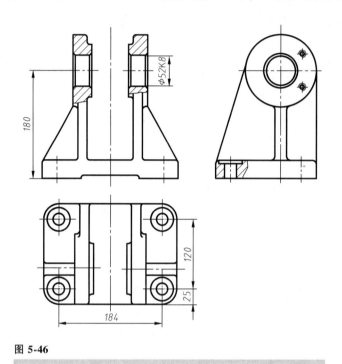

图 5-46

支架的重要尺寸

（4）尽量符合零件的加工要求并便于测量 除重要尺寸必须直接标注外，标注零件尺寸的顺序，应尽可能与加工顺序一致，并且要便于测量，如图 5-47 所示。

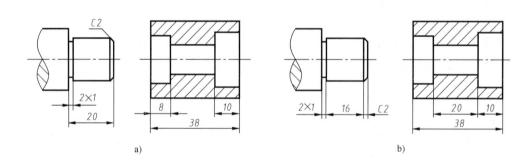

图 5-47

阶梯轴及孔的尺寸注法

a）正确注法 b）错误注法

（5）毛面的尺寸注法 毛面是指用铸造或锻造等方法制造零件毛坯时，所形成的且未经任何机械加工的表面。标注零件的尺寸时，需分清毛面与加工面，在一个方向上，加工面与毛面之间，只能有一个尺寸联系，其余则为毛面与毛面或加工面与加工面之间的尺寸联系。如图 5-48 所示，在同一方向上的多个毛面不能与同一个加工面直接发生尺寸联系。

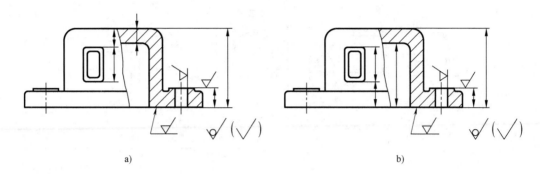

图 5-48

毛面的尺寸注法

a）合理　b）不合理

二、其他常见结构的表示与尺寸标注

1. 螺纹的表示法

为了画图和读图方便，国家标准对螺纹的表示法作了规定。螺纹的规定画法见表 5-2。

表 5-2　螺纹的规定画法

	外螺纹画法	内螺纹画法
圆柱螺纹	小径用细实线表示 大径用粗实线表示 螺纹终止线 细实线应画入倒角 倒角圆不画 小径圆只画约3/4圆	大径用细实线表示 小径用粗实线表示 螺纹终止线 细实线不画入倒角 剖面线画到粗实线 大径圆只画约3/4圆

（续）

<table>
<tr><th></th><th>外螺纹画法</th><th>内螺纹画法</th></tr>
<tr><td>内、外螺纹旋合的画法</td><td colspan="2">

</td></tr>
<tr><td>螺纹牙型表示法</td><td colspan="2">

局部剖视图表示　剖视图表示　局部放大图表示
</td></tr>
<tr><td>画法说明</td><td colspan="2">
1. 螺纹为可见时，牙顶用粗实线表示，牙底用细实线表示
2. 在垂直于螺纹轴线的投影面的视图中，表示牙底的细实线圆只画约 3/4 圆，在此视图中，螺杆（外螺纹）或螺孔（内螺纹）的倒角圆均省略不画
3. 有效螺纹的终止界线（简称终止线）用粗实线表示。当外螺纹终止线处被剖开时，螺纹终止线只画出表示牙型高度的一小段
4. 不可见螺纹的所有图线均画成虚线
5. 在剖视图和断面图中，内、外螺纹的剖面线必须画到粗实线
6. 内、外螺纹连接时的画法：用剖视图表示时，旋合部分按外螺纹的画法绘制，其余部分仍按各自的画法表示；绘制主、左视图中的剖面线时，注意同一零件的剖面线方向和间距应保持一致
7. 螺纹小径可近似按大径的 0.85 倍（即 0.85d）画出
8. 当需要表示螺纹牙型时，可采用局部剖视图、局部放大图表示，或者直接在剖视图中表示
</td></tr>
</table>

2. 螺纹的标注方法

在图样中，由于螺纹采用简化画法，其五要素等没有表达，因此必须用标记和标注对螺纹进行描述。

（1）标准螺纹的标记

1）普通螺纹标记的内容和格式为：

螺纹特征代号 尺寸代号 - 公差带代号 - 旋合长度代号 - 旋向代号

例如，M20×1-5g6g-L-LH 的含义如下：

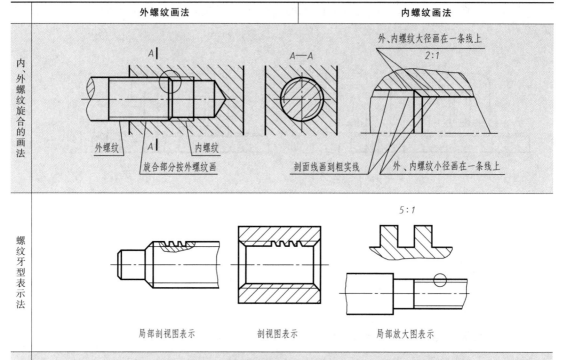

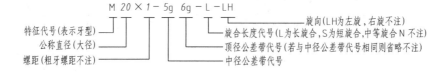

说明：尺寸代号由公称直径、导程、螺距组成。单线螺纹时，写成"公称直径×螺距"，如 20×1，如果是粗牙螺纹则不注螺距；多线螺纹时，写成"公称直径×Ph 导程 P 螺距"，如 20×Ph4P2。公差带代号中，6H 或 6g 在标记中不注出。

2）梯形螺纹标记的内容和格式为：

$$\boxed{螺纹特征代号}\ \boxed{尺寸代号}\text{-}\boxed{中径公差带代号}\text{-}\boxed{旋合长度代号}$$

其中，梯形螺纹的尺寸代号又分为单线梯形螺纹和多线梯形螺纹两种形式，分别如下：

单线梯形螺纹：$\boxed{公称直径}×\boxed{螺距}\ \boxed{旋向}$

多线梯形螺纹：$\boxed{公称直径}×\boxed{导程（P螺距）}\ \boxed{旋向}$

例如，Tr40×12（P6）LH-7e-L 的含义如下：

3）锯齿形螺纹的标记与梯形螺纹的相似，其特征代号为 B。

4）55°非密封管螺纹标记的内容和格式为：

外螺纹：$\boxed{特征代号}\ \boxed{尺寸代号}\ \boxed{公差等级代号}\text{-}\boxed{旋向代号}$

内螺纹：$\boxed{特征代号}\ \boxed{尺寸代号}\text{-}\boxed{旋向代号}$

例如，G1/2A-LH 的含义如下：

55°密封管螺纹的特征代号分为 Rp、Rc、R_1、R_2 四种。其中，Rp 表示圆柱内螺纹，标记示例：Rp3/4-LH；

Rc 表示圆锥内螺纹，标记示例：Rc3/4；

R_1、R_2 分别表示与 Rp、Rc 内螺纹配合组成螺纹副的圆锥外螺纹，标记示例：$R_1$3/4、$R_2$3/4。

（2）非标准螺纹的标注　对于非标准螺纹，不仅应画出螺纹牙型，还应注出所需尺寸，见表 5-3 中图例。当线数为多线、旋向为左旋时，应在图纸的适当位置注明。

（3）特殊螺纹的标注　特殊螺纹或有特殊要求的非标准螺纹的标注方法，可查阅《机械制图》国家标准。

（4）螺纹长度的标注　螺纹长度的标注如图 5-49 所示，应将螺纹倒角包括在内。

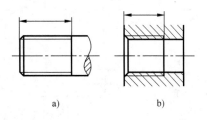

图 5-49

螺纹长度的标注方法

a）外螺纹长度标注　b）内螺纹长度标注

表 5-3 螺纹的标注

螺纹种类		标 注 图 例	说 明
普通螺纹	粗牙	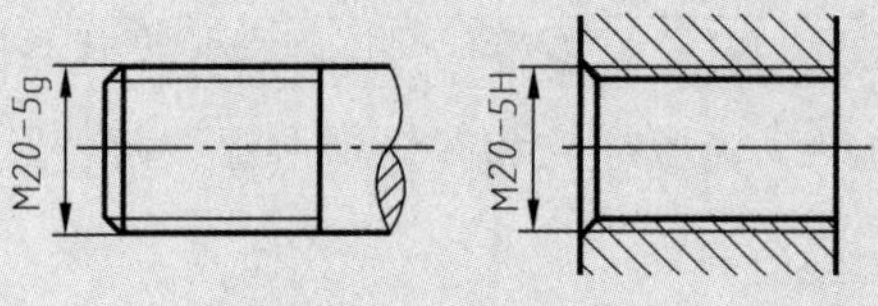 M20-5g M20-5H	粗牙普通螺纹,大径为 20,右旋,中等旋合长度;外螺纹中径和顶径公差带代号都为 5g;内螺纹中径和顶径公差带代号都为 5H
	细牙	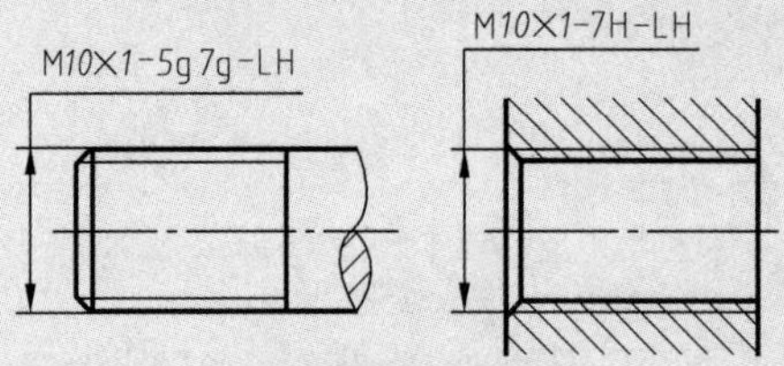 M10×1-5g7g-LH M10×1-7H-LH	细牙普通螺纹,大径为 10,螺距为 1,左旋,中等旋合长度;外螺纹中径和顶径公差带代号为 5g7g;内螺纹中径和顶径公差带代号为 7H
梯形螺纹		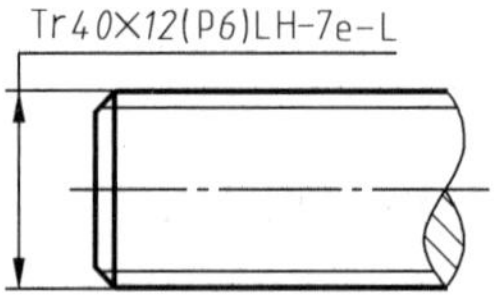 Tr40×12(P6)LH-7e-L	梯形螺纹,大径为 40,导程为 12,双线,左旋,中径公差带代号为 7e,长旋合长度
锯齿形螺纹		 B40×6-7e	锯齿形螺纹,大径为 40,螺距为 6,右旋,中径公差带代号为 7e,中等旋合长度
管螺纹		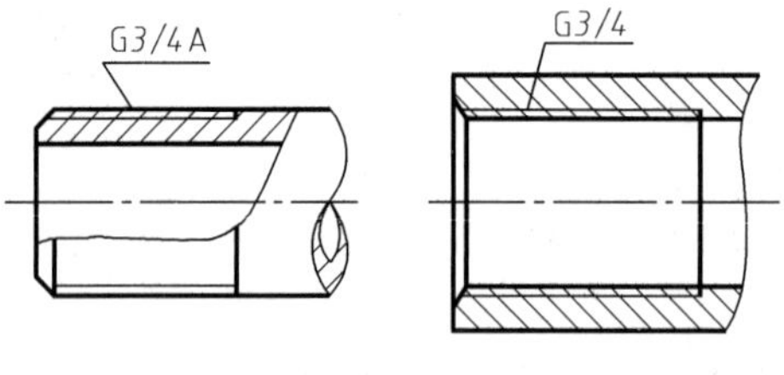 G3/4A G3/4	非密封管螺纹,尺寸代号为 3/4,右旋,外管螺纹中径公差等级为 A 级
矩形螺纹（非标准螺纹）		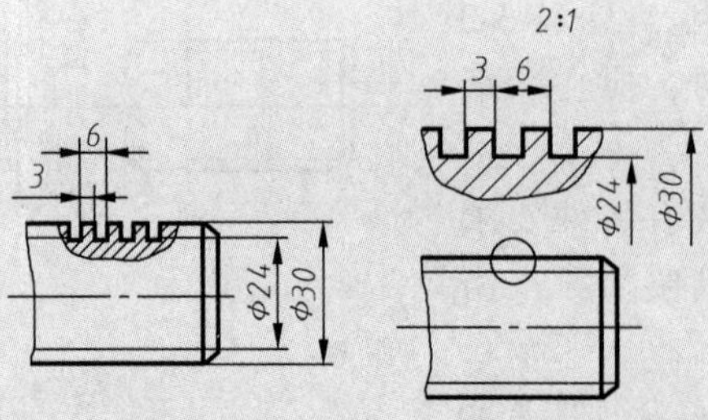 2:1 3 6 6 3 φ24 φ30 φ24 φ30 注法一 注法二	矩形螺纹,单线,右旋,螺纹尺寸如图所示

（续）

螺纹种类	标 注 图 例	说 明
内、外螺纹旋合	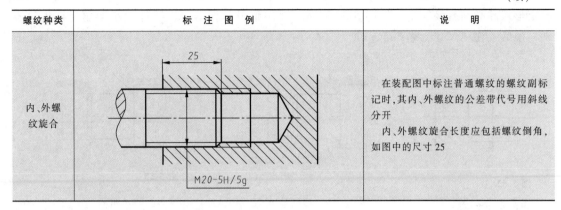	在装配图中标注普通螺纹的螺纹副标记时，其内、外螺纹的公差带代号用斜线分开 内、外螺纹旋合长度应包括螺纹倒角，如图中的尺寸 25

3. 常用机械加工工艺结构的尺寸注法

（1）**倒角的尺寸标注**　图 5-50a 所示为外螺纹倒角的两种标注形式，图中 C 表示 45°倒角，h_1 为外螺纹倒角的轴向长度代号，若取 $h_1 = 2$，则标注为 $C2$。图 5-50b 所示为内螺纹倒角的标注形式，图中标注出了两条圆台转向轮廓线的夹角及孔倒角端面的直径，直径数值一般取螺孔大径（D）的 1~1.05 倍。

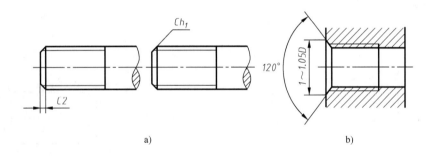

图 5-50

螺纹倒角画法

a）外螺纹倒角　b）内螺纹倒角

轴类零件或孔结构的倒角的尺寸注法如图 5-51 所示，需要注意的是，45°倒角符号 C 表示，非 45°倒角标注需标注倒角角度和轴向长度的具体数值，如图中的 30°和 2。

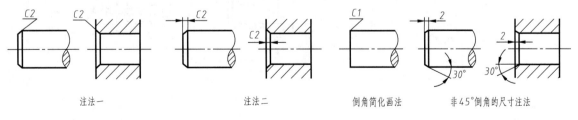

注法一　　　　　　　　注法二　　　　　倒角简化画法　　　　非 45°倒角的尺寸注法

图 5-51

轴类零件或孔倒角的尺寸注法

（2）**圆角的尺寸标注**　倒圆的尺寸可根据轴径和孔径查阅附录 C 的表 C-1 确定。倒圆的定形尺寸必须直接注出，如图 5-52 所示。在不致引起误解时，零件的小圆角允许省略不画，但必须注明尺寸，如图 5-53 所示。

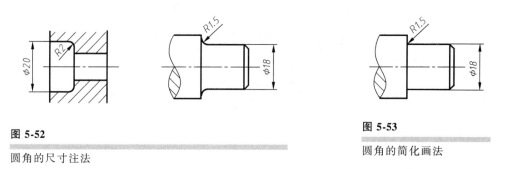

图 5-52

圆角的尺寸注法

图 5-53

圆角的简化画法

如图中不画，上述倒角、圆角，也不标注尺寸，则可在技术要求中注明，如"未注倒角 C2""全部倒角 C3""未注圆角 R2"等。

（3）**螺纹退刀槽的尺寸标注**　图 5-54 所示为**内、外螺纹退刀槽**。**螺纹退刀槽**的直径小于螺纹小径，其长度需足够将车刀退出。国家标准对螺纹退刀槽的形式和尺寸都作了规定，部分内容见附录 E 的表 E-1。

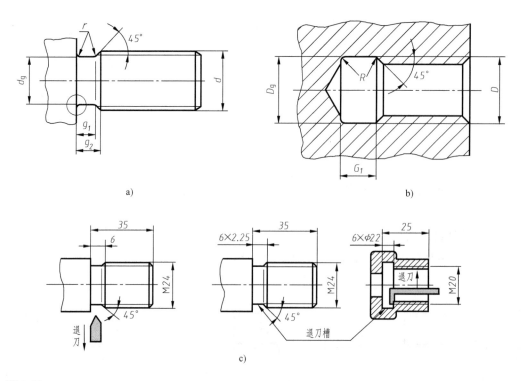

图 5-54

螺纹退刀槽

a）外螺纹退刀槽　b）内螺纹退刀槽　c）退刀过程示意

（4）**砂轮越程槽的尺寸标注**　砂轮越程槽的形状和尺寸注法如图 5-55 所示，其结构与尺寸已标准化，具体数值可查阅相关标准确定，部分标准内容见附录 C 的表 C-1。

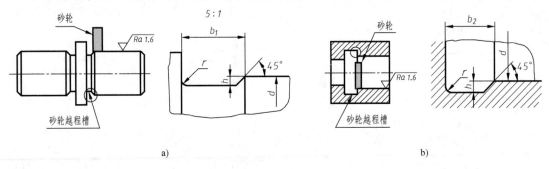

图 5-55

砂轮越程槽

a）外部越程槽　b）内部越程槽

（5）**不通螺孔的尺寸标注**　在绘制不通螺孔时，按螺纹大径画螺孔，其深度为 H_1；按螺纹小径画钻孔，其深度为 H_2，标注方法如图 5-56 所示。H_1、H_2 的尺寸与螺纹大径和加工出螺孔的零件材料有关。不通螺孔结构各部分尺寸见附录 E 的表 E-3。

（6）**常见孔的尺寸标注**　可采用普通注法零件上各种孔的尺寸和旁注法标注，见表 5-4 中各图。

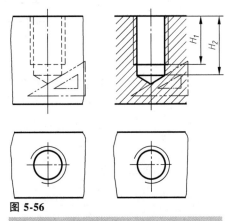

图 5-56

用丝锥加工不通螺孔时，螺孔的画法和
尺寸注法

表 5-4　各种孔的尺寸注法

类型	旁注法		普通注法	说明
不通光孔	4×φ7▽10	4×φ7▽10	4×φ7	4×φ7 表示直径为 7、均匀分布的四个光孔，"▽10"表示孔深为 10

（续）

类型	旁注法		普通注法	说 明
螺孔	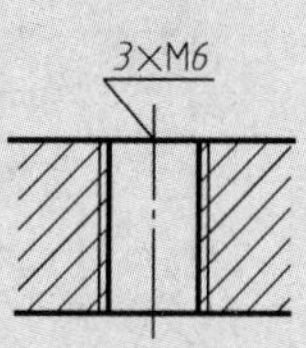 3×M6	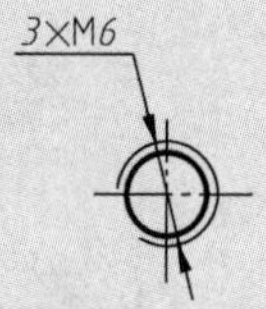 3×M6	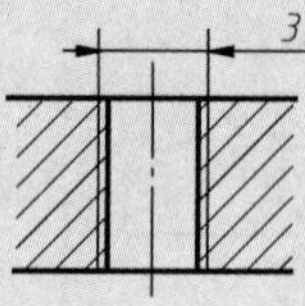 3×M6	3×M6 表示大径为 6、均匀分布的三个螺孔
	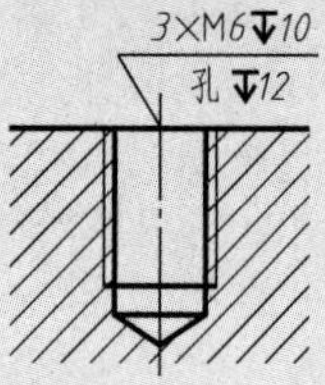 3×M6▽10 孔▽12	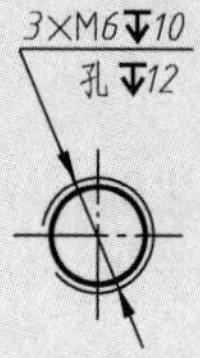 3×M6▽10 孔▽12	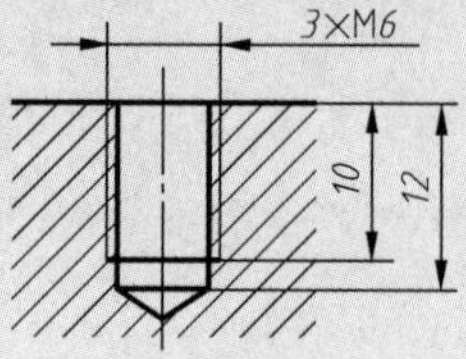 3×M6	3×M6 表示大径为 6、均匀分布的三个不通螺孔,螺孔深度为 10,钻孔深度为 12
沉孔	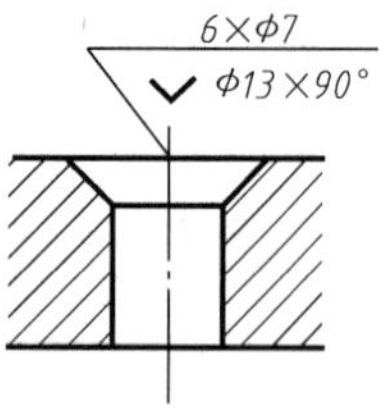 6×φ7 ∨φ13×90°	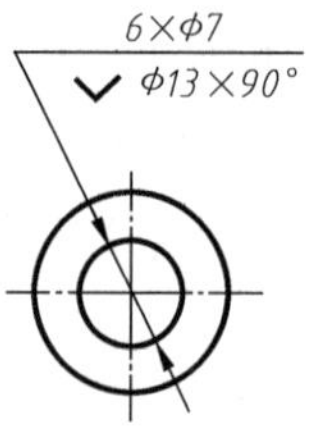 6×φ7 ∨φ13×90°	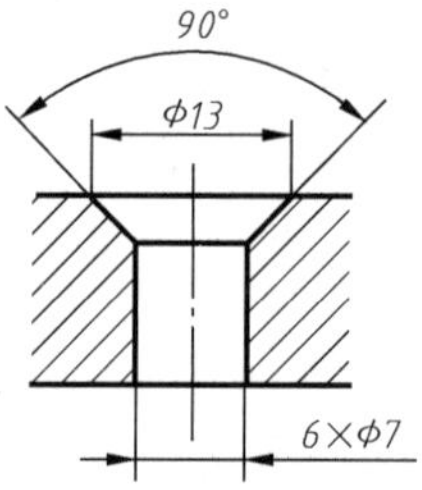 90° φ13 6×φ7	"∨"为锥形沉孔符号。锥形沉孔的直径 φ13 和锥角 90°均须注出
	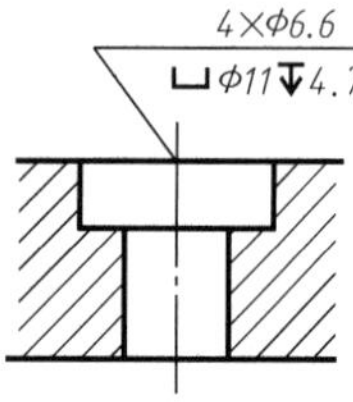 4×φ6.6 ⊔φ11▽4.7	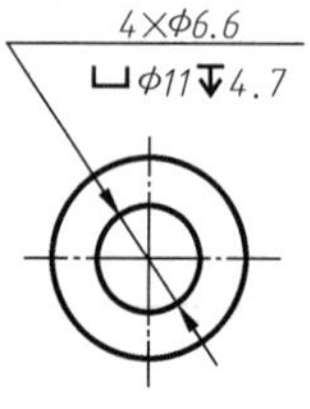 4×φ6.6 ⊔φ11▽4.7	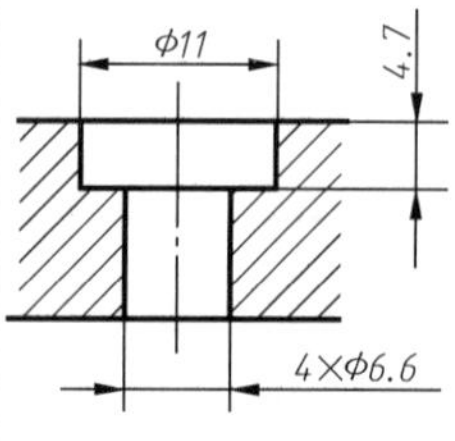 φ11 4.7 4×φ6.6	"⊔"为柱形沉孔及锪平孔符号。柱形沉孔的直径 φ11 和深度 4.7 均须注出
	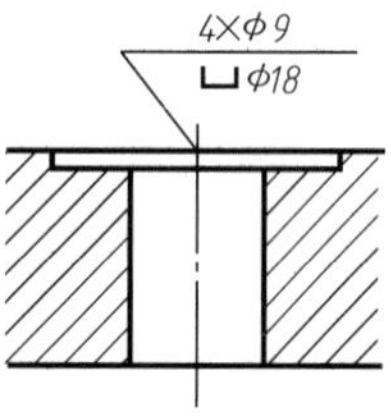 4×φ9 ⊔φ18	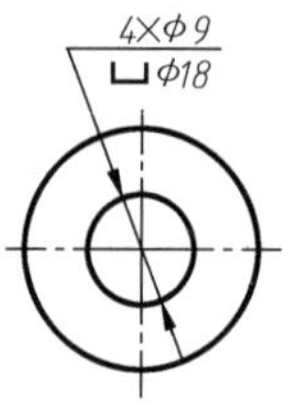 4×φ9 ⊔φ18	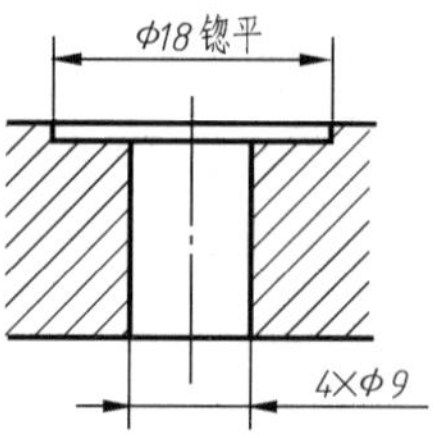 φ18 锪平 4×φ9	锪平孔 φ18 的深度不需标注,一般加工到不出现毛坯面为止

4. 铸件的过渡线画法

由于铸件表面相交处存在铸造圆角,因此其交线不明显。但为了增强图形的直观性,区别不同表面,图样上仍需在原相交处画出交线的投影,这种交线称为过渡线。

过渡线的形状与原有交线形状相同,但由于有圆角,因此交线两端不再与铸件轮廓线相接触,线型为细实线,如图 5-57 所示。

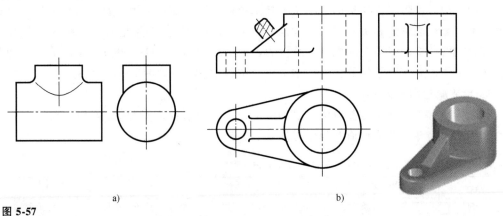

图 5-57

过渡线的画法

a）两圆柱相交过渡线的画法　b）肋板与圆柱面和平面相交过渡线的画法

第五节　零件图的技术要求

零件图的技术要求主要是指零件尺寸精度和几何精度方面的要求，如零件的表面结构、极限与配合、几何公差等，还包括对材料的热处理要求以及铸造圆角、未注圆角、倒角等工艺要求。技术要求一般用国家标准中规定的代号、符号或标记标注在零件图上，或者用文字简明注写在标题栏附近。本节主要介绍零件图技术要求中的表面结构、极限与配合和几何公差要求。

一、表面结构的表示法

经过加工的零件，必然产生各种不同的表面形态，形成不同的几何特性。几何特性包括尺寸误差、形状误差等，也包括微观的几何误差，如表面结构。图 5-58 所示为评定表面结构质量的三个主要轮廓，即粗糙度轮廓、波纹度轮廓和原始轮廓。

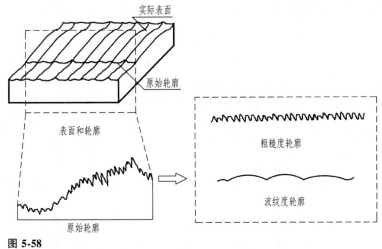

图 5-58

表面轮廓及其示意图

表面结构是评价零件质量的一项重要技术指标，它与零件的耐磨性、耐腐蚀性、抗疲劳强度、配合等性能密切相关，同时直接影响机器的使用寿命，因此国家标准《产品几何技术规范（GPS）技术产品文件中表面结构的表示法》（GB/T 131—2006）规定了一系列参数和定义，来描述对表面结构的要求。本节仅介绍其中常用的符号和标注方法。

1. 粗糙度轮廓参数

国家标准有关表面结构参数的术语和定义中，表面粗糙度参数 Ra 最为常用，它表示轮廓的算术平均偏差，其系列值及加工方法见表 5-5。

表 5-5　工程中常用表面粗糙度 Ra 系列值及加工方法

$Ra/\mu m$	表面特征	主要加工方法	工程应用举例
50、100	明显可见刀痕	锯断、粗车、粗铣、粗刨、钻、粗砂轮加工等	对表面粗糙度要求低的加工面，较少使用
25	可见刀痕		
12.5	微见刀痕	粗车、刨、立铣、平铣、钻等	不接触、不重要的表面，如机座底面、倒角、螺钉孔等
6.3	可见加工痕迹	精车、精铣、精刨、精铰、精镗、粗磨等	没有相对运动或者相对运动速度不高的接触面，如键和槽之间的工作表面
3.2	微见加工痕迹		
1.6	看不见加工痕迹		
0.8	可辨加工痕迹方向	精车、精铣、精刨、精铰、精镗、精磨等	配合要求很高的接触面，如与滚动轴承配合的表面、锥销孔等；相对运动速度较高的接触面，如滑动轴承的配合表面、齿轮轮齿的工作表面等
0.4	微辨加工痕迹方向		
0.2	不可辨加工痕迹方向		
0.1	暗光泽面	研磨、抛光、超级精细研磨等	精密量具的表面或极重要零件的摩擦面，如气缸的内表面、精密机床的主轴颈、坐标镗床的主轴颈等
0.05	亮光泽面		
0.025	镜状光泽面		
0.012	雾状镜面		

2. 标注表面结构的图形符号和代号

1）表面结构的图形符号及其含义见表 5-6。

表 5-6　表面结构的图形符号及其含义

符　号	含　义
（基本图形符号）	基本图形符号，用于未指定工艺方法的表面。当有一个注释时可单独使用
（扩展图形符号）	扩展图形符号，用于用去除材料的方法获得的表面。仅当其含义是"被加工表面"时可单独使用
（扩展图形符号）	扩展图形符号，用于用不去除材料的方法获得的表面
（完整图形符号）	完整图形符号。当需要标注表面结构特征的补充信息时，应在基本图形符号或扩展图形符号的长边上加一横线
（工件轮廓各表面图形符号）	工件轮廓各表面的图形符号。当在某个视图上组成封闭轮廓的各表面具有相同的表面结构要求时，应在完整图形符号上加一圆圈，标注在图样中工件的封闭轮廓线上；如果标注会引起歧义时，各表面应分别标注

2）表面结构图形符号的画法如图 5-59 所示，其尺寸见表 5-7。

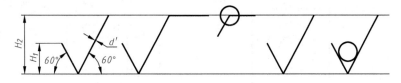

图 5-59

表面结构图形符号的画法

注：$d' = 0.1h$，$H_1 = 1.4h$，$H_2 = 3h$，其中 h 为字体高度。

表 5-7　表面结构图形符号的尺寸 （单位：mm）

数字与字母的高度 h	2.5	3.5	5	7	10	14	20
符号的线宽 d'	0.25	0.35	0.5	0.7	1	1.4	2
数字与字母的笔画宽度 d							
高度 H_1	3.5	5	7	10	14	20	28
高度 H_2（最小值）[①]	7.5	10.5	15	21	30	42	60

① H_2 取决于注写内容。

3）表面结构代号的表示方法如图 5-60 所示。以表面粗糙度为例，图 5-60a 表示去除材料，粗糙度轮廓的算术平均偏差极限值为 $3.2\mu m$；图 5-60b 表示不去除材料，粗糙度轮廓的算术平均偏差极限值为 $25\mu m$。

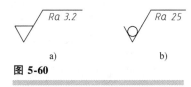

图 5-60

表面结构代号的表示方法

3．表面结构要求的注法

对每一表面一般只标注一次表面结构要求，并尽可能标注在相应尺寸及其公差的同一视图上。

（1）标注原则　应使表面结构的注写和读取方向与尺寸数字的注写和读取方向一致，如图 5-61 所示。

（2）标注的位置

1）图形符号应从材料外指向并接触表面，可标注在轮廓线上，也可用指引线引出标注，如图 5-61~图 5-63 所示。注意：当零件所需标注的表面位于零件上表面或左侧表面时，

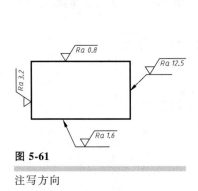

图 5-61

注写方向

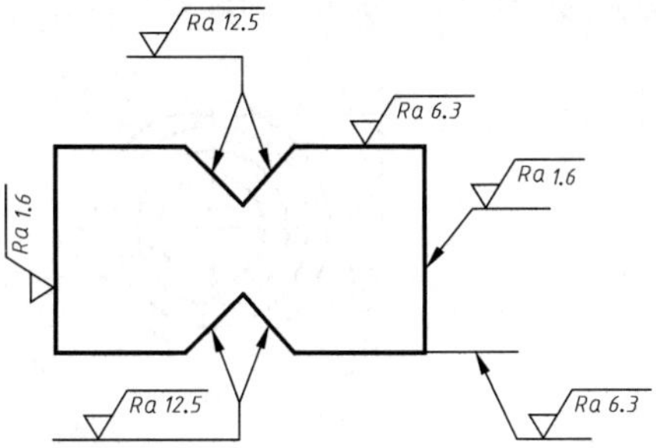

图 5-62

标注在轮廓线或指引线上

如图 5-61 所示，可采用直接标注在轮廓线上的形式。

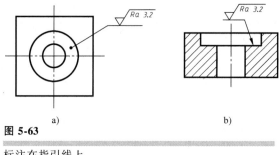

图 5-63

标注在指引线上

2）标注在特征尺寸的尺寸线上，如图 5-64 所示。

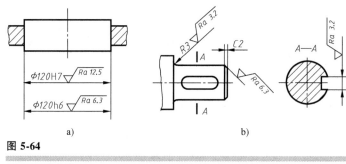

图 5-64

标注在尺寸线上

3）标注在几何公差框格的上方，如图 5-65 所示。

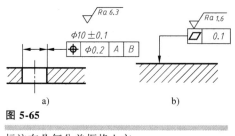

图 5-65

标注在几何公差框格上方

4）标注在所需标注表面的延长线上，或从延长线上用指引线引出标注，如图 5-66 所示。

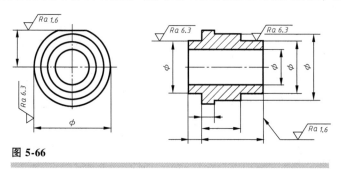

图 5-66

标注在所需标注表面的延长线上

5）对圆柱和棱柱表面，要求只标注一次，如图 5-66 所示。当棱柱每个棱面有不同的表面结构要求时，应分别标注，如图 5-67 所示。

（2）简化注法

1）全部或多数表面的表面结构要求相同时，可统一标注在图样标题栏附近，标注形式如图 5-68 所示，在代号后面的圆括号内注基本符号"$\sqrt{}$"，表示除图中标注外无需任何其他标注。

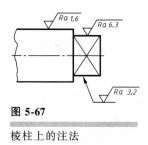

图 5-67

棱柱上的注法

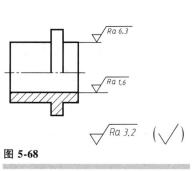

图 5-68

表面的相同表面结构要求的简化注法

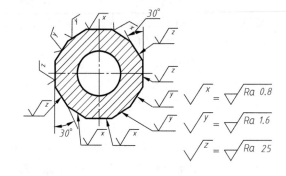

图 5-69

用带字母的完整符号对有相同表面结构要求的表面的简化注法

2）当多个表面具有相同的表面结构要求或图纸空间有限时，可以用带字母的完整符号，以等式的形式，在图形或标题栏附近对有相同表面结构要求的表面进行简化标注，如图 5-69 所示。也可以只用表面结构符号，以等式的形式给出对多个表面共同的表面结构要求，如图 5-70 所示。

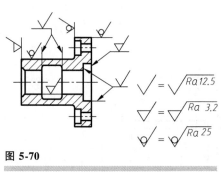

图 5-70

只用图形符号的简化注法

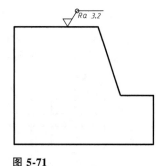

图 5-71

对周边各面有相同表面结构要求的注法

3）当在图样某个视图上构成封闭轮廓的各表面有相同的表面结构要求时，应在完整图形符号上加一圆圈，标注在工件的封闭轮廓上，如图 5-71 所示。如果标注会引起歧义，则各表面应分别标注。

二、极限与配合

大规模工业生产中要求零件具有互换性，建立极限与配合制度是保证零件具有互换性的必要条件。国家标准《产品几何技术规范（GPS） 极限与配合 第1部分：公差、偏差和配合的基础》（GB/T 1800.1—2009）详述了根据互换性原则制定的极限与配合的标准。

1. 互换性

互换性是指同一规格的零件，不经挑选或修配，装到机器上，就能满足机器性能要求的性质。互换性为产品的使用带来方便。例如自行车的中轴损坏后，换上相同规格的中轴就可以继续骑行。具有互换性的大量使用的零件，如螺钉、螺母、滚动轴承等，均由专门工厂高效率、低成本地大批量生产。

2. 公差与极限

在实际生产中，受各种因素的影响，零件的尺寸不可能做得绝对精确。为了使零件具有互换性，设计零件时，根据零件的使用要求和加工条件，给尺寸规定一个允许的变动范围，这个变动范围的大小称为**尺寸公差**（简称公差）。

在图5-72a中，孔和轴的配合尺寸为 $\phi50H7/g6$，相应地，图5-72b、c中分别标出了该配合尺寸下孔和轴尺寸的允许变动范围，即孔的公差为0.025mm，轴的公差为0.016mm，孔和轴的公差带示意图如图5-73所示。

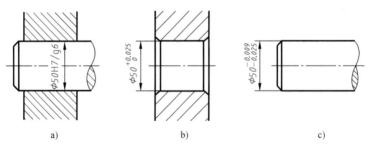

图 5-72

孔、轴配合与尺寸公差

a）孔、轴配合 b）孔的尺寸 c）轴的尺寸

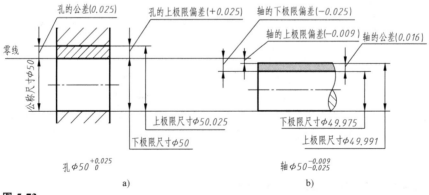

图 5-73

孔、轴的公差带示意图

下面以轴的尺寸 $\phi 50^{-0.009}_{-0.025}$ 为例，对照图 5-73b，介绍有关尺寸公差的术语和定义。

（1）公称尺寸（$\phi 50$）　设计时根据零件的结构、工作性能等要求确定的尺寸。

（2）实际尺寸　通过测量获得的尺寸。

（3）极限尺寸　允许尺寸变化的两个界限值，它是以公称尺寸为基数来确定的。上极限尺寸（$\phi 49.991$）即允许的最大尺寸，下极限尺寸（$\phi 49.975$）即允许的最小尺寸。如果实际尺寸不超出两个极限尺寸所限定的范围，则为合格，否则为不合格。

（4）偏差　某一尺寸减其公称尺寸所得的代数差。

上极限偏差（-0.009）即最大极限尺寸减其公称尺寸所得的代数差，下极限偏差（-0.025）即最小极限尺寸减其公称尺寸所得的代数差。上极限偏差和下极限偏差统称为极限偏差。偏差可以为正、负或零值。

（5）尺寸公差（0.016）　尺寸的允许变动量，简称公差。

公差=最大极限尺寸-最小极限尺寸=上极限偏差-下极限偏差

公差表示范围的大小，为绝对值。

（6）零线　在极限与配合图解（简称公差带图解，如图 5-74 所示）中，表示公称尺寸的一条直线。以它为基准确定偏差和公差。通常，零线沿水平方向绘制，正偏差位于其上，负偏差位于其下。

（7）公差带　在公差带图解中，由代表上、下极限偏差或上、下极限尺寸的两条直线所限定的一个区域。

3. 标准公差与基本偏差

（1）公差带的确定方法　国家标准规定，公差带由标准公差和基本偏差确定，**标准公差**表示公差带大小，**基本偏差**表示公差带位置。

（2）标准公差　国家标准将标准公差

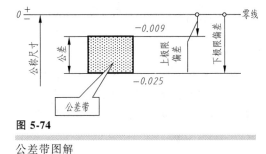

图 5-74
公差带图解

分为 20 个等级，其代号为 IT01、IT0、IT1~IT18。"IT"表示标准公差，数字表示公差等级。IT01 的精度最高，公差最小，精度由 IT01 至 IT18 逐级降低，设计中常用 IT5~IT12 级。标准公差的数值取决于标准公差等级和公称尺寸，选取时需参考有关国家标准（或表 H-1）确定。

（3）基本偏差　基本偏差一般是指上、下极限偏差中靠近零线的那个极限偏差。为了满足各种配合要求，国家标准规定了基本偏差系列，孔和轴各有 28 个基本偏差。它们的代号用拉丁字母表示，大写为孔，小写为轴。图 5-75 表示了基本偏差系列代号及其与零线的相对位置，图中代号 ES（es）表示上极限偏差，EI（ei）表示下极限偏差。从图 5-75 可知孔和轴的基本偏差有如下特点。

1）对于孔，A~H 的基本偏差为下极限偏差（EI），J~ZC 的基本偏差为上极限偏差（ES）；对于轴，a~h 的基本偏差为上极限偏差（es），j~zc 的基本偏差为下极限偏差（ei）。

2）孔 JS 和轴 js 的公差带对称分布于零线两侧，其基本偏差为上极限偏差（+IT/2）或下极限偏差（-IT/2）。

3）孔 A~H 的基本偏差与轴 a~h 相应的基本偏差对称于零线，即 EI=-es。

4）孔 H 的基本偏差（下极限偏差）为 0；轴 h 的基本偏差（上极限偏差）为 0。

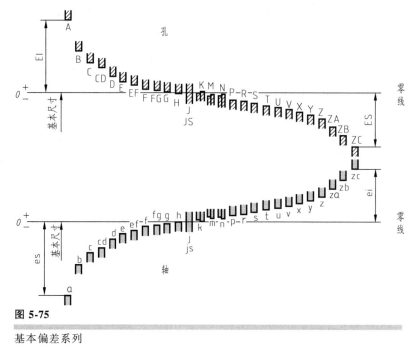

图 5-75

基本偏差系列

4. 配合

公称尺寸相同的，并且相互结合的孔和轴公差带之间的关系称为**配合**。

（1）间隙和过盈　孔和轴配合时，由于它们的实际尺寸不同，因此会产生"间隙"或"过盈"。孔的尺寸减去相配合的轴的尺寸所得的代数差为正时是间隙，为负时是过盈。

（2）配合类别

1）间隙配合，即只能具有间隙（包括最小间隙等于零）的配合。此时，孔的公差带在轴的公差带之上，如图 5-76 所示。

2）过盈配合，即只能具有过盈（包括最小过盈等于零）的配合。此时，孔的公差带在轴的公差带之下，如图 5-77 所示。

3）过渡配合，即可能具有过盈、也可能具有间隙的配合。此时，孔的公差带与轴的公差带相互交叠，如图 5-78 所示。

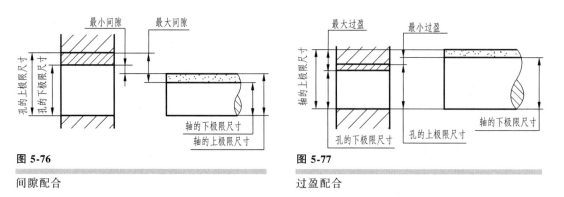

图 5-76

间隙配合

图 5-77

过盈配合

（3）基孔制配合和基轴制配合
装配公称尺寸相同的孔与轴，可以形成
不同松紧程度的配合，但为了便于设计
和制造，实现配合标准化，国家标准规
定了基孔制配合与基轴制配合。

1）基孔制配合，即基本偏差为
一定的孔的公差带，与不同基本偏差
的轴的公差带形成各种配合的一种制
度，如图 5-79 所示。基孔制配合的
孔称为基准孔，基准孔的基本偏差代
号为 H，其下极限偏差为零。

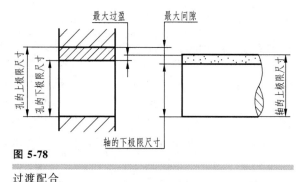

图 5-78

过渡配合

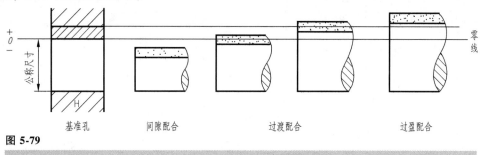

图 5-79

基孔制配合示意图

2）基轴制配合，即基本偏差为一定的轴的公差带，与不同基本偏差的孔的公差带形成
各种配合的一种制度，如图 5-80 所示。基轴制配合的轴称为基准轴，基准轴的基本偏差代
号为 h，其上极限偏差为零。

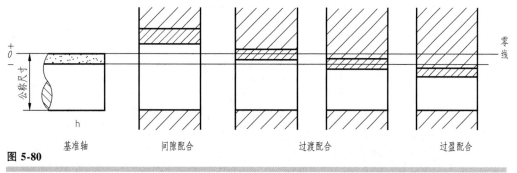

图 5-80

基轴制配合示意图

（4）公差带代号和配合的表示方法

1）公差带代号用基本偏差代号与标准公差等级数字表示，例如 H7、M8 为孔的公差带
代号，g6、h7 为轴的公差带代号。

2）配合代号用相同的公称尺寸与孔、轴公差带代号组成，孔、轴公差带写成分数形式，分
子为孔公差带代号，分母为轴公差带代号，例如 $50\dfrac{H7}{g6}$、$52\dfrac{M8}{h7}$，也可写成 50H7/g6、52M8/h7。

（5）优先和常用配合　按照配合的定义，只要公称尺寸相同的孔、轴公差带结合起来，
就可以组成配合。但是，允许的配合过多既不能发挥标准的作用，也不利于生产，为此国家

标准规定了优先和常用配合，见表5-8、表5-9。

表5-8　公称尺寸至500mm的基孔制优先和常用配合

基孔制	轴																				
	a	b	c	d	e	f	g	h	js	k	m	n	p	r	s	t	u	v	x	y	z
	间隙配合								过渡配合				过盈配合								
H6						H6/f5	H6/g5	H6/h5	H6/js5	H6/k5	H6/m5	H6/n5	H6/p5	H6/r5	H6/s5	H6/t5					
H7						H7/f6	H7/g6 ▲	H7/h6 ▲	H7/js6	H7/k6 ▲	H7/m6	H7/n6 ▲	H7/p6 ▲	H7/r6	H7/s6 ▲	H7/t6	H7/u6 ▲	H7/v6	H7/x6	H7/y6	H7/z6
H8					H8/e7	H8/f7 ▲	H8/g7	H8/h7 ▲	H8/js7	H8/k7	H8/m7	H8/n7	H8/p7	H8/r7	H8/s7	H8/t7	H8/u7				
H8				H8/d8	H8/e8	H8/f8		H8/h8													
H9			H9/c9	H9/d9 ▲	H9/e9	H9/f9		H9/h9 ▲													
H10			H10/c10	H10/d10				H10/h10													
H11	H11/a11	H11/b11	H11/c11 ▲	H11/d11				H11/h11 ▲													
H12		H12/b12						H12/h12													

注：1. 常用配合共59种，其中包括优先配合13种。右上角标注▲的为优先配合

2. H6/n5、H7/p6在公称尺寸小于或等于3mm和H8/r7在公称尺寸小于或等于100mm时，为过渡配合

表5-9　公称尺寸至500mm的基轴制优先和常用配合

基孔制	孔																				
	A	B	C	D	E	F	G	H	JS	K	M	N	P	R	S	T	U	V	X	Y	Z
	间隙配合								过渡配合				过盈配合								
h5						F6/h5	G6/h5	H6/h5	JS6/h5	K6/h5	M6/h5	N6/h5	P6/h5	R6/h5	S6/h5	T6/h5					
h6						F7/h6	G7/h6 ▲	H7/h6 ▲	JS7/h6	K7/h6 ▲	M7/h6	N7/h6 ▲	P7/h6 ▲	R7/h6	S7/h6 ▲	T7/h6	U7/h6 ▲				
h7					E8/h7	F8/h7 ▲		H8/h7 ▲	JS8/h7	K8/h7	M8/h7	N8/h7									
h8				D8/h8	E8/h8	F8/h8		H8/h8													
h9				D9/h9 ▲	E9/h9	F9/h9		H9/h9 ▲													
h10				D10/h10				H10/h10													
h11	A11/h11	B11/h11	C11/h11 ▲	D11/h11				H11/h11 ▲													
h12		B12/h12						H12/h12													

注：常用配合共47种，其中包括优先配合13种。右上角标注▲的为优先配合

5. 尺寸公差与配合在图样上的标注

（1）尺寸公差的注法 在零件图中需要与另一零件配合的尺寸应标注公差，线性尺寸的公差标注形式有三种。

1）在公称尺寸右边只标注公差带代号，如图 5-81a 所示。

2）在公称尺寸右边标注上、下极限偏差，如图 5-81b 所示。

上极限偏差注在公称尺寸的右上方，下极限偏差应与公称尺寸注在同一底线上，偏差数字应比公称尺寸数字小一号。上、下极限偏差前必须标出正、负号，上、下极限偏差的小数点必须对齐，小数点后的位数也必须相同。当上极限偏差或下极限偏差为"零"时，用数字"0"标出，并与另一极限偏差的小数点前的个位数对齐。

当公差带相对于零线对称分布，即上、下极限偏差的绝对值相同时，极限偏差只需注写一个数字，但应在极限偏差与公称尺寸之间注出"±"，且两者字高相同，例如"50±0.023"。

3）在公称尺寸右边同时标注公差带代号和上、下极限偏差，并且上、下极限偏差必须加上括号，如图 5-81c 所示。

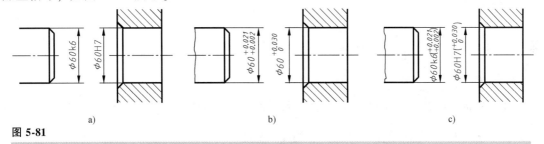

图 5-81

公差在零件图中的规定注法

a）注法一 b）注法二 c）注法三

（2）配合尺寸的注法 在将一根轴装入一个等直径的孔中时，孔和轴有配合要求的面（回转面）需标注出配合尺寸。配合尺寸是在公称尺寸右边用分数形式注出孔和轴的公差带代号，常见注法如图 5-82 所示。必要时也可以标注孔和轴的上、下极限偏差，具体注法可查相关标准。

这里所说的孔、轴是一种广义的概念，除指圆柱的内、外回转表面外，还包括图 5-83 所示的表面。

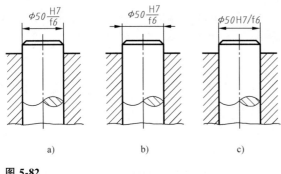

图 5-82

配合尺寸在装配图中的允许注法

a）注法一 b）注法二 c）注法三

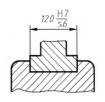

图 5-83

平面配合

6. 线性尺寸的一般公差

零件图中大多数非配合的尺寸一般不标注公差。但是为了保证零件的使用功能，GB/T 1804—2000 对这类尺寸也规定了公差，称为一般公差。一般公差分为四级，分别用字母 f（精密）、m（中等）、c（粗糙）和 v（最粗）表示。一般公差在图样中不单独注出，而是在标题栏附近、技术要求或技术文件中做出总的说明，如"尺寸一般公差按 GB/T 1804—m"表示选用中等级一般公差。

7. 举例

在阅读图样时，通过对配合的标注进行识别和分析，可以确定孔、轴的极限偏差、公差及配合性质等。

方法一：**直接查表法**　已知配合为优先配合时，可直接查阅极限偏差表，得到孔和轴的上、下极限偏差。

【例 5-3】

确定配合尺寸 $\phi 28 \dfrac{F8}{h7}$ 中孔和轴的上、下极限偏差。

解：

（1）**分析**　配合尺寸 $\phi 28 \dfrac{F8}{h7}$ 表示公称尺寸为 $\phi 28$，基轴制间隙配合；$\phi 28F8$ 表示孔的公差带代号为 F8，其中，基本偏差代号为 F，标准公差等级为 8 级；$\phi 28h7$ 表示轴的公差带代号为 h7，其中，基本偏差代号为 h，标准公差等级为 7 级。

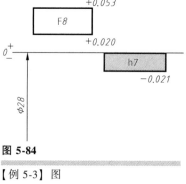

图 5-84

【例 5-3】图

（2）**查表**

1）从附录 H 的表 H-4 的 24~30 公称尺寸分段中，直接查得孔 $\phi 28F8$ 的极限偏差为 $^{+0.053}_{+0.020}$。

2）从附录 H 的表 H-5 的 24~30 公称尺寸分段中，直接查得轴 $\phi 28h7$ 的极限偏差为 $^{0}_{-0.021}$。

（3）**作图**　作孔、轴的公差带图，如图 5-84所示。

方法二：**查表计算法**　先从附录 H 的表 H-1 中确定标准公差值，再由表 H-2 和表 H-3 确定孔和轴的基本偏差，然后计算出极限偏差。

【例 5-4】

确定配合尺寸 $\phi 28 \dfrac{H6}{s5}$ 中孔和轴的上、下极限偏差。

解：

（1）**分析**　配合尺寸 $\phi 28 \dfrac{H6}{s5}$ 表示公称尺寸为 $\phi 28$，基孔制过盈配合；$\phi 28H6$ 表示孔的公差带代号为 H6，其中，基本偏差代号为 H，标准公差等级为 6 级；$\phi 28s5$ 表示轴的公差带代号为 s5，其中，基本偏差代号为 s，标准公差等级为 5 级。

（2）**查表计算**

1）从附录 H 的表 H-1 查得标准公差值：IT5 = 0.009mm，IT6 = 0.013mm。

2）从附录 H 的表 H-2 查得孔的基本偏差 H 的下极限偏差 EI = 0，则孔的上极限偏差 ES = EI +IT = （0+0.013）mm = 0.013mm。因此，ϕ30H6 孔的极限偏差为 $^{+0.013}_{0}$。

3）从附录 H 的表 H-3 查得基本偏差 s 的下极限偏差 ei = +0.035mm，则轴的上极限偏差 es = ei+IT = （+0.035+0.009）mm = +0.044mm。因此，ϕ30s5 轴的极限偏差为 $^{+0.044}_{+0.035}$。

（3）**作图**　绘制孔、轴的公差带图，如图 5-85 所示。

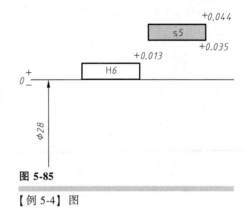

图 5-85

【例 5-4】图

三、几何公差

1. 几何公差的基本概念

在实际生产中的零件，不仅会存在尺寸误差，而且零件表面要素的形状、方向、位置等也会存在几何误差。如图 5-86a 所示的圆柱轴线不直，产生了形状误差；图 5-86b 所示本应同轴的两段圆柱的轴线不在一条线上，产生了位置误差；图 5-86c 所示上、下两平面不平行，产生了方向误差。几何误差对零件性能的影响很大，并严重影响其质量。几何误差的最大允许变动量称为**几何公差**。

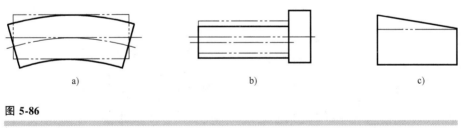

图 5-86

几何误差示意图

a）形状误差　b）位置误差　c）方向误差

2. 几何公差的标注

国家标准《产品几何技术规范（GPS）几何公差　形状、方向、位置和跳动公差标注》（GB/T 1182—2008）及《产品几何技术规范（GPS）几何公差　最大实体要求、最小实体要求和可逆要求》（GB/T 16671—2009）对几何公差的定义、符号和图样表示法等进行了详细的规定，这里只作简要介绍。

在图样中，对精度要求较高的零件表面，需要采用框格标注几何公差，如图 5-87 所示。未标注的表面应按 GB/T 1182—2008 规定的未注公差值在图样的技术要求中说明。

表 5-10 列出了常见几何公差的几何特征和符号。

表 5-10　几何公差的几何特征和符号

公差类别	几何特征	符号	有或无基准要求	公差类别	几何特征	符号	有或无基准要求
形状公差	直线度	——	无	位置公差	位置度	⊕	有或无
	平面度	▱			同心度 （用于中心点）	◎	有
	圆度	○			同轴度 （用于轴线）	◎	
	圆柱度	⌀⃫			对称度	═	
	线轮廓度	⌒			线轮廓度	⌒	
	面轮廓度	⌓			面轮廓度	⌓	
方向公差	平行度	//	有	跳动公差	圆跳动	／	
	垂直度	⊥					
	倾斜度	∠			全跳度	⫽	
	线轮廓度	⌒					
	面轮廓度	⌓					

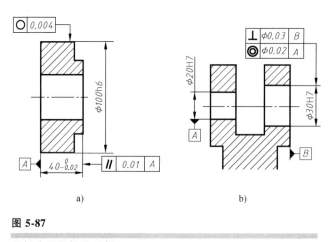

a)　　　　　　　　　　　　　　b)

图 5-87

几何公差的标注示例

图 5-87 中标注的几何公差含义分别如下。

框格 ⟦○ 0.004⟧：○是圆度符号，⟦○ 0.004⟧表示在垂直于轴线的任意横截面上，实际圆周应限定在半径差为 0.004 的两同心圆之间。

框格 ⟦// 0.01 A⟧：//是平行度符号，⟦// 0.01 A⟧表示零件右端面应限定在间距为 0.01 且平

行于基准平面 A 的两平行平面之间。

框格 $\boxed{\perp\ \phi0.03\ \ B}$：$\perp$ 是垂直度符号，$\boxed{\perp\ \phi0.03\ \ B}$ 表示孔的轴线应限定在直径等于 0.03 且垂直于基准平面 B 的圆柱面内。

框格 $\boxed{\odot\ \phi0.02\ \ A}$：$\odot$ 是同轴度符号，$\boxed{\odot\ \phi0.02\ \ A}$ 表示 ϕ30H7 孔的轴线应位于直径为 0.02 且与 ϕ20H7 基准孔的轴线 A 同轴的圆柱面内。

第六节　读零件图

读零件图就是通过看零件图了解零件的作用，零件的结构形状、尺寸、技术要求及材料等。

一、读零件图的方法和步骤

下面以图 5-88 所示的端盖零件图为例，说明读零件图的一般方法和步骤。

1. 概括了解

从标题栏了解零件的名称、材料、图样比例等，并大致了解零件的作用。由图 5-88 的标题栏可知，零件的名称为端盖，材料为牌号 HT150 的铸铁，图样比例为 1:1。该零件属于盘盖类零件。

2. 读懂零件的结构形状

（1）分析视图　先找出主视图，然后分析各视图之间的相互关系及所表示的内容。剖视图应找出剖切面的位置和投射方向。

该端盖零件图采用了两个基本视图。其中，主视图采用全剖视图，表达端盖的内部结构特征，以及内部的台阶孔结构；左视图表达端盖端面的形状特征，以及均布沉孔的相对位置，图中采用了简化画法。

（2）分析结构形状　在形体分析的基础上，结合零件上常见结构的特点，以及一般的工艺知识，分析零件各个结构的形状及其功能和作用，最终想象出零件整体形状。

从端盖零件图的主视图可以看出，平面①是端盖凸缘部分（连接板）的连接平面，安装时起到与箱体零件接触、连接的作用；结合主视图和左视图可以看出，在凸缘部分，沿圆周均匀分布了六个安装螺钉所用的沉孔；②端盖上标注的尺寸 ϕ90js6 的圆柱面将插入与其相配合的结构的孔中；圆柱面左端有砂轮越程槽；内部台阶孔用来安装轴和滚动轴承。

3. 分析尺寸

根据形体和结构特点，先分析出三个方向的尺寸基准，再分析哪些是重要尺寸，哪些是非功能尺寸。

端盖零件的轴向尺寸以接触面①为主要基准，径向基准为轴孔轴线，前后基准为端盖零件的前后对称面。重要尺寸有轴孔尺寸 ϕ26、圆柱面尺寸 ϕ90js6、轴承孔尺寸 ϕ52J7、16 等。此外，2×1 为砂轮越程槽尺寸，6×ϕ9、ϕ15、9 为沉孔尺寸。

4. 分析技术要求

了解图中的尺寸公差、几何公差、表面结构要求及热处理等的含义。

该端盖零件图中标有尺寸公差要求的配合尺寸包括圆柱面直径 ϕ90js6、轴承孔直径 ϕ52J7 及轴套孔直径 ϕ40F8。标有几何公差要求的有三处，其中，表面粗糙度要求最高的是 ϕ90js6 圆

柱面及 φ52J7 轴承孔与 φ40 孔的台阶面，其 *Ra* 值均为 1.6；接触面①及 φ40F8 孔圆柱表面的粗糙度 *Ra* 值为 3.2；其余表面 *Ra* 值为 12.5，所有表面均用去除表面材料的方法获得。

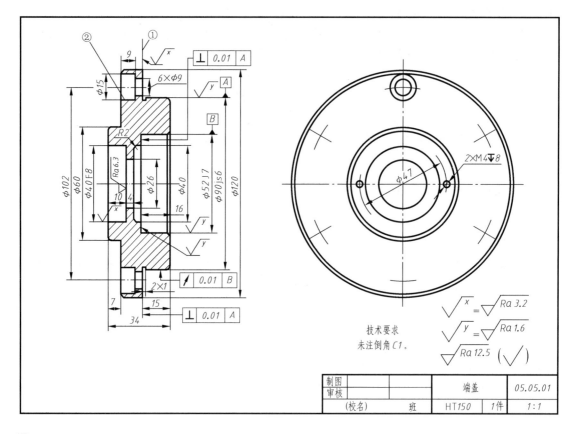

图 5-88

端盖零件图

二、综合举例

【例 5-5】

读懂图 5-89 所示的拨叉零件图，简要分析视图选择和尺寸标注的特点。

解：

主视图主要表示外形，对凸台销孔采用局部剖视图表示；俯视图为用拨叉基本对称中心面剖切得到的全剖视图，以表示圆柱形套筒、叉架及其各部分之间的相互连接关系；*A* 向斜视图表示倾斜凸台的实形。此外，由于在拨叉制造过程中两件合铸，加工后分开，因而在主视图上，用双点画线画出与其对称的另一件的部分投影。

拨叉零件图尺寸标注特点是：以叉架孔 φ55H11 的轴线为长度方向的主要尺寸基准，标出与孔 φ25H7 的轴线间的中心距 $93.75^{-0.1}_{-0.2}$；高度方向以拨叉的基本对称中心面为主要尺寸基准；宽度方向则以叉架的两工作侧面为主要尺寸基准，标出尺寸 12d11、12±0.2。

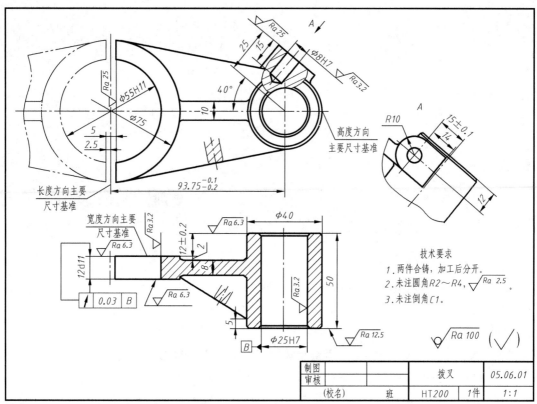

图 5-89

【例 5-5】图

第六章
装配体的表示方法

由若干零件按一定要求装配而成的机器、部件或组件，就是装配体。

（1）机器　由零件、部件组装成的装置，可以运转，用来代替人的劳动、实现能量转换或产生有用功。

（2）部件　是机器的一部分，由若干装配在一起的零件组成。

（3）组件　在机械或电子设备中，组装在一起形成一个功能单元的一组零件。

装配体中包含的零件或部件，简称零部件。零部件包括按功能要求设计的非标准件、标准件和常用件等。蝴蝶阀装配体的零件组成及结构图如图6-1所示，其中，非标准件有阀体、阀杆、阀盖、盖板、齿杆、阀门、垫片；标准件有六角头螺钉、螺母、紧定螺钉、铆钉、半圆键；常用件为齿轮。

装配前，应先对要装配的零部件形成整体的认识，了解其装配结构与工作原理，然后分析其装配干线（通常将多个零件沿某一轴线方向装配在一起，这条轴线称为装配干线），如图6-1所示。

蝴蝶阀的零件组成、装配关系及工作原理说明：

蝴蝶阀的外壳由阀体、阀盖和盖板组成，三者之间用六角头螺钉装配连接。齿杆由阀盖和旋入阀盖中的紧定螺钉限定位置；齿杆与齿轮间为齿条齿轮传动；齿轮由半圆键、阀杆的轴肩定位，并由螺母固定。阀门由铆钉定位并固定在阀杆上。当推、拉齿杆时，齿杆带动齿轮旋转，齿轮的旋转带动阀杆和铆在阀杆上的阀门转动。阀门的转动可以调节阀体上孔的流通断面面积，从而实现节流。

第一节　装配关系及装配结构合理性

一、装配关系

装配就是将各零件按其相对位置及连接关系，在满足技术要求的条件下组装到一起而形成装配体的过程。如图 6-1 所示。

装配关系主要包括零件之间的相对位置和连接方式，还包括配合性质和装拆顺序。

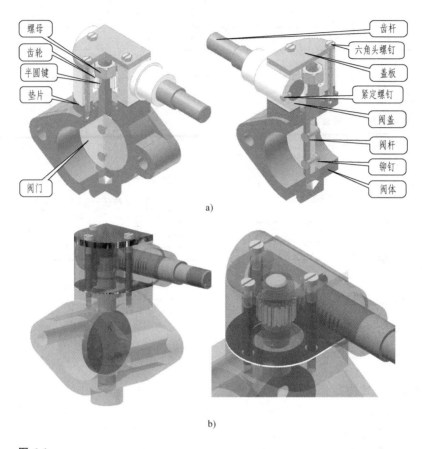

图 6-1

蝴蝶阀的零件组成及结构图

a）剖切图 b）结构图

（1）机械连接方式 分静连接和动连接两种。静连接包括可拆卸的螺纹连接、键连接、销连接等；以及不可拆卸的铆接、焊接、粘接等；动连接包括齿轮副、轴承等。

（2）配合性质 决定有配合要求的孔与轴结合的松紧程度。

二、装配结构的合理性

为了满足装配体的装拆要求和装配精度要求，在设计时必须考虑装配结构的合理性问题。

1. 表面接触的装配结构

（1）保证轴肩端面与孔端面接触的结构 为了使轴肩端面与孔端面能够良好接触，可在孔口处加工出适当大小的倒角或圆角，或在轴根处加工出退刀槽，如图 6-2 所示。

（2）同一方向不应有两组面接触 同一方向上一般只能有一组接触面，若设计出多于一组的接触面，则必须从工艺上提高制造精度，这不仅会增加成本，甚至无法实现，如图 6-3 所示。

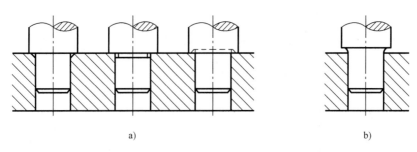

图 6-2

轴肩端面与孔端面接触的结构

a）合理　b）不合理

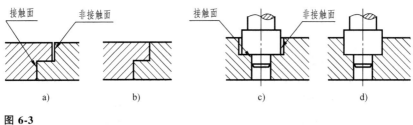

图 6-3

同一方向上只能有一组接触面

a）、c）合理　b）、d）不合理

2. 方便装拆的结构

当需要拆卸滚动轴承时，若轴肩高度大于轴承内圈厚度，则无法拆卸内圈，如图 6-4b 所示。箱体上孔径差高度若大于轴承外圈厚度，则无法拆卸外圈，如图 6-4d 所示。若设计需要箱体上留出较大的孔径差高度，则可以在箱体壁上对称地加工出几个小孔，以便能使用工具顶出轴承外圈，如图 6-4c 右图所示。

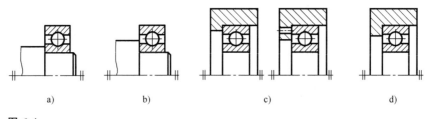

图 6-4

滚动轴承的内外圈的可拆卸性

a）、c）合理　b）、d）不合理

安装滚动轴承的轴段，其非配合处直径应略小于配合处，如图 6-5 所示。销钉安装应考虑可拆卸性，若零件厚度尺寸不大，则可将销钉孔制成通孔，如图 6-6a 所示；若下方零件厚度尺寸较大而不便制出通孔时，可选用"内螺纹圆柱销"，如图 6-6b 所示。

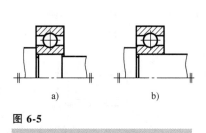

图 6-5

滚动轴承非配合处的结构

a) 合理　b) 不合理

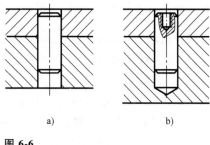

图 6-6

安装销钉时的可拆卸结构

a) 销钉孔制成通孔　b) 内螺纹圆柱销

在设计中还必须为装配零件时使用工具留出操作空间。

第二节　装配体的设计与三维建模

一、装配体的设计方法概述

1. 装配体设计的基本方法

应用三维设计软件进行装配体设计可采用"自上而下""自下而上"或"从中间开始"的设计方法。

（1）自上而下　应用这种方法，所有的零部件设计将在装配环境中完成。可以先创建一个装配空间，然后在这个空间中设计相互关联的零部件。

（2）自下而上　应用这种方法，所有的零部件将在其零件或部件环境中单独完成。然后将创建的零部件添加到新创建的装配环境中，并通过添加约束使零部件相互关联，完成装配。

（3）从中间开始　这种方法在实际工作中较为常见，可以首先按照自下而上的方法装入已经设计好的通用件或标准件，然后在装配环境中设计专用零件。

在三维设计软件中进行装配设计时，采用"自下而上"的设计方法，可以装入已有零部件、创建新的零部件、对零部件进行约束、管理零部件的装配结构关系等，对初学者来说比较方便。

2. 装配关系

装配体中，零部件之间依靠装配关系建立联系。在三维设计软件的部件环境中，一般需要添加各种装配约束，以使零部件之间按照功能需要逐一地确定相互位置及运动方式，从而建立装配关系。

二、装配约束

三维设计软件的装配约束主要有：配合约束、角度约束、相切约束、插入约束、对称约束、运动约束、过渡约束及约束集合等类型，每种约束形式均对应装配关系中零件间的某种相对位置及运动方式。所谓的装配建模，主要就是在零部件间添加装配约束以消除某些自由度的过程。

1. 零件的自由度

确定一个零件位置所需要的独立坐标数称为这个零件的自由度数。如图 6-7 所示，任意刚体在空间中都有六个自由度,即沿 x、y、z 三个坐标轴的移动自由度 $\vec{x}$、$\vec{y}$、$\vec{z}$,以及绕三个坐标轴的转动自由度 $\hat{x}$、$\hat{y}$、$\hat{z}$。装配时,要使零部件正确定位,就必须对其自由度做出限定。

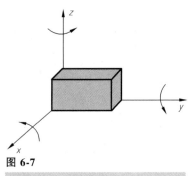

图 6-7

零件在空间的自由度

2. 添加装配约束

装配约束决定了部件中零件结合在一起的方式。装配约束的应用,将消除零部件之间的某些自由度,使零部件正确定位或按照指定的方式运动。

三维设计软件提供了多种约束类型,其中,配合、角度、相切、插入和对称五种基本位置约束用来使零部件正确定位;运动和过渡两种约束用于定义零部件间的相对运动关系,如齿轮传动、凸轮传动等。

(1)配合约束　用于确定两个零部件轴线的位置关系(重合或平行、轴对中),如图 6-8a 所示;用于实现两个平面之间法线方向相反的"面对面"对齐装配(面贴合),如图 6-8b 所示;或者用于实现两个平面之间法线方向相同的"肩并肩"平齐装配(面平齐),如图 6-8c 所示。

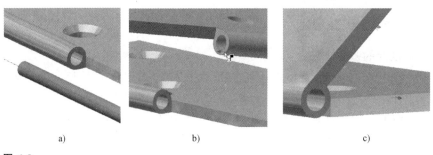

a)　　　　　　　　　　　　　b)　　　　　　　　　　　　　c)

图 6-8

配合约束

a)轴线配合　b)面对面配合　c)肩并肩配合

(2)角度约束　用来控制直线或平面之间的角度,如图 6-9 所示。

(3)相切约束　用于确定平面、柱面、球面、锥面和规则样条曲线之间的位置关系,使具有圆形特征的几何图元在切点处接触。

(4)插入约束　用于确定具有圆柱特征的几何体之间的位置关系,是两个零部件轴线之间的重合约束和两个零部件表面之间的配合约束的组合,如图 6-10 所示。

(5)对称约束　用来基于某平面对称地放置两个对象。

(6)运动约束　主要用于定义齿轮与齿轮,或齿轮与齿条之间的相对运动关系。

(7)过渡约束　用于保持面与面之间的接触关系,常用于定义凸轮机构的运动。

3. 添加约束举例

【例 6-1】

图 6-11b 所示,对合页装配体零件添加装配约束,使之形成图 6-11a 所示的合页装配体且两叶垂直。

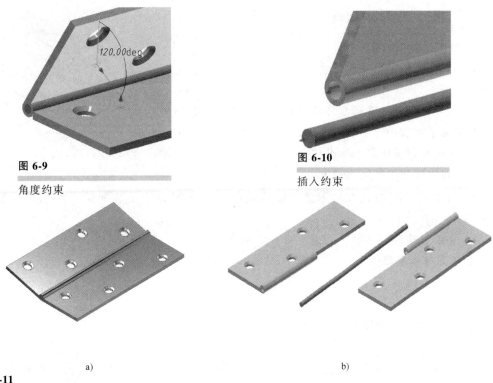

图 6-9
角度约束

图 6-10
插入约束

a)

b)

图 6-11

【例 6-1】 题图

a）合页装配体　b）合页装配体零件

解：

添加约束步骤：

1）在装配合页的三个零件（两个合页叶片与一个销）时，首先分两次添加配合约束，使销的轴线分别与叶片轴孔的轴线对齐（轴对中），如图 6-12a 所示。此时消除了部分自由度，剩余了销与叶片绕轴线的旋转自由度以及沿轴线的移动自由度。

2）再分两次添加配合约束，使两个叶片轴孔端面对齐，并使销的端面与叶片轴孔端面对齐（面平齐），如图 6-12b 所示。此时三个零件之间仅剩绕轴线的旋转自由度。完成以上装配约束后，合页即可绕轴线开合。

3）最后在两个叶片上添加角度约束，使叶片处于图 6-13 所示的垂直位置。

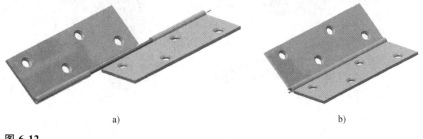

a)

b)

图 6-12

【例 6-1】 图一

a）添加配合约束使轴线重合　b）添加配合约束使平面对齐

三、装配体的组成与建模

1. 装配体建模步骤

采用自下而上的装配设计方法进行装配体建模的主要步骤如下。

1）载入已创建的非标准件模型，按照零件间的相对位置及装配关系添加相应的装配约束。

2）从标准件库中载入标准件，按照零件间的相对位置及装配关系添加相应的装配约束。

图 6-13

【例 6-1】图二

3）从常用件库中载入常用件，按照零件间的相对位置及装配关系添加相应的装配约束。

4）必要时在装配环境中创建新的零部件。

2. 装配体建模举例

【例 6-2】

完成图 6-1 所示蝴蝶阀的装配建模。

解：

（1）**分析**　进行部件装配，首先应对所要装配的装配体形成整体认识，了解其装配结构与工作原理。蝴蝶阀装配体的零件组成及结构图如图 6-1 所示。

从蝴蝶阀的结构图中可以看出，其包含两条主要装配干线：一条是控制阀门转动角度的装配干线，在这条装配干线上需装配阀门、阀杆、阀体三种非标准件；螺母、半圆键两种标准件，以及齿轮一种常用件；另一条是动力输入装配干线，在这条装配干线上需装配齿杆、阀盖两种非标准件，以及紧定螺钉等标准件。

（2）**装配步骤**

1）载入已创建的非标准件，按照装配关系并沿着装配干线添加装配约束。首先，用配合约束将阀门装配到阀杆的切口表面（面贴合），如图 6-14a 所示；再两次使用配合约束使

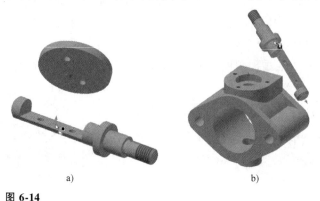

a)   b)

图 6-14

【例 6-2】图一

a）添加配合约束　b）添加插入约束

阀门上的两个孔与阀杆上的两个孔的轴线对齐（轴对中），将阀门装配到阀杆上，限制了阀门与阀杆全部的相对自由度。然后，用插入约束将阀杆轴肩装配到阀体的台阶孔内（面贴合、轴对中），如图 6-14b 所示，使阀杆与阀体在轴线对齐的同时台阶面也处于面接触状态，限制了阀杆沿轴线方向相对于阀体的移动自由度，使阀杆装配至阀体后只能绕轴线旋转。

　　2）从标准件库载入标准件，按照装配关系添加装配约束。首先，载入半圆键，再分别添加配合约束、角度约束和相切约束，将其与阀杆装配起来，如图 6-15 所示。装配中，配合约束使半圆键与阀杆侧面对齐贴合（面贴合），如图 6-15a 所示；用角度约束将半圆键的角度限制为与阀杆键槽平行，如图 6-15b 所示；相切约束使半圆键与阀杆键槽底相切，如图 6-15c 所示。完成以上装配后，半圆键与阀杆间消除了全部的相对自由度，半圆键被固定在阀杆的键槽中。

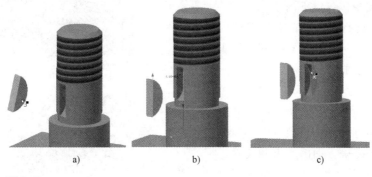

图 6-15

【例 6-2】 图二

a）添加配合约束　b）添加角度约束　c）添加相切约束

　　3）从常用件库中载入齿轮，用插入约束（轴对中、面贴合）将齿轮装配到阀杆上，如图 6-16a 所示；再用配合约束（面贴合）对半圆键与齿轮键槽进行装配。完成以上装配后，半圆键与齿轮间消除了全部的相对自由度，半圆键被固定在齿轮的键槽中。最后添加运动约束，使齿轮与所装入的齿杆形成齿轮与齿杆传动关系，如图 6-16b 所示。

　　4）自行完成其他零部件的装配。

图 6-16

【例 6-2】 图三

a）添加插入约束　b）添加运动约束

第三节　装配体的二维表示法——装配图

装配图是表示机器、部件或组件的图样。在设计过程中，一般先画出装配图，再根据装配图画出零件图。在生产过程中，装配图是制订装配工艺规程，进行装配、检验、安装、调试及维修的技术依据。在使用、维修机器或部件的过程中，需要通过装配图了解机器或部件的构造和性能。在进行技术交流、引进设备的过程中，装配图是必不可少的技术资料。

一、装配图表示的内容

对图 6-17 所示的蝴蝶阀，其装配图如图 6-18所示。图中包括以下内容。

（1）一组视图　表示机器或部件的工作原理、结构特点、零件间的相对位置、装配和连接关系以及零件的主要结构形状。

（2）必要的尺寸　表示机器或部件的性能、规格及装配、检验、安装时所需的尺寸。

（3）技术要求　说明在装配、安装、调试、检验、使用、维修等方面的要求和技术指标。

（4）零、部件的序号、明细栏和标题栏　将每一种零件或组件编号，并在明细栏内填写其序号、名称、代号、数量、材料等内容，在标题栏内填写机器或部件的名称、图号、比例，以及设计、审核等人员的签名。

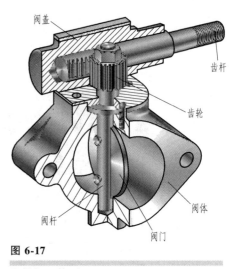

图 6-17
蝴蝶阀立体图

二、装配图的图样画法规定

装配图和零件图表达的侧重点不同，零件图主要表示零件的结构形状，而装配图主要表示机器或部件的工作原理、各零件之间的相对位置和装配关系等。因此，除了第四章中介绍的各种视图、剖视图和断面图等表达方法之外，装配图还有其他的规定画法。

1. 规定画法

1）两个零件的接触表面或配合表面只用一条轮廓线表示，不接触表面或非配合面应画两条线。如图 6-18 的左视图中，盖板 10 与阀盖 5 的接触面用一条线表示，而螺钉 6 与阀盖 5 的孔之间即使间隙很小，也应画两条线来表示。

2）为了区别不同零件，当两个或两个以上金属零件相邻时，剖面线的倾斜方向应相反，或方向相同但间隔不等，如图 6-18 中左视图的剖面线画法。同一零件在各个视图中的剖面线方向和间隔必须相同，如图 6-18 中阀体 1 的剖面线的画法。对断面厚度在 2mm 以下的图形，允许以涂黑来代替剖面符号，如图 6-18 中垫片 12 的画法。

3）对于螺钉、螺栓、螺母、垫圈等紧固件，以及键、销、轴、连杆、拉杆、球等实心件，当剖切平面通过它们的基本轴线时，这些零件均按不剖绘制。如图 6-18 的螺钉 6、螺母 9 和阀杆 4 都采用了这种画法。当剖切平面垂直于这些零件的轴线时，则应画出剖面线。当

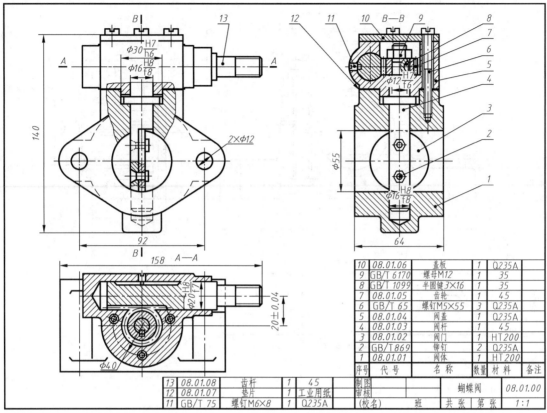

图 6-18

蝴蝶阀装配图

剖切平面通过的某些部件为标准产品，或者该部件已由其他视图表示清楚时，可按不剖绘制，或者省略不画。

2. 特殊画法

（1）拆卸画法 为了清楚地表示机器或部件被某些零件遮住的内部结构或装配关系，可假想将有关零件拆卸后再绘制要表示的部分，必要时加注"拆去零件××等"。如图 6-19 中的俯视图就是拆去轴承盖、上轴衬、螺栓和螺母后画出的。

（2）沿零件间结合面的剖切画法 为了表示机器或部件的内部结构，可假想沿着两零件的结合面剖切，此时，零件的结合面上不画剖面线，但其他被剖到的零件一般都应画出剖面线。如图 6-20 中的 *B—B* 剖视图就是沿着泵盖和泵体的结合面剖切后再投射得到的。

（3）单独表示某个零件的画法 当某个零件结构未表达清楚而影响对装配关系或结构形状的理解时，可单独画出该零件的视图，并在所画视图的上方注出该零件的视图名称，在相应的视图附近，用箭头指明投射方向，并注上相应的字母，如图 6-20 所示。

3. 夸大画法

对微小的装配间隙、带有很小斜度和锥度的零件，以及很细小、很薄的零件，当按图样比例无法正常表达时，均可适当夸大画出。如图 6-18 中的垫片 12 就采用了夸大画法，图 6-21 中螺栓与盖板的连接也采用了夸大画法。

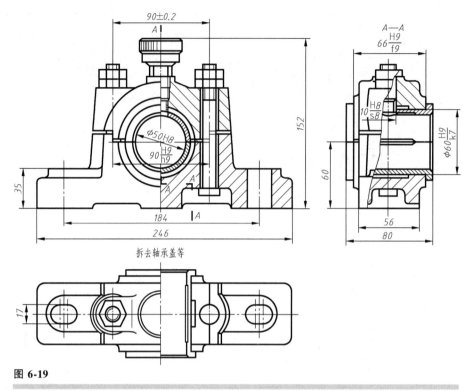

图 6-19

滑动轴承装配图

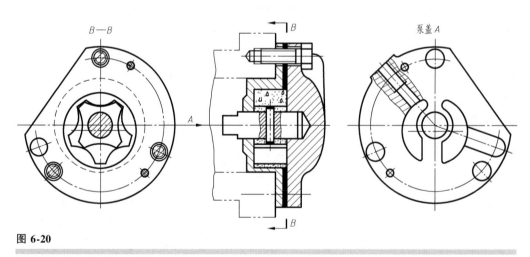

图 6-20

沿零件结合面的剖切画法

4. 简化画法

1）对装配图中相同的零（组）件或部件，可详细地画出一处，其余可用点画线表示其
装配位置，如图 6-21 中螺钉位置的表示方法。

2）在装配图中，零件上的圆角、倒角、退刀槽等工艺结构允许省略不画，如图 6-21 中
螺钉的倒角、轴上的退刀槽等均省略未画。

3）滚动轴承允许采用简化画法，即一侧用规定画法表示，另一侧用通用画法表示，如

图 6-21 所示。

5. 假想画法

画装配图时，对下列情况可以采用假想画法，即用双点画线画出某些假想存在的零件的外形。

1）表示某些运动零件的运动轨迹和极限位置或中间位置。如图 6-22 所示，右边用正常画法表示手柄的一个极限位置，左边则用双点画线表示另一个极限位置。

2）为了表示与本部件相邻的其他零（部）件的形状和位置，用双点画线画出其轮廓外形图，如图 6-20 中主视图所示。

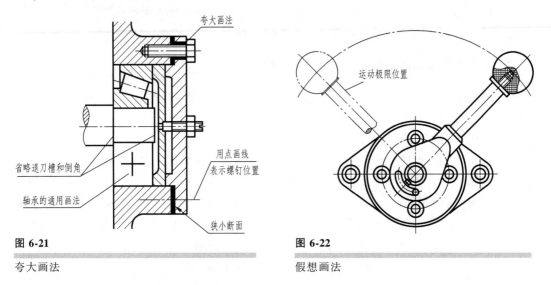

图 6-21
夸大画法

图 6-22
假想画法

三、装配图的尺寸标注和技术要求

1. 尺寸标注

装配图与零件图的作用不同，因此装配图中不必标注各零件的全部尺寸，而只需标注与装配作用相关的尺寸，如说明机器或部件性能或规格的尺寸、各零件之间装配关系的尺寸和决定机器或部件外轮廓大小及安装情况的尺寸等。装配图中应标注的尺寸一般分为下列几类。

（1）规格尺寸　说明机器或部件的性能或规格的尺寸。这类尺寸是设计和选用机器或部件的主要依据。如图 6-18 中阀体孔的尺寸 $\phi55$ 将影响气体或液体的流量。

（2）装配尺寸

1）配合尺寸，即表示两个零件之间配合要求的尺寸。如图 6-18 中的尺寸 $\phi30H7/h6$ 和 $\phi20H8/f7$ 。

2）零件间的连接尺寸，如连接用的螺钉、螺栓和销等的定位尺寸（如图 6-19 中两个螺栓的间距 90 ± 0.2），以及非标准零件上螺纹副的标记或螺纹标记。

3）其他重要尺寸，即机器或部件中比较重要、但未包括在上述几类尺寸之中的一些重要尺寸。如图 6-18 中的尺寸 20 ± 0.04 是表示齿杆与阀杆相对位置的重要尺寸。

（3）安装尺寸　部件安装在机器上或机器安装在基座上所需要的尺寸。如图 6-18 中的尺寸 92 和 2×ϕ12，又如图 6-19 中的尺寸 184 和 17。

（4）外形尺寸 表示机器或部件总长、总宽、总高的尺寸。外形尺寸表明机器或部件所需占用空间的大小，它是包装、运输、安装和厂房设计的依据。如图 6-18 中的尺寸 140、158 和 64。

2. 技术要求

装配图中的技术要求通常包括以下几个方面。

（1）装配要求 装配时所要达到的精度，对装配方法的要求和说明等。

（2）检验要求 检验、试验的方法和条件，以及必须达到的技术指标等。

（3）使用要求 包装、运输、安装、保养及使用操作时的注意事项等。

技术要求一般用文字书写在标题栏的上方或左侧。

四、装配图中零部件的序号、明细栏和标题栏

为了便于阅读装配图和管理生产，必须对装配图中的每一种零（组）件编写序号，并填写明细栏，如图 6-18 所示。

1. 装配图中的序号及编排方法

装配图中的每一种零（组）件只编写一个序号，同一张装配图的序号编写形式应一致。编写序号的形式有三种，如图 6-23a、b、c 所示。

标注方法是在所要标注的零（组）件的可见轮廓线内画一圆点，然后引出指引线（细实线），在指引线的一端画水平线或圆（细实线），在水平线上或圆内注写序号。序号的字高应比尺寸数字大一号或两号，如图 6-23a、b 所示；也可以直接在指引线旁注写序号，序号的数字应比尺寸数字大一号或两号，如图 6-23c 所示。其中图 6-23a 所示的标注方法是最常用形式。

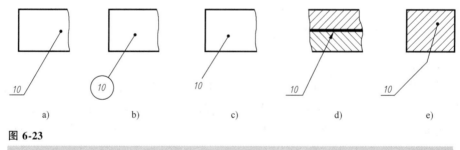

图 6-23

零件序号的注写形式

编写序号时，还应遵守以下规定。

1）所有零、部件均应编号，相同的零（组）件用一个序号，一般只注一次。图中序号应与明细栏中的序号一致。

2）当零件很薄或其断面涂黑而不便画出圆点时，可在指引线的末端画出箭头，并指向零件轮廓，如图 6-23d 所示。

3）指引线不允许彼此相交与剖面线平行，必要时允许将指引线转折一次，如图 6-23e 所示。

4）对一组紧固件或装配关系明确的零件组，允许采用公共指引线，如图 6-24 所示。

5）序号应按水平或竖直方向排列整齐，并按顺时针或逆时针方向编写序号，如图 6-18、图 6-19 所示。

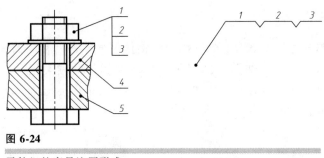

图 6-24

零件组的序号注写形式

2. 明细栏和标题栏

明细栏是机器或部件装配图中全部零（组）件的详细目录，GB/T 10609.2 推荐了明细栏各部分的尺寸与格式。制图作业中采用的简化标题栏和明细栏格式如图 6-25 所示。

明细栏一般应画在与标题栏相连的上方，零部件序号应自下而上按顺序填写。当位置不够时，可在紧靠标题栏的左侧继续列写其余部分，如图 6-18 所示。

在特殊情况下，可将明细栏单独编写在另一张图纸上。

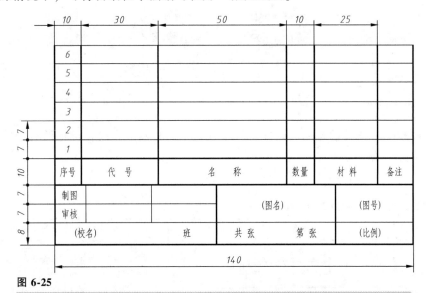

图 6-25

简化的标题栏和明细栏格式

第四节 装配图中标准件和常用件的表示方法

在机器或部件中，螺栓、螺钉、螺母、垫圈、键、销、齿轮、弹簧、滚动轴承等被广泛、大量地使用，为了设计、制造和使用的方便，国家标准对这些零（组）件的结构、型式、尺寸、技术要求、画法和标记做了统一规定，其中一些已完全标准化，有的已部分标准化。完全标准化的零（组）件称为标准件。本节主要介绍标准件和常用件的基本知识、规定画法和标记方法。

一、螺纹紧固件

螺纹紧固件是指通过螺纹旋合起到紧固、连接作用的零件。常用的螺纹紧固件有螺栓、螺柱、螺钉、螺母、垫圈等，如图 6-26 所示。螺纹紧固件的种类很多，且使用范围广泛，一般均已标准化，其结构、型式、尺寸和技术要求等均可根据标记从标准中查得。因此，对符合标准的螺纹紧固件，不必画出它们的零件图。

六角头螺栓	I 型六角螺母	六角开槽螺母	开槽锥端紧定螺钉
A 型双头螺柱	内六角圆柱头螺钉	开槽圆柱头螺钉	开槽沉头螺钉
平垫圈	弹簧垫圈	圆螺母用止退垫圈	圆螺母

图 6-26

螺纹紧固件

GB/T 1237—2000《紧固件标记方法》中规定了完整标记和简化标记两种形式，并给出完整标记的内容、格式和标记的简化原则。

表 6-1 列举了一些常用螺纹紧固件的简图和简化标记。

表 6-1   常用的螺纹紧固件的简图和简化标记

名称及标准编号	简　图	简化标记示例及说明
六角头螺栓 GB/T 5782 — 2016	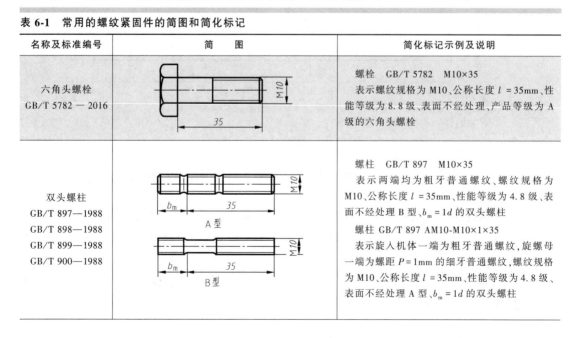	螺栓　GB/T 5782　M10×35 表示螺纹规格为 M10、公称长度 $l=35$mm、性能等级为 8.8 级、表面不经处理、产品等级为 A 级的六角头螺栓
双头螺柱 GB/T 897—1988 GB/T 898—1988 GB/T 899—1988 GB/T 900—1988	A 型 B 型	螺柱　GB/T 897　M10×35 表示两端均为粗牙普通螺纹、螺纹规格为 M10、公称长度 $l=35$mm、性能等级为 4.8 级、表面不经处理 B 型、$b_m=1d$ 的双头螺柱 螺柱 GB/T 897 AM10-M10×1×35 表示旋入机体一端为粗牙普通螺纹，旋螺母一端为螺距 $P=1$mm 的细牙普通螺纹，螺纹规格为 M10、公称长度 $l=35$mm、性能等级为 4.8 级、表面不经处理 A 型、$b_m=1d$ 的双头螺柱

（续）

名称及标准编号	简　图	简化标记示例及说明
开槽圆柱头螺钉 GB/T 65—2016	$M10$　45	螺钉　GB/T 65　M10×45 表示螺纹规格为 M10、公称长度 l = 45mm、性能等级为 4.8 级、表面不经处理、产品等级为 A 级的开槽圆柱头螺钉
开槽沉头螺钉 GB/T 68—2016	$M10$　50	螺钉　GB/T 68　M10×50 表示螺纹规格为 M10、公称长度 l = 50mm、性能等级为 4.8 级、表面不经处理、产品等级为 A 级的开槽沉头螺钉
十字槽沉头螺钉 GB/T 819.1—2000	$M10$　50	螺钉　GB/T 819.1　M10×50 表示螺纹规格为 M10、公称长度 l = 50mm 性能等级为 4.8 级、H 型十字槽、表面不经处理、产品等级为 A 级的十字槽沉头螺钉
开槽锥端紧定螺钉 GB/T 71—2018	$M6$　20	螺钉　GB/T 71　M6×20 表示螺纹规格为 M6、公称长度 l = 20mm、钢制、性能等级为 14H 级、表面不经处理、产品等级为 A 级的开槽锥端紧定螺钉
1 型六角螺母 GB/T 6170—2015	$M10$	螺母　GB/T 6170　M10 表示螺纹规格为 M10、性能等级为 8 级、表面不经处理、产品等级为 A 级的 1 型六角螺母
平垫圈—A 级 GB/T 97.1—2002 平垫圈 倒角型—A 级 GB/T 97.2—2002	$\phi10.5$	垫圈　GB/T 97.1　10 表示标准系列、公称规格 10mm、性能等级为 200HV 级、表面不经处理、产品等级为 A 级的平垫圈
标准型弹簧垫圈 GB/T 93—1987	$\phi10.2$	垫圈　GB/T 93　10 表示规格 10mm、材料为 65Mn、表面氧化的标准型弹簧垫圈

　　螺纹紧固件的基本连接形式有螺栓连接、双头螺柱连接、螺钉连接三种，下面分别介绍它们在装配图中的画法。

1. 螺栓连接

　　在螺栓连接中，应用最广的是六角头螺栓连接，它由螺栓、螺母和垫圈三个连接件所组成，如图 6-27 所示。垫圈的作用是防止螺母拧紧后损坏零件表面，以及增加支承面积，使螺母的压力均匀分布到零件表面上。螺栓连接主要用于连接两个或两个以上不太厚的零件。被连接的零件都加工出无螺纹的通孔，通孔直径 d_h 稍大于螺栓大径。各连接件的尺寸可从国家标准查取，也可查附录 F 的表 F-1 ~ 表 F-3 快速获取。

　　（1）螺栓长度的确定方法　在画螺栓连接装配图时，应先

图 6-27

螺栓连接

根据紧固件的型式，螺纹大径（d）及被连接零件的厚度（δ_1、δ_2）等，确定螺栓的公称长度（l）和标记。具体步骤如下。

1）通过计算，初步确定螺栓长度 l。估算计算式为

$l \geqslant$ 被连接零件的总厚度$(\delta_1+\delta_2)$+垫圈厚度(h)+螺母厚度(m)+螺栓伸出螺母高度(b_1)

式中，h、m 的数值从相关国家标准（或附录 F 的表 F-2、表 F-3）查得；b_1 一般取值为 $0.2d \sim 0.3d$。

2）根据螺栓长度的计算值，查阅相关国家标准（或附录 F 的表 F-1），在 l 公称系列值中选取公称长度值。

3）确定螺栓的标记。

✒️ 【例 6-3】

已知螺纹紧固件的标记为螺栓 GB/T 5782 M12×l、螺母 GB/T 6170 M12、垫圈 GB/T 97.1 12，两个被连接零件的厚度分别为 $\delta_1=20mm$、$\delta_2=18mm$，试确定螺栓公称长度（l）和标记。

解：

1）查标准（附录 F 的表 F-2、表 F-3），得出垫圈厚度 $h=2.5mm$，螺母厚度 $m=10.8mm$。

2）计算螺栓长度

$$l_{计算} = [20+18+2.5+10.8+(0.2 \sim 0.3) \times 12] mm = 53.7 \sim 54.9mm$$

3）查标准（附录 F 的表 F-1），根据 l 公称系列值和 $l \geqslant l_{计算}$，选取螺栓的公称长度 $l=55mm$。

4）确定螺栓的标记为：螺栓 GB/T 5782   M12×55。

（2）螺栓连接的比例画法   为了便于画图，装配图中的螺纹紧固件可以不按标准中规定的尺寸画出，而采用按螺纹大径（d）的比例值画图，如图 6-28 所示，这种近似画法称为比例画法。

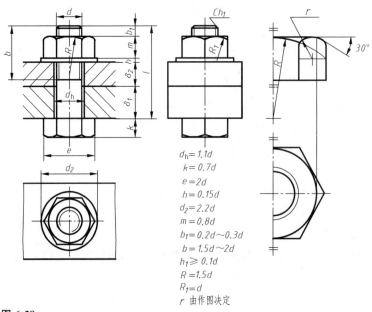

$d_h= 1.1d$
$k= 0.7d$
$e= 2d$
$h= 0.15d$
$d_2= 2.2d$
$m= 0.8d$
$b_1= 0.2d \sim 0.3d$
$b= 1.5d \sim 2d$
$h_1 \geqslant 0.1d$
$R= 1.5d$
$R_1= d$
r 由作图决定

图 6-28

六角头螺栓连接的比例画法

（3）螺纹紧固件连接的规定画法　画螺纹紧固件连接图时，应遵循装配图的规定画法。

1）被连接两零件的接触面只画一条线，不接触面和无配合面应画两条线。

2）在装配图中，当剖切平面通过螺杆的轴线时，螺柱、螺栓、螺钉、螺母及垫圈等均按未剖切绘制。

3）在剖视图中，相邻的被连接两金属零件的剖面线方向应相反，或者方向一致，间隔不等；同一零件在各个视图中所有剖面线的方向和间隔都应一致。

4）在剖视图中，当被连接零件的边界不画波浪线时，应将剖面线绘制整齐。

2. 双头螺柱连接

双头螺柱连接是用双头螺柱、垫圈和螺母来紧固被连接零件的，如图 6-29 所示。双头螺柱连接用于被连接零件之一太厚，或者由于结构上的限制不宜用螺栓连接的场合。在一个被连接的较厚零件中加工出螺孔，其余零件都加工出通孔。图 6-29 中选用了弹簧垫圈，它能起防松作用。

（1）双头螺柱的结构　双头螺柱的两端都有螺纹，一端必须全部旋入被连接零件的螺孔中，称为旋入端；另一端用来拧紧螺母，称为紧固端。旋入端的长度 b_m、螺孔和钻孔的深度尺寸 H_2 和 H_3，均与螺纹大径和加工出螺孔的零件材料有关。螺孔和钻孔的深度尺寸可查阅有关标准（或附录 E 的表 E-3）确定；旋入端长度可根据旋入端材料的不同，按照国家标准规定的双头螺柱长度 b_m 对应的不同材料的比例关系确定：

钢、青铜零件	$b_m = d$（GB/T 897—1988）
铸铁零件	$b_m = 1.25d$（GB/T 898—1988）
材料强度在铸铁与铝之间的零件	$b_m = 1.5d$（GB/T 899—1988）
铝零件	$b_m = 2d$（GB/T 900—1988）

图 6-29

双头螺柱连接

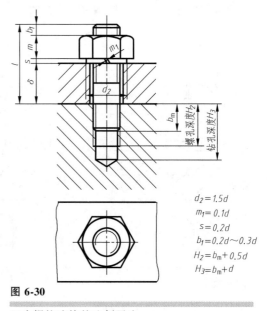

$$d_2 = 1.5d$$
$$m_1 = 0.1d$$
$$s = 0.2d$$
$$b_1 = 0.2d \sim 0.3d$$
$$H_2 = b_m + 0.5d$$
$$H_3 = b_m + d$$

图 6-30

双头螺柱连接的比例画法

（2）螺柱长度的确定方法　画双头螺柱连接图和画螺栓连接图一样，应先根据紧固件的型式、螺纹大径（d）、加工出通孔的被连接零件的厚度（δ）等，确定螺柱的公称长度

（l）和标记。双头螺柱的公称长度应在估算后，查相关标准（或附录 F 的表 F-5），选取相近的标准数值。估算计算式为

$$l \geqslant 被连接零件的厚度(\delta)+垫圈厚度(s)+螺母厚度(m)+螺柱伸出螺母高度(b_1)$$

式中，s、m 的数值从相关标准（或附录 F 的表 F-2、表 F-4）中查得；b_1 取值为 $0.2d \sim 0.3d$。

（3）双头螺柱连接的比例画法　双头螺柱连接的比例画法如图 6-30 所示。图中未注出的比例值尺寸，都与螺栓连接图中对应处的比例值相同。**画连接图时应注意**：旋入端的螺纹终止线与带螺孔的被连接零件的上端面应平齐。

3. 螺钉连接

螺钉连接一般用于受力不大且不需要经常拆装的场合。这种连接不用螺母，而是把螺钉直接拧入一个带螺孔的零件中，其余零件都加工出通孔，如图 6-31 所示。

（1）螺钉长度的确定方法　在画螺钉连接图时，也应先根据螺钉的型式、螺纹大径（d）、被连接零件的厚度（δ）以及带螺孔的被连接零件的材料，确定螺钉的公称长度（l）和标记。

图 6-31

螺钉连接

螺钉公称长度应先估算，再查阅相关标准（或按照螺钉规格分别查阅附录 F 的表 F-6 或表 F-7），选取相近的标准数值。估算计算式为

$$l \geqslant 被连接零件的厚度(\delta)+螺钉旋入螺孔的深度 l_1$$

式中，l_1 可按双头螺柱旋入端长度 b_m 的计算方法来确定。

（2）螺钉连接的比例画法　部分常见螺钉连接的比例画法如图 6-32 所示。**要注意**螺钉头部起子槽的画法，它的主、俯视图之间是不符合投影关系的，俯视图中螺钉头部起子槽应画成与圆的水平对称中心线成 45°倾斜的方向。

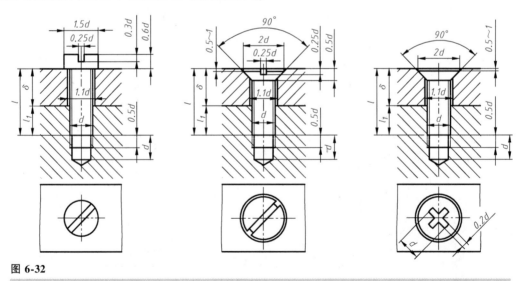

图 6-32

部分常见螺钉连接的比例画法

4. 螺纹紧固件连接图的简化画法

按照 GB/T 4459.1—1995 规定，画螺栓、螺柱、螺钉连接图时，可采用图 6-33 所示的

简化画法。

1) 螺纹紧固件的工艺结构, 如倒角、退刀槽、缩颈、凸肩等均可省略不画。

2) 不通的螺纹孔可以不画出钻孔深度, 仅按有效螺纹部分的深度 (不包括螺尾) 画出。

3) 在装配图中, 螺钉头部的一字槽和十字槽、弹簧垫圈的开口可按简化画法画出。

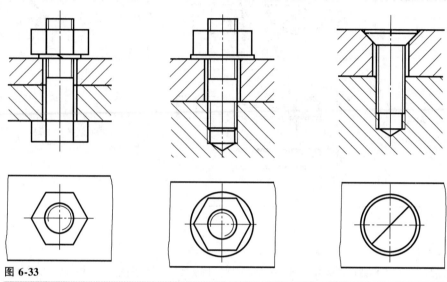

图 6-33

螺栓、螺柱、螺钉连接图的简化画法

二、键

1. 键的种类和标记

在机器中, 键常用来联结轴和轴上零件 (如齿轮、带轮等), 使它们和轴一起转动, 如图 6-34 所示。常用的键有普通型平键、普通型半圆键和钩头型楔键。键的种类很多, 都已标准化, 表 6-2 列出了一些常用键的简图和标记示例。

图 6-34

平键连接

2. 普通平键键槽的画法及键联结的画法

(1) 普通平键键槽的画法和尺寸注法　画平键联结装配图时, 应先知道轴的直径和键的类型, 然后根据轴的直径查阅有关标准 (或附录 F 的表 F-10), 确定键的键宽 (b) 和键高 (h), 以及轴和轮子的键槽尺寸, 并选定键的长度值 (L)。

表 6-2　常用键的简图和标记示例

名称及标准编号	简　图	标记示例及说明
普通型　平键 GB/T 1096—2003		GB/T 1096　键　8×7×28 表示宽度 $b=8$mm、高度 $h=7$mm、长度 $L=28$mm 的普通 A 型平键

（续）

名称及标准编号	简　图	标记示例及说明
普通型　半圆键 GB/T 1099.1—2003	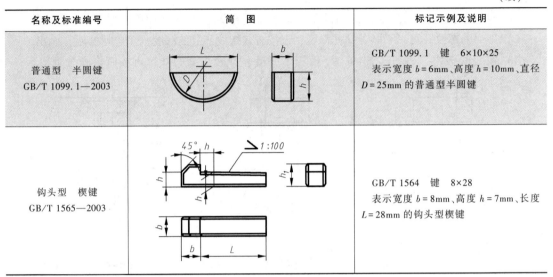	GB/T 1099.1　键　6×10×25 表示宽度 $b=6$mm、高度 $h=10$mm、直径 $D=25$mm 的普通型半圆键
钩头型　楔键 GB/T 1565—2003		GB/T 1564　键　8×28 表示宽度 $b=8$mm、高度 $h=7$mm、长度 $L=28$mm 的钩头型楔键

【例 6-4】

已知轴的直径为 $\phi26$，采用普通 A 型平键，确定键和键槽的尺寸并标注在图 6-35 中。

解： 由 GB/T 1096—2003（或附录 F 的表 F-10）查得键宽 $b=8$、键高 $h=7$；轴和轮（毂）上键槽尺寸 $t=4$、$t_1=3.3$；键长 L 应小于轮厚 $B=26$，从 GB/T 1096—2003 中选取键长 $L=25$。其零件图中轴和轮上键槽的尺寸标注如图 6-35 所示。

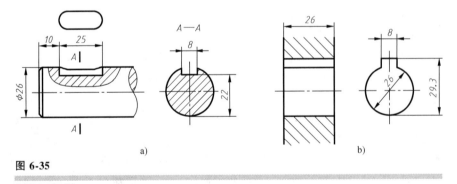

图 6-35

【例 6-4】图

（2）普通平键联结图的画法　用普通平键联结时，键的两侧面是工作面，因此在装配图中，键的两侧面和下底面都应与轴上、轮毂上键槽的相应表面接触，而键的顶面是非工作面，它与轮毂的键槽顶面之间不接触，应留有间隙。普通平键联结图的画法如图 6-36 所示。

此外，在剖视图中，对于键等实心零

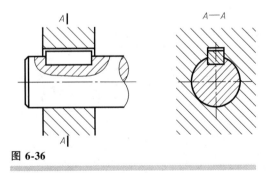

图 6-36

普通平键联结图的画法

件，当剖切平面通过其对称平面，即通过轴线作纵向剖切时，键按不剖绘制；当剖切平面垂直于轴线剖切时，被剖切的键应画出剖面线。

三、销

1. 销的种类和标记

常用的销有圆柱销、圆锥销和开口销。圆柱销和圆锥销通常用于零件间的定位和连接，开口销则用来防止螺母松动，或固定其他零件，以防脱落。表 6-3 所示为这三种销的简图和标记示例。

表 6-3　常用销的简图和标记示例

名称及标准编号	简　图	标记示例及说明
圆柱销 GB/T 119.1—2000		销 GB/T 119.1　8 m6×30 表示公称直径 $d=8mm$、公差为 m6、公称长度 $l=30mm$、材料为钢、不经淬火、不经表面处理的圆柱销
圆锥销 GB/T 117—2000		销 GB/T 117　10×60 表示公称直径 $d=10mm$、公称长度 $l=60mm$、材料为 35 钢、热处理硬度 28~38HRC、表面氧化处理的 A 型圆锥销
开口销 GB/T 91—2000		销 GB/T 91　5×50 表示公称规格为 5mm、公称长度 $l=50mm$、材料为 Q215 或 Q235、不经表面处理的开口销

2. 销连接的装配图画法

圆柱销连接的装配图画法如图 6-37 所示。国家标准规定在装配图中，对于轴、销等实心零件，若按纵向剖切，且剖切平面通过其轴线时，这些零件均按不剖绘制。

圆锥销连接的装配图画法如图 6-38 所示。**应注意**：圆锥销是以小端直径 d 为基准的，因此，圆锥销孔也应标注小端直径尺寸。

开口销连接的装配图画法如图 6-39 所示。开口销与槽形螺母配合使用，用来防止螺母松动，或者防止其他零件从轴上脱落。

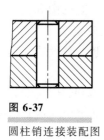

图 6-37

圆柱销连接装配图

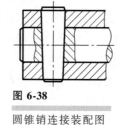

图 6-38

圆锥销连接装配图

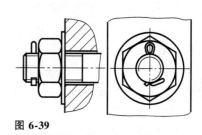

图 6-39

开口销连接装配图

四、齿轮

1. 齿轮的基本知识

齿轮是机械传动中广泛应用的传动零件，它可以用来传递动力、改变转动方向和速度，以及改变运动方式等，但必须成对使用。

齿轮的种类很多，根据传动轴轴线的相对位置不同，常见的齿轮传动有**圆柱齿轮传动**（用于两平行轴的传动）、**锥齿轮传动**（用于两相交轴的传动）和**蜗轮蜗杆传动**（用于两垂直交叉轴的传动）三种，如图 6-40 所示。

a) b) c)

图 6-40

三种齿轮传动

a) 圆柱齿轮传动　b) 锥齿轮传动　c) 蜗轮蜗杆传动

齿轮上的齿称为轮齿，轮齿是齿轮的主要结构，只有轮齿符合国家标准规定的齿轮才能称为标准齿轮。在齿轮的性能参数中，只有模数和齿形角已标准化。下面主要介绍直齿圆柱齿轮的基本知识和画法。

2. 直齿圆柱齿轮各部分的名称和尺寸关系

轮齿方向与圆柱的素线方向一致的圆柱齿轮，称为直齿圆柱齿轮。

（1）齿轮的基本参数　根据 GB/T 3374.1—2010，直齿圆柱齿轮各部分的名称及说明见表 6-4。

模数 m 是设计和制造齿轮的重要参数。不同模数的齿轮要用不同的刀具来加工制造。为了便于设计和加工，模数已标准化，其数值见表 6-5。

（2）轮齿各部分尺寸与模数的关系　在设计齿轮时要先确定模数和齿数，其他各部分的尺寸都可由模数和齿数计算出来。标准直齿圆柱齿轮轮齿各部分尺寸的计算公式见表 6-6。

只有模数、压力角都相同的齿轮才能相互啮合。

3. 直齿圆柱齿轮的规定画法

（1）单个齿轮的画法　齿轮一般用两个视图（包括剖视图），或者一个视图和一个局部视图来表示，如图 6-41 所示。GB/T 4459.2—2003 对齿轮的画法有如下规定。

1）齿顶圆和齿顶线用粗实线绘制；分度圆和分度线用细点画线绘制，分度线应超出轮廓线 2~3mm；齿根圆和齿根线用细实线绘制，也可省略不画。

2）在剖视图中，当剖切平面通过齿轮的轴线时，轮齿一律按不剖绘制，齿根线用粗实线绘制。

3）如需表明齿形，可在图形中用粗实线画出一个或两个齿，或用适当比例的局部放大图表示。

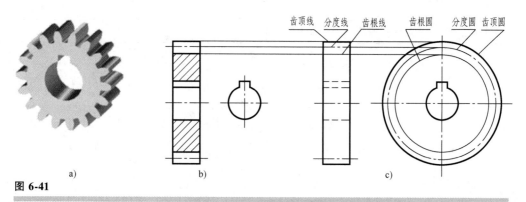

图 6-41

直齿圆柱齿轮的画法

a）直齿圆柱齿轮　b）剖视的画法　c）不剖的画法

表 6-4　直齿圆柱齿轮各部分的名称及说明

参数名称	符号	说　明	示　意　图
齿　数	z	齿轮的齿数	
齿顶圆直径	d_a	通过轮齿顶部的圆的直径	
齿根圆直径	d_f	通过轮齿根部的圆的直径	
分度圆直径	d	计算轮齿各部分尺寸的基准圆的直径	
齿高	h	齿顶圆与齿根圆之间的径向距离	
齿顶高	h_a	分度圆到齿顶圆的径向距离	
齿根高	h_f	分度圆到齿根圆的径向距离	
齿距	p	在分度圆上，相邻两齿廓对应点的弧长（齿厚+槽宽）	
齿厚	s	每个齿在分度圆上的弧长	
节圆直径	d'	一对齿轮啮合时，两齿轮在连心线 O_1O_2 上的齿廓接触点 C 处，两齿轮的圆周速度相等，以 O_1C 和 O_2C 为半径的两个圆称为相应齿轮的节圆	
压力角	α	齿轮传动时，一齿轮两齿轮齿廓在节点 C 处的受力方向与运动方向所夹的锐角。我国采用的标准压力角为 20°	
模　数	m	当齿轮的齿数为 z 时，分度圆周长为 $\pi d = zp$，则 $d = (p/\pi)z$，令 $p/\pi = m$，m 即为模数	

表 6-5　齿轮模数标准系列摘录（GB/T 1357—2008）　　　　　　　　　　（单位：mm）

第 I 系列	1　1.25　1.5　2　2.5　3　4　5　6　8　10　12　16　20　25　32　40　50
第 II 系列	1.125　1.375　1.75　2.25　2.75　3.5　4.5　5.5　（6.5）　7　9　11　14　18　22　28　36　45

注：选用模数时，应优先选用第 I 系列，其次选用第 II 系列，括号内的模数尽可能不用。

表 6-6 标准直齿圆柱齿轮轮齿各部分尺寸的计算公式

名　称	代　号	计算公式
分度圆直径	d	$d = mz$
齿顶高	h_a	$h_a = m$
齿根高	h_f	$h_f = 1.25m$
齿顶圆直径	d_a	$d_a = d + 2h_a = m(z+2)$
齿根圆直径	d_f	$d_f = d - 2h_f = m(z - 2.5)$
全齿高	h	$h = h_a + h_f = 2.25m$
两啮合齿轮中心距	a	$a = m(z_1 + z_2)/2$
齿　距	p	$p = \pi m$

（2）直齿圆柱齿轮的啮合画法　一对模数、压力角相同且符合标准的圆柱齿轮处于正确的安装位置（装配准确）时，其分度圆和节圆重合。一对啮合在一起的齿轮称为齿轮副，其啮合区的画法有如下规定。

1）在垂直于圆柱齿轮轴线的投影面的视图中，两节圆应相切。啮合区内的齿顶圆均用粗实线绘制，如图 6-42a 左视图所示；也可省略不画，如图 6-42b 左视图所示。齿根圆全部省略不画。

2）在平行于圆柱齿轮轴线的投影面的视图中，啮合区内的齿顶线、齿根线均不画出，节线用粗实线绘制，如图 6-42b 主视图所示。

3）在剖视图中，当剖切平面通过两啮合齿轮的轴线时，在啮合区内将一个齿轮的轮齿用粗实线绘制，另一个齿轮的轮齿被遮挡的部分用细虚线绘制，这条细虚线也可省略不画。

4）在剖视图中，当剖切平面不通过啮合齿轮的轴线时，齿轮一律按不剖绘制。

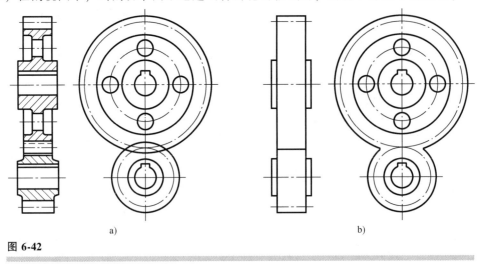

a)   b)

图 6-42

直齿圆柱齿轮的啮合画法

4. 齿轮图样

图 6-43 是按照渐开线圆柱齿轮图样格式绘制的直齿圆柱齿轮零件图，除了要按规定画法绘制轮齿外，还要按规定进行标注，包括尺寸标注、几何公差标注和填写齿轮参数表。参数表中的参数包括模数、齿数、齿形角（即压力角）和精度等级等，可根据需要增减。

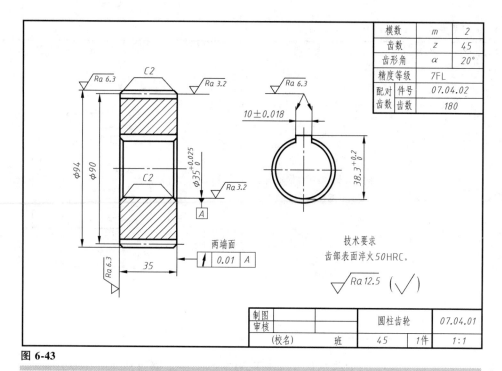

图 6-43

直齿圆柱齿轮的零件图

五、弹簧

在机械中弹簧的用途很广，可用来储存能量、减振、测力、夹紧等；在电器中，弹簧常用来保证导电零件的良好接触或脱离接触。

弹簧的种类很多，有螺旋弹簧、蜗卷弹簧和板弹簧等，如图 6-44 所示。在各种弹簧中，圆柱螺旋弹簧最为常见，根据其受力情况的不同，又分为压缩弹簧、拉伸弹簧和扭转弹簧三种。

| 压缩弹簧 | 拉伸弹簧 | 扭转弹簧 | 蜗卷弹簧 | 板弹簧 |

图 6-44

常见的各种弹簧

下面主要介绍圆柱螺旋压缩弹簧的规定画法和标记。

1. 圆柱螺旋压缩弹簧各部分的名称尺寸关系

表 6-7 列出了圆柱螺旋压缩弹簧各部分的名称及说明。

表 6-7   圆柱螺旋压缩弹簧各部分的名称和说明

参数名称	符 号	说 明	示 意 图
材料直径	d	制造弹簧用的型材的直径	
弹簧外径	D_2	弹簧的最大直径	
弹簧内径	D_1	弹簧的最小直径	
弹簧中径	D	$D = D_2 - d = D_1 + d$	
有效圈数	n	为了工作平稳，n 一般不小于 3	
支承圈数	n_z	弹簧两端并紧、磨平或锻平的仅起支承作用的总圈数，一般取 1.5、2 或 2.5	
总圈数	n_1	$n_1 = n + n_z$	
节距	t	相邻两个有效圈在中径上对应点的轴向距离	
自由高度	H_0	未受负荷时的弹簧高度，$H_0 = nt + (n_z - 0.5)d$	
展开长度	L	制造弹簧时，所需弹簧钢丝的长度	

圆柱螺旋压缩弹簧的尺寸及参数在 GB/T 2089—2009 中都有所规定，使用时可查阅该标准。

2. 圆柱螺旋压缩弹簧的规定画法

根据 GB/T 4459.4—2003，圆柱螺旋压缩弹簧有如下规定画法。

1）在平行于螺旋弹簧轴线的投影面的视图中，其各圈的轮廓线应画成直线。

2）螺旋弹簧均可画成右旋，但对左旋的螺旋弹簧，不论画成左旋还是右旋，都必须在"技术要求"中注明"旋向：左旋"。

3）对于螺旋压缩弹簧，如果要求两端并紧且磨平，不论支承圈数多少和末端贴紧情况如何，均按图 6-45（有效圈是整数，支承圈为 2.5 圈）的形式绘制。必要时也可按支承圈的实际结构绘制。

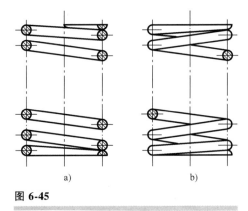

图 6-45

圆柱螺旋压缩弹簧的画法
a）剖视图 b）视图

4）当弹簧的有效圈在四圈以上时，其中间部分可以省略不画，而只画出两端的 1～2 圈（支承圈除外）。中间部分省略后，画出通过弹簧钢丝中心的两条细点画线，并允许适当缩短图形的长度。

5）在装配图中，型材直径或厚度画在图形上等于或小于 2mm 的螺旋弹簧，允许用示意图绘制，如图 6-46a 所示；当弹簧被剖切时，也可用涂黑表示，且各圈的轮廓线省略不画，如图 6-46b 所示。

6）在装配图中，被弹簧挡住的结构一般不画，可见部分应从弹簧的外轮廓线或从通过弹簧钢丝中心的点画线画起，如图 6-47 所示。

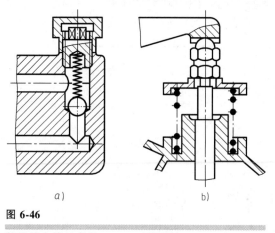
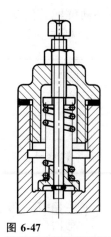

图 6-46
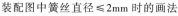
装配图中簧丝直径≤2mm 时的画法

图 6-47
被弹簧挡住的零件结构的画法

3. 圆柱螺旋压缩弹簧的标记

根据 GB/T 2089—2009 的规定，圆柱螺旋压缩弹簧的标记内容和格式如下：

$$\boxed{\text{类型代号}}\ \boxed{d\times D\times H_0}\text{-}\boxed{\text{精度代号}}\ \boxed{\text{旋向代号}}\ \boxed{\text{标准编号}}$$

其中，GB/T 2089—2009 规定，两端圈并紧磨平的冷卷压缩弹簧的类型代号为 YA，两端圈并紧制扁的热卷压缩弹簧的类型代号为 YB。

例如，YA 型弹簧，材料直径为 3mm，弹簧中径为 20mm，自由高度为 80mm，精度等级为 2 级，左旋的两端圈并紧磨平的冷卷压缩弹簧。标记：YA 3×20×80 左　GB/T 2089

注：弹簧按 2 级精度制造时不标注，3 级应注明 "3" 级；右旋不标注。

4. 圆柱螺旋压缩弹簧的画图步骤

当已知弹簧的材料直径 d、中径 D、自由高度 H_0（装配图采用初压后的高度）、有效圈数 n、总圈数 n_1 和旋向后，即可计算出节距 t，其作图步骤如图 6-48 所示。

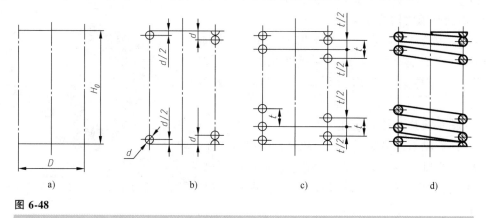

图 6-48

圆柱螺旋压缩的画图步骤

a）根据 D 画出左、右两条中心线，根据 H_0 确定高度　b）画出两端支承圈部分

c）根据 t 画出有效圈数部分　d）按右旋画出各相应小圆的外公切线及剖面线

图 6-49 所示为圆柱螺旋压缩弹簧的零件图，主视图右上方的倾斜直线为机械性能曲线表示该弹簧在不同负荷下其长度变化的情况。其中，P_1、P_2 为弹簧的工作负荷，P_j 为极限负荷，55、47 表示相应工作负荷下的工作高度，39 表示极限负荷下的高度。

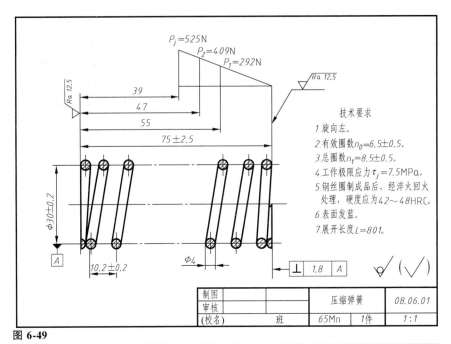

图 6-49

圆柱螺旋压缩弹簧的零件图

六、滚动轴承

滚动轴承是支承转动轴的组件，具有结构紧凑、摩擦阻力小、动能损失少和旋转精度高等优点，应用广泛。滚动轴承是常用的标准组件，由专门工厂生产，需要时根据机器的具体要求确定型号，再按照型号选购即可。

1. 滚动轴承的构造和类型

滚动轴承的种类很多，但其结构大致相同，通常由外圈、内圈、滚动体（安装在内、外圈间的滚道中，如滚珠、滚锥等）和保持架（又称为隔离圈）组成，如图 6-50 所示。

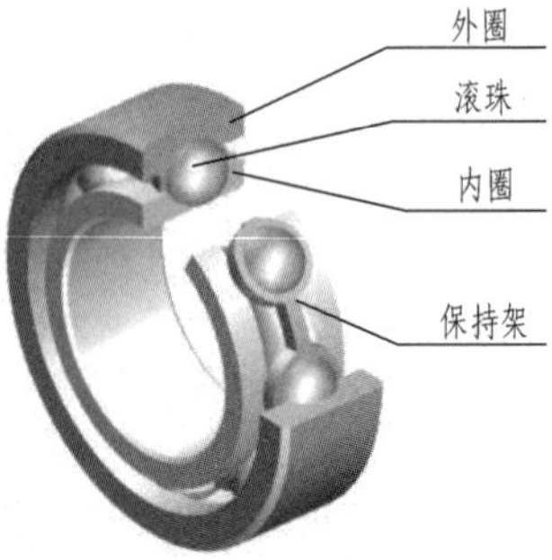

滚动轴承按其承受载荷的方向不同，可分为如下三类。

（1）向心轴承　主要承受径向载荷，如深沟球轴承。

（2）推力轴承　主要承受轴向载荷，如推力球轴承。

（3）向心推力轴承　可同时承受径向和轴向的载荷，如圆锥滚子轴承。

图 6-50

滚动轴承的结构

2. 滚动轴承的表示法

根据 GB/T 4459.7—2017，滚动轴承在装配图中有简化画法和规定画法两种表示法。简化画法又分为通用画法和特征画法。这些画法有如下具体规定。

（1）基本规定

1）通用画法、特征画法及规定画法中的各种符号、矩形线框和轮廓线均用粗实线绘制。

2）绘制滚动轴承时，其矩形线框或外轮廓线的大小应与滚动轴承的外形尺寸一致，并与所属图样采用同一比例。

3）在剖视图中，用简化画法绘制滚动轴承时，一律不画剖面符号（剖面线）。

4）采用规定画法绘制滚动轴承的剖视图时，轴承的滚动体不画剖面线，其各套圈可画成方向、间隔相同的剖面线（见表6-8）。在不致引起误解时，允许省略不画。

（2）简化画法　简化画法有通用画法和特征画法两种，但在同一图样中一般只采用其中的一种简化画法。

1）通用画法。在剖视图中，当不需要确切地表示轴承的外形轮廓、载荷特性、结构特征时，可用矩形线框及位于线框中央正立的十字形符号表示，十字形符号不应与矩形线框接触。通用画法在轴的两侧以同样方式画出，如图6-51a所示。如需确切地表示滚动轴承的外形时，则应画出其断面轮廓，并在轮廓中间画出正立十字符号，如图6-51b所示。通用画法的尺寸比例如图6-52所示。

2）特征画法。在剖视图中，如需较形象地表示滚动轴承的结构特征时，可采用在矩形线框内画出其结构要素符号的方法表示。常用滚动轴承的特征画法见表6-8。

在垂直于滚动轴承轴线的投影面的视图上，无论滚动体的形状（如球、柱、针等）及尺寸如何，均按图6-53的方法绘制。

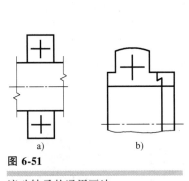

图 6-51

滚动轴承的通用画法

a）不需表示外形　b）画出外形轮廓

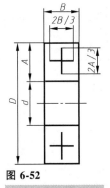

图 6-52

通用画法的尺寸比例

图 6-53

垂直于滚动轴承轴线的投影面的视图上的特征画法

（3）规定画法　必要时，可采用规定画法绘制滚动轴承。表6-8列出了三种常用的滚动轴承的规定画法。

在装配图中，滚动轴承的保持架及倒角、圆角等结构可省略不画。规定画法一般绘制在轴的一侧，另一侧可按通用画法绘制。

3. 滚动轴承的代号及标记

（1）滚动轴承代号的规定　滚动轴承的种类很多，为了便于选用，GB/T 271—2008和GB/T 272—2017分别规定了滚动轴承的分类和代号方法。

滚动轴承代号用字母加数字组成，完整的代号包括前置代号、基本代号和后置代号三部分。多数滚动轴承用基本代号即可表示其基本类型、结构和尺寸，因此基本代号是轴承代号的基础。而前置代号、后置代号是轴承在结构形状、尺寸、公差和技术要求等有变化时，在其基本代号前、后添加的补充代号。要了解它们的编制规则和含义可查阅有关标准。

表 6-8 常用滚动轴承的规定画法和特征画法

轴承名称、类型及标准号	类型代号	规定画法	特征画法	标记示例及说明
深沟球轴承 60000 型 GB/T 276—2013	6			滚动轴承 6210 GB/T 276—2013 表示按 GB/T 276—2013 制造、内径代号为10(公称内径 $d=50$mm)、直径系列代号为2、宽度系列代号为0(省略)的深沟球轴承
圆锥滚子轴承 30000 型 GB/T 297—2015	3			滚动轴承 30204 GB/T 297—2015 表示按 GB/T 297—2015 制造、内径代号为04(公称内径 $d=20$mm)、尺寸系列代号为02的圆锥滚子轴承
单向推力球轴承 50000 型 GB/T 301—2015	5			滚动轴承 51206 GB/T 301—2015 表示按 GB/T 301—2015 制造、内径代号为06(公称内径 $d=30$mm)、尺寸系列代号为12的推力球轴承

注：轴承的尺寸值可查阅相应的标准确定。

基本代号由轴承的**类型代号、尺寸系列代号**和**内径代号**三部分从左至右按顺序排列组成。类型代号用数字或字母表示，数字或字母的含义见表6-9；尺寸系列代号用数字表示，由轴承的宽（高）度系列代号和直径系列代号组成；内径代号由两位数字的组成，当轴承内径在 20~480mm 范围内时，内径代号乘以5为轴承的公称内径尺寸。

表 6-9　轴承的类型代号（摘录 GB/T 272—2017）

类型代号	0	1	2	3	4	5	6	7	8	N	U	QJ	C
滚动轴承类型	双列角接触球轴承	调心球轴承	调心滚子轴承和推力调心滚子轴承	圆锥滚子轴承	双列深沟球轴承	推力球轴承	深沟球轴承	角接触球轴承	推力圆柱滚子轴承	圆柱滚子轴承	外球面球轴承	四点接触球轴承	长弧面滚子轴承（圆环轴承）

（2）轴承基本代号示例

1）轴承 6210　6——类型代号，表示深沟球轴承。

2——尺寸系列代号，表示 02 系列（直径系列代号为 2，宽度系列代号为 0 省略）。

10——内径代号，表示该轴承的公称内径为 50mm。

2）轴承 30204　3——类型代号，表示圆锥滚子轴承。

02——尺寸系列代号，表示 02 系列。

04——内径代号，表示该轴承的公称内径为 20mm。

3）轴承 51206　5——类型代号，表示推力球轴承。

12——尺寸系列代号，表示 12 系列。

06——内径代号，表示该轴承的公称内径为 30mm。

为了便于识别轴承，生产厂家一般将轴承代号打印在轴承圈的端面上。

（3）滚动轴承的标记　滚动轴承的标记由名称、代号和标准编号三部分组成，见表 6-8。

第五节　画装配图

一、装配图的视图选择

装配图必须清楚表达机器或部件的工作原理、各零件的相对位置和装配连接关系等。因此在画装配图前，首先要了解和分析机器或部件的工作原理和结构情况等，以便合理地选择表达方案。选择装配图的视图一般按照下列步骤进行。

（1）对机器或部件进行分析　从机器或部件的功能和工作原理出发，分析其工作情况、各零件的连接关系和配合关系。通过分析，掌握该机器或部件各部分的结构和装配关系，分清其中的主要部分和次要部分，为选择装配图的表达方案做好准备。

（2）主视图的选择　将机器或部件按工作位置原则放置，使其重要装配轴线、重要安装面处于水平或竖直位置。选择主视图的投射方向，并选择适当的剖视图，使主视图能够较多地反映机器或部件的工作原理、结构特点及各零件之间的装配关系。

（3）其他视图的选择　在主视图确定后，根据需要适当选择其他视图，对主视图的表达进行补充，以使机器或部件的表达清晰和完整。

二、由零件图画装配图

根据机器或部件的工作原理和其中各零件的零件图，可以拼画部件的装配图。首先根据机器或部件的实物或装配示意图、立体图，对其进行观察和分析，了解该机器或部件的工作原理和各零件之间的装配关系；然后选择合适的表达方案，结合给出的零件图，完成装配图的绘制。下面以定滑轮为例说明由零件图拼画装配图的方法和步骤。定滑轮的立体图如图6-54所示，定滑轮的心轴、旋盖油杯、滑轮和卡板零件图如图6-55所示，支架零件图如图5-28所示。

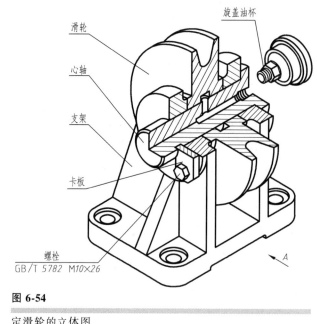

图 6-54

定滑轮的立体图

1. 部件分析

如图6-54所示，定滑轮是一种简单的起吊装置。绳索套在滑轮的槽内，滑轮装在心轴上，可以转动，心轴由支架支承并用卡板定位，卡板由螺栓固定在支架上。心轴内部有油孔，通过它可以将油杯中的油输送到滑轮的孔槽中进行润滑。支架的底板上有四个安装孔，用于将定滑轮固定在所需位置。

2. 视图选择

首先选择主视图。定滑轮的工作位置如图6-54所示，它只有一条装配干线，各零件沿着心轴轴线方向装配而成。根据主视图的选择原则，选择图6-54中箭头A所示方向作为主视图的投射方向，用通过心轴轴线的平面剖切，将主视图画为局部剖视图。

主视图确定后，再选择补充表达装配关系和外形的其他视图。选择俯视图和左视图表达定滑轮的外形结构，并在俯视图中采用局部剖视图表达心轴、支架及卡板的连接关系。最终确定的装配图表达方案如图6-56所示。

3. 画图步骤

1）确定表达方案后，根据部件的大小选定比例，确定图纸幅面，然后布图、画标题

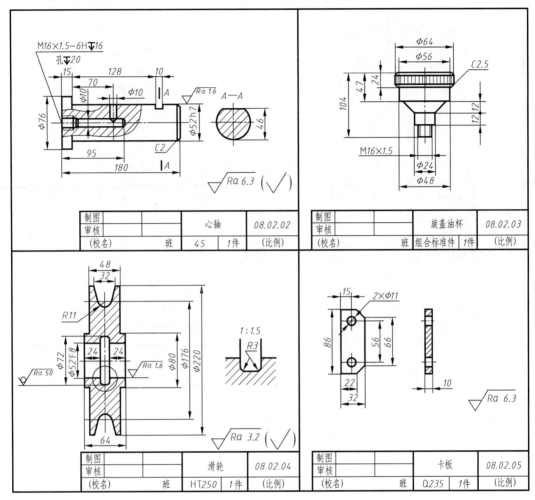

图 6-55

定滑轮的部分零件图

栏、明细栏及各视图的主要基准线。注意各视图之间要留出足够的位置以标注尺寸和注写零件编号，如图 6-57a 所示。

2）起稿画图时，应从主体零件画起，按装配关系逐个画出各零件的主要轮廓，如图 6-57b 所示。画图时还应注意以下问题。

① 为了提高画图速度和减少不必要的作图线，可以采用"从外向里"或"从里向外"的方法画图。从外向里画是先画出外部零件（如箱体类零件）的大致轮廓，再将内部零件逐个画出；从里向外画是先从内部零件（如轴套类零件）画起，再逐个画出外部零件。

② 应考虑装配工艺要求，相邻的两个零件在同一方向上一般只能有一对接触面或配合面，这样既能保证装配时零件接触良好，又能降低加工要求。

3）画出部件的次要结构。然后画出剖面符号，如图 6-57c 所示。注意仔细检查后再加深图线。

4）标注尺寸，编写零、部件序号，填写明细栏和标题栏，注写技术要求，如图 6-56 所示。

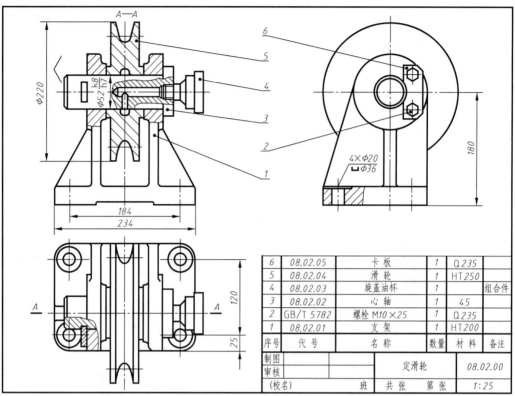

6	08.02.05	卡 板	1	Q235	
5	08.02.04	滑 轮	1	HT250	
4	08.02.03	旋盖油杯	1		组合件
3	08.02.02	心 轴	1	45	
2	GB/T 5782	螺栓 M10×25	1	Q235	
1	08.02.01	支 架	1	HT200	
序号	代 号	名 称	数量	材料	备注
制图				定滑轮	08.02.00
审核					
(校名)		班	共 张　第 张		1:25

图 6-56

定滑轮的装配图

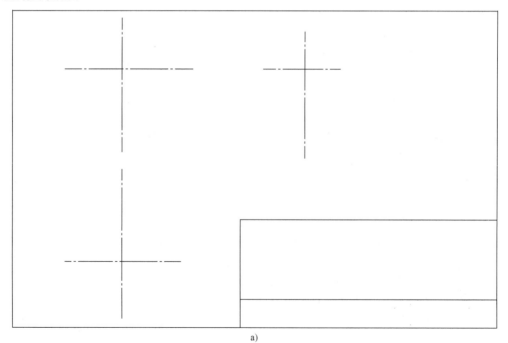

a)

图 6-57

定滑轮装配图的画图步骤

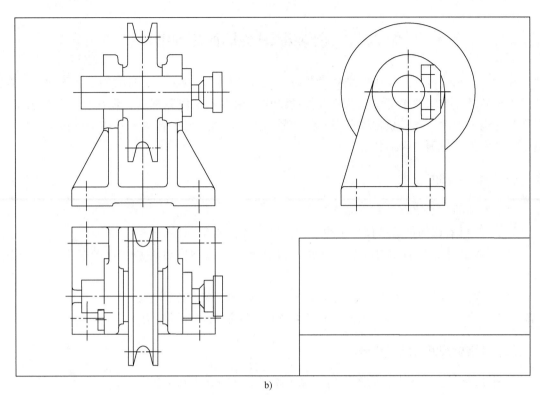

b)

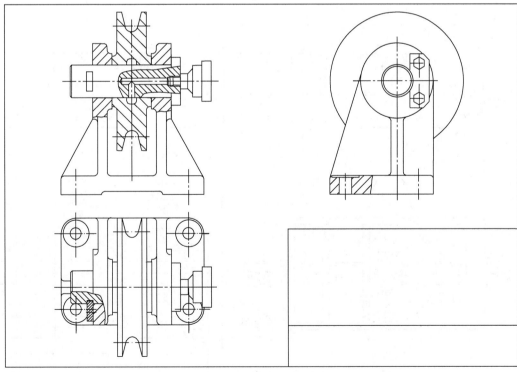

c)

图 6-57

定滑轮装配图的画图步骤（续）

第六节   读装配图及拆画零件图

在设计、制造机器及使用、维修设备时，或者进行技术交流时，都要阅读装配图。工程技术人员通过读装配图来了解机器或部件的结构、用途和工作原理。在设计机器和部件时，通常是先画装配图，然后根据装配图来绘制零件图，因此，读装配图和由装配图拆画零件图是工程技术人员必须掌握的技能。

一、读装配图的要求

读装配图的基本要求主要有以下几点。

1）了解机器或部件的名称、用途、性能、工作原理等。

2）了解零件之间的相对位置、连接方式、装配关系和配合性质，以及装拆顺序和方法等。

3）了解每个零件的名称、数量、材料，以及结构形状和作用等。

当然，要达到以上读图要求，有时还要阅读产品说明书及其他有关资料。

二、读装配图的方法和步骤

以图 6-58 所示的虎钳装配图为例，说明读装配图的方法和步骤。

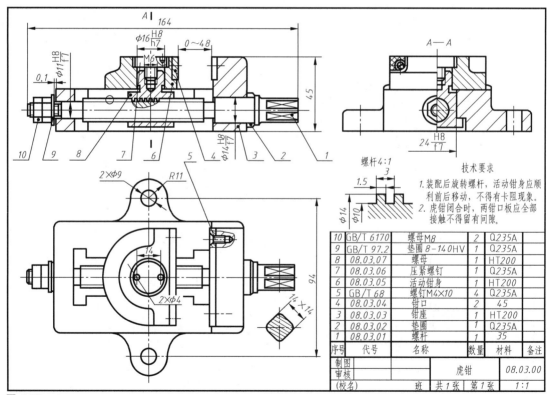

10	GB/T 6170	螺母M8	2	Q235A	
9	GB/T 97.2	垫圈 8-140HV	1	Q235A	
8	08.03.07	螺母	1	HT200	
7	08.03.06	压紧螺钉	1	Q235A	
6	08.03.05	活动钳身	1	HT200	
5	GB/T 68	螺钉M4×10	4	Q235A	
4	08.03.04	钳口	2	45	
3	08.03.03	钳座	1	HT200	
2	08.03.02	垫圈	1	Q235A	
1	08.03.01	螺杆	1	35	
序号	代号	名称	数量	材料	备注

制图			虎钳		08.03.00	
审核						
(校名)		班	共1张	第1张		1:1

技术要求

1. 装配后旋转螺杆，活动钳身应顺利前后移动，不得有卡阻现象。
2. 虎钳闭合时，两钳口板应全部接触不得留有间隙。

图 6-58

虎钳装配图

1. 概括了解

首先阅读标题栏和明细栏、产品说明书，了解部件的名称、性能、用途及组成该部件的各种零件的名称、数量、材料、标准件规格等；根据图形大小、画图比例和部件的外形尺寸了解部件的大小。

从图 6-58 中的标题栏可知，部件名称为虎钳，虎钳是夹持被加工零件（称为工件）的工具。从明细栏可知，它共有 10 种零件，其中包括 3 种标准件。对照明细栏与视图中的零件序号，找到每种零件在视图中的位置。从画图比例 1:1 可以想象虎钳的真实大小。

2. 深入分析

这是读装配图的重要步骤。经过深入分析，了解部件的工作原理、装配关系和零件的主要形状。通过分析视图表达方案，找出各视图之间的投影关系，明确各视图表达的内容和目的。然后，从反映工作原理的视图入手（一般为主视图）并结合尺寸，分析运动的传递情况、各零件的形状、作用、定位和配合情况。

1）分析视图表达方案。图 6-58 中采用了三个基本视图、一个断面图和一个局部放大图。主视图采用全剖视图，主要表达虎钳的工作原理和装配关系。俯视图和左视图则补充表达虎钳的装配关系和外部形状。俯视图下的断面图表示了螺杆上装扳手部位的形状。局部放大图表示了螺杆 1 上的非标准矩形螺纹并注有详细的尺寸。

2）分析运动的传递情况，以及部件的工作原理和装配关系。从主视图中可以看出，转动螺杆 1 时，由于螺杆右端凸肩和左端螺母 10 的阻止，螺杆只能转动而不能沿轴向移动，从而驱使与螺杆连接的螺母 8 沿轴向移动。由于螺母 8 和活动钳身 6 之间是用压紧螺钉 7 固定连接的，因此螺母 8 能够带动活动钳身 6 沿轴向移动，从而达到将工件夹紧在两钳口 4 之间的目的。图中标注了虎钳钳口张开的范围为 0~48mm，也即虎钳能夹持的工件的厚度尺寸范围，它也是虎钳的规格尺寸。虎钳的安装尺寸为 94，安装时用螺栓通过 2×φ9 孔将虎钳固定在工作台上。

3）分析零件的作用。为了保护钳身，在钳座 3 和活动钳身 6 的上都装有钳口 4，并用螺钉 5 连接，以便钳口磨损后更换。由于钳口直接接触工件，因此从左视图的局部剖视图中可以看出，钳口表面加工有滚花以增大摩擦力。从明细栏中看到钳口采用与钳身不同的材料，即 45 钢，以提高耐磨性。

4）分析零件的定位和配合情况。从主视图可以看出，活动钳身 6 与螺母 8 上部有配合要求，尺寸 φ16H8/h7 为间隙配合。当使用专用扳手松开压紧螺钉 7 时，可使活动钳身偏转一定角度，以便夹持具有斜面的工件。螺杆 1 两端装在钳座上。为了保证螺杆灵活旋转，在钳座左端面留有 0.1mm 的间隙，并采用双螺母 10 防松。压紧螺钉 7 上的小孔及其尺寸 14 和 2×φ4 均为装拆该螺钉所需。

3. 综合归纳

为了对部件有一个全面、整体的认识，还应结合图中尺寸和技术要求等，对全图综合归纳，进一步了解零件的装拆顺序、装配和检验要求等。虎钳立体图如图 6-59 所示。

必须指出，上述读装配图的方法和步骤仅是一个概括性的说明，实际上读装配图时分析视图和尺寸往往是交替进行的。只有通过不断实践，积累经验，才能掌握读图的规律，提高读图的速度和能力。

三、由装配图拆画零件图

在设计过程中，根据装配图拆画出零件图的过程简称为拆图。拆图是在读懂装配图的基础上进行的。零件图的内容、要求和画法等已经在前面章节中介绍过了，这里重点说明由装配图拆画零件图时应注意的问题。下面以拆画图 6-58 中钳座 3 的零件图为例说明拆图的方法和步骤。

1. 分离零件，确定零件形状

在读懂虎钳装配图的基础上，从主视图入手，按轮廓线、剖面线、零件编号及视图之间的投影关系，将其他相关的零件"移除"，便可逐步将钳座从其他零件中分离出来。由图 6-58可知，钳座主体为长方体，右侧装钳口的部位较高；从俯视图中可以看出钳座的主体轮廓，钳座中间开有一个"工"字形槽，用于螺母 8 的安装和移动。综上所述，钳座的形状如图 6-60 所示。

图 6-59

虎钳立体图

图 6-60

钳座立体图

装配图的表达重点是部件的工作原理、装配关系和零件间的相对位置，并非一定要把每个零件的结构形状都表达清楚，因此在拆图时，对那些未表达清楚的结构，应根据零件的作用和装配关系进行设计。

此外，装配图中未画出的倒角、圆角、退刀槽等工艺结构，在拆画零件图时必须详细画出，或通过标注说明，不得省略。

2. 确定零件表达方案

一般情况下，应根据零件的结构形状特点和前面章节所述的零件图的视图选择原则来确定零件表达方案，而不能机械地从装配图中照抄。但对箱体类零件来说，在多数情况下，主视图应尽可能与装配图中的表达一致，以便于读图和画图。例如，钳座为箱体类零件，按工作位置原则选择主视图所得到的零件图，如图 6-61 所示，与装配图中的表达是一致的。

3. 画图

按零件图的画法要求和相关规定画图。

4. 零件的尺寸标注

拆图时，零件的尺寸标注可按下列步骤进行。

（1）抄　凡装配图中给定的与所拆画零件相关的尺寸应该直接抄注，不能随意改变尺寸数值及其标注方法。相配合的零件的尺寸分别标注到相对应的零件图上时，所选的尺寸基准应协调一致。如图 6-61 中钳座的高度尺寸 45、底板安装孔的中心尺寸 94 等均直接抄自虎钳装配图，钳座左端支承孔的尺寸 ϕ11H8 抄自配合尺寸 ϕ11H8/f7。

（2）查　零件上的标准结构，如螺栓通孔直径、倒角、退刀槽、砂轮越程槽、键槽等尺寸，应查阅有关标准（或本书附录）确定。尺寸的极限偏差值，也应从有关标准（或本书附录）中查出并按规定方式标注。

（3）算　根据装配图给定的参数计算尺寸。例如拆画齿轮零件图时，齿轮的分度圆直径和齿顶圆直径等尺寸就应根据齿数、模数和其他参数计算得出。

（4）量　装配图中各零件的结构形状都是由设计人员认真考虑并按一定比例画出的，所以，凡装配图中未给出的、属于零件自由表面（不与其他零件接触的表面或不重要表面）的尺寸和不影响装配精度的尺寸，一般可按装配图的画图比例，从图中量取后取整标注。如图 6-61 所示钳座零件图中的总长尺寸 117 等。

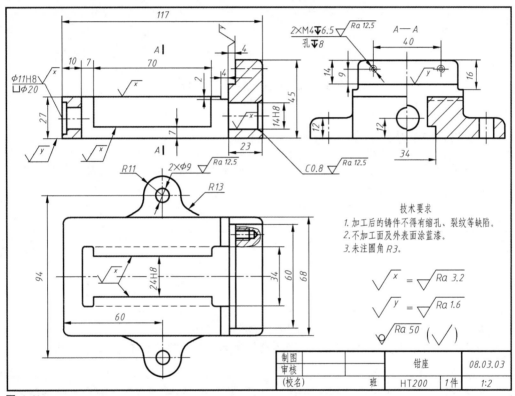

图 6-61

钳座零件图

5. 技术要求的注写

零件图中的技术要求应根据零件的作用、与其他零件的装配关系和工艺结构方面的要求来确定。由于技术要求的确定所涉及的专业知识较多，这里只简单说明尺寸公差和表面粗糙度的确定，其他内容不展开介绍。

1）零件的尺寸公差是根据装配图中的配合代号确定的，如图 6-61 中钳座孔的尺寸 ϕ14H8、ϕ11H8。

2）表面粗糙度应根据零件表面的作用和要求确定。接触面和配合面的表面粗糙度值应较小；非接触面和非配合面的表面粗糙度值可适当增大。一般参考同类产品，用类比法确定。

附录 A　制图国家标准

一、图纸幅面和格式 （GB/T 14689—2008）⊖

绘制技术图样时，应优先采用表 A-1 中规定的基本幅面，必要时允许加长幅面。加长幅面的尺寸可查阅 GB/T 14689—2008。

表 A-1　图纸幅面　　　　　　　　　　　　　　　　　　　　　　　　　　　　　（单位：mm）

幅面代号	A0	A1	A2	A3	A4
$B \times L$	841×1189	594×841	420×594	297×420	210×297
e	20			10	
c	10			5	
a	25				

1. 图框格式

在图纸上必须用粗实线画出图框，其格式分为不留装订边和留有装订边两种，如图 A-1

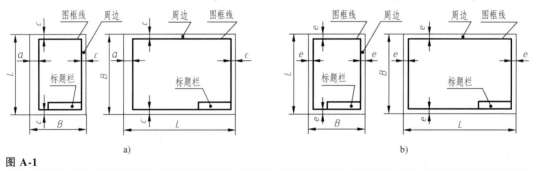

a)　　　　　　　　　　　　　　　　　　　　b)

图 A-1

图框格式

a）留有装订边图纸的图框格式　　b）不留装订边图纸的图框格式

⊖ "GB" 是国家标准的缩写，"T" 是推荐的缩写，"14698" 是该标准的编号，"2008" 表示该标准是 2008 年发布的。

所示，它们各自的尺寸见表 A-1。但应注意，同一产品的图样只能采用一种图框格式。

2. 标题栏

每张图纸上都必须画出标题栏。标题栏的格式和尺寸按 GB/T 10609.1—2008 的规定确定，一般由更改区、签字区、其他区、名称及代号区组成，如图 A-2a 所示。标准中给出的一种格式如图 A-2b 所示。

标题栏一般应位于图纸的右下角，看标题栏的方向与应看图的方向一致，如图 A-4 所示。为了利用预先印制好的图纸，也允许将标题栏置于图纸的右上角。在此情况下，看标题栏的方向与看图的方向不一致，应采用方向符号，如图 A-4 中的小三角形所示。

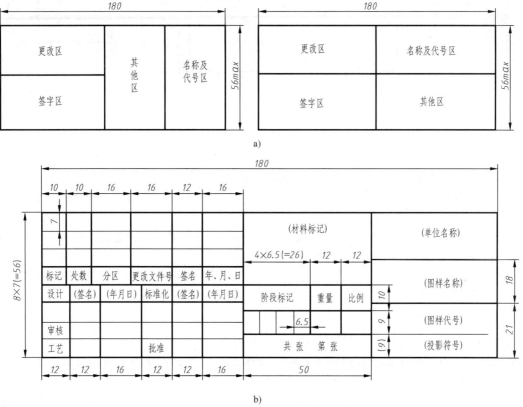

图 A-2

标题栏的尺寸与格式

在本课程的学习期间，制图作业建议采用图 A-3 所示的标题栏格式。

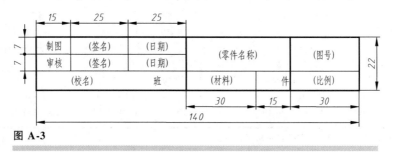

图 A-3

建议采用的标题栏格式

3. 附加符号

（1）对中符号　为了使图样复制和微缩摄影时定位方便，应在图纸各边长的中点处分别画出对中符号。对中符号用短粗实线绘制，线宽不小于 0.5mm，长度从纸边界开始伸入至图框内约 5mm。当对中符号处在标题栏范围内时，伸入标题栏部分省略不画，如图 A-4 所示。

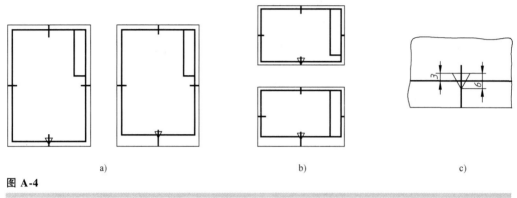

图 A-4

对中符号的画法与应用

（2）方向符号　当标题栏位于图纸右上角时，为了明确绘图与看图方向，应在图纸下边对中符号处画出一个方向符号，其位置如图 A-4a、b 所示。方向符号是用细实线绘制的等边三角形，其大小如图 A-4c 所示。

图样中绘制出方向符号时，以方向符号的尖角对着读图者的方向为看图的方向，但标题栏中的内容及书写方向仍按常规处理。

二、比例（GB/T 14690—93）

比例是指图中图形与其实物相应要素的线性尺寸之比。

绘制图样时，应尽可能按物体的实际大小采用 1∶1 的原值比例画出，但由于物体的大小及结构的复杂程度不同，有时还需要放大或缩小。当需要按比例绘制图样时，应选择表 A-2 中规定的比例。

表 A-2　国家标准规定的比例系列

种　类	比　　　例				
原值比例	1∶1				
放大比例	5∶1	2∶1		(4∶1)	(2.5∶1)
	$5\times10^n\!:\!1$	$2\times10^n\!:\!1$	$1\times10^n\!:\!1$	$(4\times10^n\!:\!1)$	$(2.5\times10^n\!:\!1)$
缩小比例	1∶2	1∶5	1∶10		
	$1\!:\!2\times10^n$	$1\!:\!5\times10^n$	$1\!:\!1\times10^n$		
	(1∶1.5)	(1∶2.5)	(1∶3)	(1∶4)	(1∶6)
	$(1\!:\!1.5\times10^n)$	$(1\!:\!2.5\times10^n)$	$(1\!:\!3\times10^n)$	$(1\!:\!4\times10^n)$	$(1\!:\!6\times10^n)$

注：n 为正整数。括号内的比例在必要时允许选用。

比例一般应标注在标题栏中的比例栏内。必要时，可在视图名称的下方或右侧标注比例，如：$\dfrac{I}{2:1}$、$\dfrac{A}{1:100}$、$\dfrac{B-B}{2.5:1}$、平面图 1：100。

图 A-5 表示同一物体采用不同比例画出的图形。

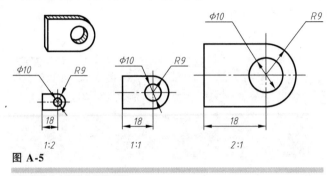

图 A-5

用不同比例画出的图形

三、字体（GB/T 14691—93）

字体是图样中的重要部分。标准规定图样中书写的字体必须做到字体工整、笔画清楚、间隔均匀、排列整齐。

1. 字高

字体高度（用 h 表示）的公称尺寸系列为 1.8mm，2.5mm，3.5mm，5mm，7mm，10mm，14mm，20mm。如需要书写更大的字时，字体高度应按$\sqrt{2}$的比率递增。字体高度代表字体的号数，例如，10 号字即表示字体高度为 10mm。

2. 汉字

汉字应写成长仿宋体字，并应采用中华人民共和国国务院正式公布推行的《汉字简化方案》中规定的简化字。汉字的高度 h 不应小于 3.5mm，其字宽一般为 $h/\sqrt{2}$，例如，10 号字的字宽约为 7mm。

书写长仿宋体汉字的要领是横平竖直、起落分明、结构均匀、粗细一致，呈长方形。长仿宋体汉字示例如图 A-6 所示。

10号字
字体工整 笔画清楚 间隔均匀
7号字
横平竖直 起落分明 结构均匀 粗细一致
5号字
技术要求机械制图电子汽车航空船舶土木建筑矿山井坑港口纺织服装

图 A-6

长仿宋体汉字示例

3. 字母和数字

字母和数字分为 A 型和 B 型两类。其中 A 型字体的笔画宽度 (d) 为字高的 1/14，B 型字体的笔画宽度 (d) 为字高的 1/10。在同一张图样上，只允许选用一种类型的字体。

字母和数字可写成斜体或直体，一般采用斜体。斜体字的字头向右倾斜，与水平基准线成 75°角。技术图样中的常用字母有拉丁字母和希腊字母，常用的数字有阿拉伯数字和罗马数字。字母和数字的示例如图 A-7 所示。

图 A-7

字母和数字的示例

四、图线 （GB/T 17450—1998、GB/T 4457.4—2002）

图线是指起点和终点间以任意方式连接的一种几何图形，形状可以是直线或曲线、连续线或不连续线。图线的起点和终点可以重合，例如一条图线形成圆的情况。图线长度小于或等于图线宽度的一半时称为点。

1. 线型

GB/T 17450—1998 规定了 15 种基本线型的代码、型式及名称，见表 A-3。

表 A-3 15 种基本线型的代号、型式及名称

代　码 No.	基　本　线　型	名　　称
01	——————————	实　　线
02	— — — — — — —	虚　　线
03	—　—　—　—　—	间隔画线
04	————·————·————	点画线

（续）

代 码 No.	基 本 线 型	名 称
05		双点画线
06		三点画线
07		点线
08		长画短画线
09		长画双短画线
10		画点线
11		双画单点线
12		画双点线
13		双画双点线
14		画三点线
15		双画三点线

　　机械图样中的图线分粗线型和细线型两种。粗线型宽度（d）应根据图形大小和复杂程度在 0.25~2mm 之间选取，细线型的宽度为 $d/2$。根据 GB/T 4457.4—2002，表 A-4 列出了绘制机械工程图样时常用的图线名称、图线型式、宽度及主要用途。图 A-8 所示为图线的应用举例。

表 A-4　机械工程图样的常用图线

图线名称	图线型式	图线宽度	主　要　用　途
粗实线		d	可见棱边线、可见轮廓线、相贯线、螺纹牙顶线、螺纹长度终止线、齿顶圆(线)等
细实线		$d/2$	过渡线、尺寸线、尺寸界线、剖面线、指引线和基准线、重合断面的轮廓线、短中心线、螺纹牙底线、齿轮的齿根线等
波浪线		$d/2$	断裂处边界线;视图与剖视图的分界线(在一张图样上一般采用一种线型)
双折线		$d/2$	
细虚线	2~6　≈1	$d/2$	不可见棱边线、不可见轮廓线
细点画线	≈20　≈3	$d/2$	轴线、对称中心线、分度圆(线)、孔系分布的中心线、剖切线
粗点画线	≈15　≈3	d	限定范围表示线
细双点画线	≈20　≈5	$d/2$	相邻辅助零件的轮廓线、可动零件的极限位置的轮廓线、成形前轮廓线、剖切面前的结构轮廓线(假想轮廓线)、轨迹线、中断线

2. 线宽

所有线型的图线宽度中的 d 应按图样的类型和尺寸大小，在 0.25mm、0.35mm、0.5mm、0.7mm、1mm、1.4mm、2mm 中选择，该数系的公比为 $\sqrt{2}$。优先采用 $d = 0.5$ 和 $d = 0.7$。

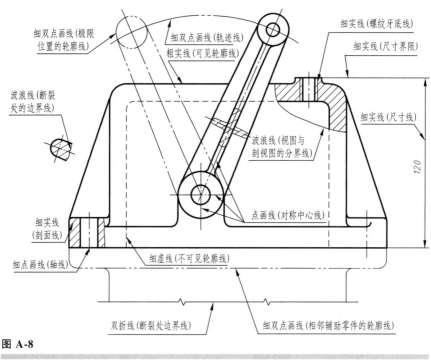

图 A-8

图线的应用举例

3. 图线画法和注意事项

图线画法正误示例如图 A-9 所示。

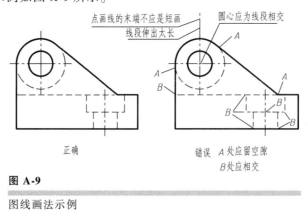

图 A-9

图线画法示例

1）同一张图样中，同类图线的宽度应基本一致。虚线、点画线和双点画线的线段长短和间隔应各自大致相等。

2）虚线、点画线或双点画线与粗实线相交，或者与它们自己相交时均应以线段相交，而不应在空隙处相交。

3）绘制圆的对称中心线时，圆心应为线段的交点，首尾两端应是线段而不是短画，且应超出图形轮廓线 3~5mm。

4）在较小图形上绘制细点画线或细双点画线有困难时，可用细实线代替。

5）当虚线是粗实线的延长线时，其分界处应留有间隙。

6）当各种线条重合时，应按粗实线、虚线、点画线的优先顺序画出。

五、尺寸注法（GB/T 4458.4—2003）

1. 尺寸标注的基本规则

1）物体的真实大小应以图样上所标注的尺寸数值为依据，与图形大小和绘图的准确度无关。

2）图样中（包括技术要求和其他说明）的尺寸以 mm 为单位时，不需标注计量单位的代号或名称；如采用其他单位，则必须注明相应计量单位的代号或名称。

3）图样中所标注的尺寸，为该图样所示物体的最后完工尺寸，否则应另加说明。

4）物体上各结构的每一个尺寸，一般只标注一次，并应标注在反映该结构最清晰的图形上。

2. 尺寸的组成形式

图样上标注的每一个尺寸，一般都由尺寸界线、尺寸线和尺寸数字三部分组成，它们的相互关系如图 A-10 所示。

（1）尺寸界线 尺寸界线用细实线绘制，且应从图形的轮廓线、轴线或对称中心线处引出。也可用轮廓线、轴线或对称中心线作为尺寸界线，如图 A-11 所示。

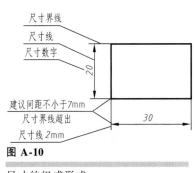

图 A-10

尺寸的组成形式

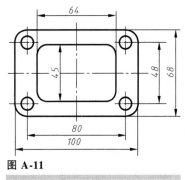

图 A-11

轮廓线作为尺寸界线

尺寸界线一般应与尺寸线垂直，当尺寸界线贴近轮廓线时，允许尺寸界线与尺寸线倾斜。在光滑过渡处标注尺寸时，必须用细实线将轮廓线延长，从它们的交点处引出尺寸界线，如图 A-12 所示。

（2）尺寸线

1）尺寸线用细实线绘制，其终端可以有箭头和斜线两种形式。

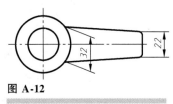

图 A-12

尺寸界线与尺寸线倾斜的情况

一般机械图样的尺寸线终端采用箭头的形式（小尺寸标注除外），土建图样的尺寸线终端采用斜线的形式，如图 A-13 所示。当尺寸线与尺寸界线相互垂直时，同一张图样中只能采用一种尺寸线终端的形式。

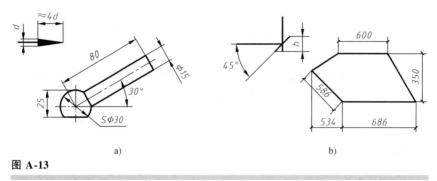

图 A-13

尺寸线终端的两种形式

　　注意：在同一图样中箭头与短斜线不能混用；箭头尖端必须与尺寸界线接触，不得超出也不得有间隙。

　　2）尺寸线必须单独画出，不能用其他图线代替，也不能与其他图线重合或画在其延长线上。尺寸引出标注时，不能直接从轮廓线上转折，如图 A-14 所示。

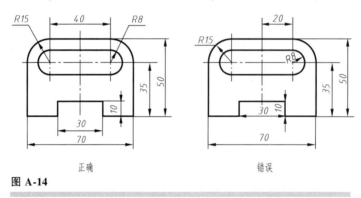

图 A-14

尺寸界线的正确使用

　　（3）尺寸数字　线性尺寸的数字一般应注在尺寸线的上方。当位置不够时也可以引出标注，如图 A-15 中的 SR5。尺寸数字不可被任何图线所通过，当无法避免时，必须将该图线断开，如图 A-15 中的 $\phi20$、$\phi28$ 和 $\phi16$。

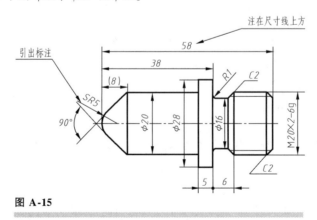

图 A-15

轴类零件尺寸标注示例

　　尺寸数字的方向，一般应采用图 A-16 所示的第一种方法注写，尽可能避免在图示 30°范围内标注尺寸，当无法避免时可按图 A-16b 所示的形式标注。在不致引起误解时，允许将非水平方向的尺寸数字水平地注写在尺寸线中断处，如采用附图 A-17 所示的第二种方法注写。但在一张图样中，应尽可能采用一种方法注写。

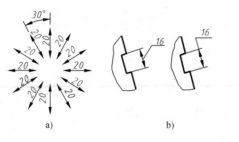

图 A-16

线性尺寸数字注写方法一

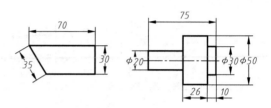

图 A-17

线性尺寸数字注写方法二

3. 各类尺寸的注法

　　表 A-5 列出了一些常用的尺寸注法。

表 A-5　各类尺寸的基本注法

项目	图　例	说　明
线性尺寸		1. 尺寸线必须与所标注的线段平行 2. 两平行的尺寸线之间应留有充分的空隙，以便填写尺寸数字 3. 标注两平行的尺寸应遵循"小尺寸在里，大尺寸在外"的原则
直径与半径尺寸		1. 标注整圆或大于半圆的圆弧的尺寸时，尺寸线要通过圆心，并以圆周轮廓线为尺寸界线，尺寸数字前加注直径符号"ϕ" 2. 标注小于或等于半圆的圆弧的尺寸时，应在尺寸数字前加注半径符号"R" 3. 当圆弧半径过大或在图纸范围内无法标注其圆心位置时，可采用折线形式；若圆心位置不需注明，则尺寸线可只画靠近箭头的一段

（续）

项 目	图　　例	说　　明
球面尺寸	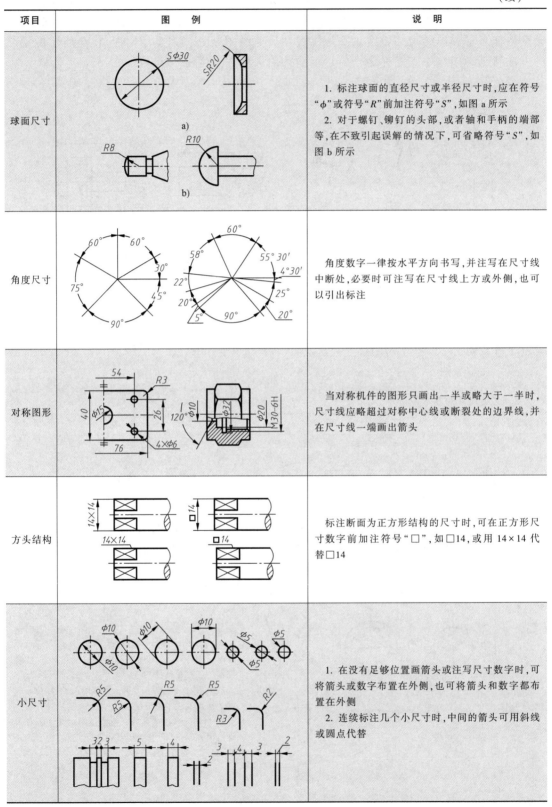	1. 标注球面的直径尺寸或半径尺寸时,应在符号"φ"或符号"R"前加注符号"S",如图 a 所示 2. 对于螺钉、铆钉的头部,或者轴和手柄的端部等,在不致引起误解的情况下,可省略符号"S",如图 b 所示
角度尺寸		角度数字一律按水平方向书写,并注写在尺寸线中断处,必要时可注写在尺寸线上方或外侧,也可以引出标注
对称图形		当对称机件的图形只画出一半或略大于一半时,尺寸线应超过对称中心线或断裂处的边界线,并在尺寸线一端画出箭头
方头结构		标注断面为正方形结构的尺寸时,可在正方形尺寸数字前加注符号"□",如□14,或用 14×14 代替□14
小尺寸		1. 在没有足够位置画箭头或注写尺寸数字时,可将箭头或数字布置在外侧,也可将箭头和数字都布置在外侧 2. 连续标注几个小尺寸时,中间的箭头可用斜线或圆点代替

附录 B　工程制图草绘技法

绘制图样时，目测物体各部分的比例和大小，徒手绘制图样的方法称为草绘。借助于三角板和其他绘图仪器绘制图样的方法称为尺规作图。这里主要介绍草绘的技法。

一、草绘的应用

草绘的随意性比较大，主要应用于工作条件比较简陋、时间受限的场合。在这种场合下，由于不具备仪器作图的条件，草绘就显得尤为重要。技术人员必须具备一定的草绘技能。草绘主要应用于下列情况：

1）设计者在最初设计阶段，用于表达自己的设计方案、设计构思的场合。
2）技术交流。
3）工作现场测绘。

二、对草绘图样的要求

1）图样正确，字体工整，线型分明，图面整洁。
2）图样各部分比例要协调，尽量与实物保持一致。
3）图样大小应尽量与实物保持一致，不要有太大的差别。

三、草绘技法

绘制草图时，铅笔要削成圆锥形。下面介绍几种草绘的基本技法。

1. 执笔的方法

手执笔的位置应略高于用仪器绘图时执笔的高度，便于观察和追踪运笔时的走势，有利于看清目标。笔一般与水平面成 $45° \sim 60°$ 夹角。

2. 直线的画法

画直线时，手腕不能转动，应尽量与铅笔保持一体沿着要画线的方向平移，眼睛始终注视图线的终点；若直线较长，可分段画出；图纸的放置方式可依据个人习惯调整。如图 B-1、图 B-2 所示。

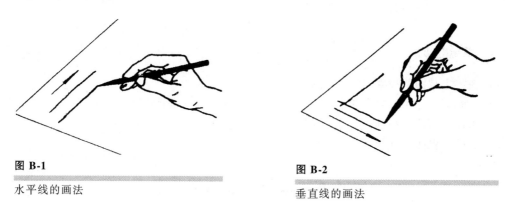

图 B-1
水平线的画法

图 B-2
垂直线的画法

3. 圆的画法

画小圆时，先确定画圆的位置，画出相互垂直的两条对称中心线；再目测圆的大小，在

约等于圆半径的位置上，定出四个点；最后
徒手连接这四点即可。如图 B-3 所示。

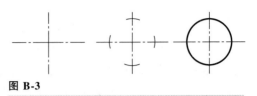

画大圆时，同样先确定画圆的位置，画
出相互垂直的两条对称中心线，再画出两条
45°方向的斜线；然后目测圆的大小，在约等
于圆半径的位置上，定出八个点；最后徒手
连接各点即可。如图 B-4 所示。

图 B-3

小圆的画法

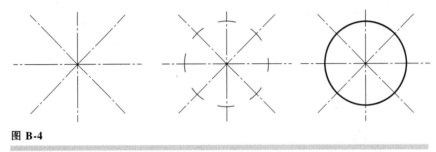

图 B-4

大圆的画法

4. 连接圆弧的画法

绘制连接圆弧，首先目测圆弧半径的大小，以该半径分别作出两条与所要连接的线段平
行的平行线，这两条平行线的交点即为连接圆弧的圆心。从圆心作出所要连接的线段的垂
线，垂足即切点，也是连接圆弧的起始点和终止点。最后根据圆心、圆弧半径作出两切点之
间的圆弧部分，完成连接圆弧。如图 B-5 所示。

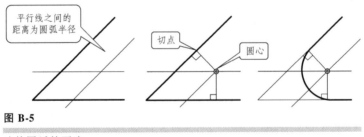

图 B-5

连接圆弧的画法

四、草绘的步骤

1）确定主视图的投射方向，绘制基准。
2）画底稿，尽量按照实物各部分的比例、大小绘制各部分轮廓。
3）用仪器测绘，精确地标注尺寸。
4）审核、修改，加深。

附录 C　常用零件结构要素

1. 零件倒圆与倒角 （GB/T 6403.4—2008）
与直径 ϕ 相应的倒角 C 与倒圆 R 的推荐值见表 C-1。

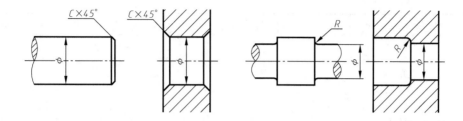

表 C-1　与直径 ϕ 相应的倒角 C、倒圆 R 的推荐值　　　　　　　　　　　　（单位：mm）

直径	<3	>3~6	>6~10	>10~18	>18~30	>30~50	>50~80	>80~120	>120~180
C 或 R	0.2	0.4	0.6	0.8	1.0	1.6	2.0	2.5	3.0

2. 砂轮越程槽（GB/T 6403.5—2008）

砂轮越程槽各部分尺寸见表 C-2。

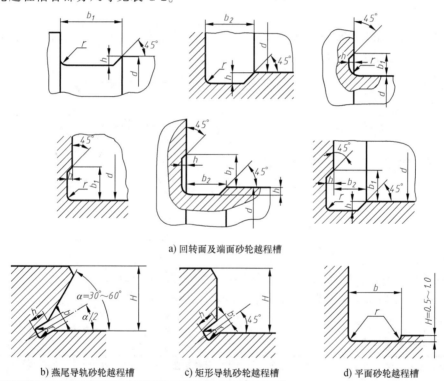

a) 回转面及端面砂轮越程槽

b) 燕尾导轨砂轮越程槽　　　c) 矩形导轨砂轮越程槽　　　d) 平面砂轮越程槽

表 C-2　砂轮越程槽各部分尺寸　　　　　　　　　　　　　　　　（单位：mm）

回转面及端面砂轮越程槽	b_1	0.6	1.0	1.6	2.0	3.0	4.0	5.0	8.0	10
	b_2	2.0	3.0		4.0		5.0		8.0	10
	h	0.1	0.2		0.3		0.4		0.6	0.8	1.2
	r	0.2	0.5		0.8		1.0		1.6	2.0	3.0
	d	~10			10~15		50~100		100	

注：1. 越程槽内与直线相交处，不允许产生尖角

　　2. 越程槽深度 h 与圆弧半径 r 要满足 $r \leqslant 3h$

（续）

	H	<5	6	8	10	12	16	20	25	32	40	50	63	80
燕尾导轨砂轮越程槽	b	1		2			3			4		5		6
	h													
	r	0.5	0.5			1.0			1.6			1.6		2.0

	H	8	10	12	16	20		25	32	40	50	63	80	100
矩形导轨砂轮越程槽	b		2				3			5			8	
	h		1.6				2.0			3.0			5.0	
	r		0.5				1.0			1.6			2.0	

平面砂轮越程槽	b		2			3			4			5		
	r		0.5			1.0			1.2			1.6		

附录 D　螺　　纹

1. 普通螺纹的直径与螺距系列（GB/T 193—2003）**和基本尺寸**（GB/T 196—2003）

普通螺纹的基本尺寸见表 D-1。

$$H = \frac{\sqrt{3}}{2}P$$

$$D_2 = D - 2 \times \frac{3}{8}H = D - 0.6495P$$

$$d_2 = d - 2 \times \frac{3}{8}H = d - 0.6495P$$

$$D_1 = D - 2 \times \frac{5}{8}H = D - 1.0825P$$

$$d_1 = d - 2 \times \frac{5}{8}H = d - 1.0825P$$

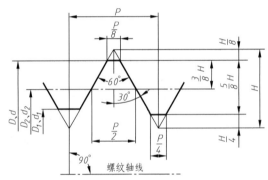

标记示例：

公称直径为 24mm、螺距为 3mm 的右旋粗牙普通螺纹：M24

公称直径为 24mm、螺距为 2mm 的左旋细牙普通螺纹：M24×2-LH

表 D-1　普通螺纹的基本尺寸　　　　　　　　　　　　　　　　　　　　　　（单位：mm）

公称直径 D 或 d		螺距	中径	小径	公称直径 D 或 d		螺距	中径	小径
第1系列	第2系列	P	D_2 或 d_2	D_1 或 d_1	第1系列	第2系列	P	D_2 或 d_2	D_1 或 d_1
4		(0.7)	3.545	3.242	8		(1.25)	7.188	6.647
		0.5	3.675	3.459			1	7.350	6.917
	4.5	(0.75)	4.013	3.688			0.75	7.513	7.188
		0.5	4.175	3.959	10		(1.5)	9.026	8.376
5		(0.8)	4.480	4.134			1.25	9.188	8.647
		0.5	4.675	4.459			1	9.350	8.917
6		(1)	5.350	4.917			0.75	9.513	9.188
		0.75	5.513	5.188					

（续）

公称直径 D 或 d		螺距	中径	小径	公称直径 D 或 d		螺距	中径	小径
第 1 系列	第 2 系列	P	D_2 或 d_2	D_1 或 d_1	第 1 系列	第 2 系列	P	D_2 或 d_2	D_1 或 d_1
12		(1.75)	10.863	10.106		22	(2.5)	20.376	19.294
		1.25	11.188	10.647			2	20.701	19.835
		1	11.350	10.917			1.5	21.026	20.376
	14	(2)	12.701	11.835			1	21.350	20.917
		1.5	13.026	12.376	24		(3)	22.051	20.752
		1	13.350	12.917			2	22.701	21.835
16		(2)	14.701	13.835			1.5	23.026	22.376
		1.5	15.026	14.376			1	23.350	22.917
		1	15.350	14.917	27		(3)	25.051	23.752
	18	(2.5)	16.376	15.294			2	25.701	24.835
		2	16.701	15.835			1.5	26.026	25.376
		1.5	17.026	16.376			1	26.350	25.917
		1	17.350	16.917	30		(3.5)	27.727	26.211
20		(2.5)	18.376	17.294			2	28.701	27.835
		2	18.701	17.835			1.5	29.026	28.376
		1.5	19.026	18.376			1	29.350	28.917
		1	19.350	18.917		33	(3.5)	30.727	29.211
							2	31.701	30.835
							1.5	32.026	31.376

注：1. 括号中的数值为粗牙普通螺纹的螺距。

2. 公称直径优先选用第 1 系列，其次选用第 2 系列。

2. 梯形螺纹的直径与螺距系列（GB/T 5796.2—2005）**和基本尺寸**（GB/T 5796.3—2005）

梯形螺纹的基本尺寸见表 D-2。

标记示例：

公称直径 $d=40$mm、螺距 $P=7$mm、中径公差带为 7H 的左旋梯形螺纹：Tr40×7LH-7H

公称直径 $d=40$mm、螺距 $P=7$mm、中径公差带为 7e 的右旋双线梯形螺纹：Tr40×14（$P7$）-7e

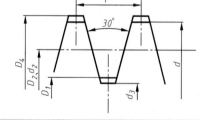

表 D-2 梯形螺纹的基本尺寸 （单位：mm）

公称直径 d		螺距	中径	大径 D_4	小径	
第 1 系列	第 2 系列	P	$d_2 = D_2$		d_3	D_1
8		1.5	7.250	8.300	6.200	6.500
	9	1.5	8.250	9.300	7.200	7.500
		2	8.000	9.500	6.500	7.000
10		1.5	9.250	10.300	8.200	8.500
		2	9.000	10.500	7.500	8.000
	11	2	10.000	11.500	8.500	9.000
		3	9.500	11.500	7.500	8.000
12		2	11.000	12.500	9.500	10.000
		3	10.500	12.500	8.500	9.000

（续）

公称直径 d		螺距	中径	大径 D_4	小径	
第 1 系列	第 2 系列	P	$d_2 = D_2$		d_3	D_1
	14	2	13.000	14.500	11.500	12.000
		3	12.500	14.500	10.500	11.000
16		2	15.000	16.500	13.500	14.000
		4	14.000	16.500	11.500	12.000
	18	2	17.000	18.500	15.500	16.000
		4	16.000	18.500	13.500	14.000
20		2	19.000	20.500	17.500	18.000
		4	18.000	20.500	15.500	16.000
	22	3	20.500	22.500	18.500	19.000
		5	19.500	22.500	16.500	17.000
		8	18.000	23.000	13.000	14.000
24		3	22.500	24.500	20.500	21.000
		5	21.500	24.500	18.500	19.000
		8	20.000	25.000	15.000	16.000
	26	3	24.500	26.500	22.500	23.000
		5	23.500	26.500	20.500	21.000
		8	22.000	27.000	17.000	18.000
28		3	26.500	28.500	24.500	25.000
		5	25.500	28.500	22.500	23.000
		8	24.000	29.000	19.000	20.000
	30	3	28.500	30.500	26.500	27.000
		6	27.000	31.000	23.000	24.000
		10	25.000	31.000	19.000	20.000
32		3	30.500	32.500	28.500	29.000
		6	29.000	33.000	25.000	26.000
		10	27.000	33.000	21.000	22.000
	34	3	32.500	34.500	30.500	31.000
		6	31.000	35.000	27.000	28.000
		10	29.000	35.000	28.000	24.000
36		3	34.500	36.500	32.500	33.000
		6	33.000	37.000	29.000	30.000
		10	31.000	37.000	25.000	26.000
	38	3	36.500	38.500	34.500	35.000
		7	34.500	39.000	30.000	31.000
		10	33.000	39.000	27.000	28.000
40		3	38.500	40.500	36.500	37.000
		7	36.500	41.000	32.000	33.000
		10	35.000	41.000	29.000	30.000
	42	3	40.500	42.500	38.500	39.000
		7	38.500	43.000	34.000	35.000
		10	37.000	43.000	31.000	32.000
44		3	42.500	44.500	40.500	41.000
		7	40.500	45.000	36.000	37.000
		12	38.000	45.000	31.000	32.000

注：公称直径优先选用第 1 系列，其次选用第 2 系列。

3. 55°非密封管螺纹（GB/T 7307—2001）

55°非密封管螺纹的基本尺寸见表 D-3。

标记示例：

尺寸代号为 1½的右旋圆柱内螺纹：G1½

尺寸代号为 1½ 的 A 级右旋圆柱外螺纹：G1½ A

尺寸代号为 1½的 B 级左旋圆柱外螺纹：G1½ B-LH

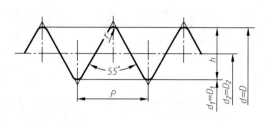

表 D-3　55°非密封管螺纹的基本尺寸

尺寸代号	每 25.4mm 内所包含的牙数 n	螺距 P /mm	牙高 h /mm	圆弧半径 $r \approx$ /mm	大径 $D=d$ /mm	中径 $d_2=D_2$ /mm	小径 $d_1=D_1$ /mm
1/16	28	0.907	0.581	0.125	7.723	7.142	6.561
1/8					9.728	9.147	8.566
1/4	19	1.337	0.856	0.184	13.157	12.301	11.445
3/8					16.662	15.806	14.950
1/2	14	1.814	1.162	0.249	20.955	19.793	18.631
5/8					22.911	21.749	20.587
3/4					26.441	25.279	24.117
7/8					30.201	29.039	27.877
1	11	2.309	1.479	0.317	33.249	31.770	30.291
1⅛					37.897	36.418	34.939
1¼					41.910	40.431	38.952
1½					47.803	46.324	44.845
1¾					53.746	52.267	50.788
2					59.614	58.135	56.656
2¼					65.710	64.231	62.752
2½					75.184	73.705	72.226
2¾					81.534	80.055	78.576
3					87.884	86.405	84.926
3½					100.330	98.851	97.372
4					113.030	111.551	110.072

注：1. 内螺纹不标记公差等级代号。

　　2. 外螺纹分 A、B 两级标记公差等级代号。

附录 E　螺纹结构与螺纹连接

1. 普通螺纹收尾、退刀槽和倒角（GB/T 3—1997）

螺纹收尾、退刀槽和倒角尺寸见表 E-1。

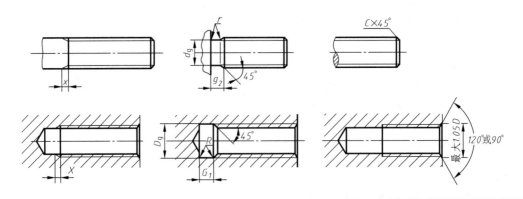

螺距	螺纹收尾		退 刀 槽			
P	$x \leqslant$	$X \leqslant$	g_2	d_g	G_1	D_g
0.5	1.25	2	1.5	$d-0.8$	2	
0.6	1.5	2.4	1.8	$d-1.0$	2.4	
0.7	1.75	2.8	2.1	$d-1.1$	2.8	$D+0.3$
0.75	1.9	3	2.25	$d-1.2$	3	
0.8	2	3.2	2.4	$d-1.3$	3.2	
1	2.5	4	3	$d-1.6$	4	
1.25	3.2	5	3.75	$d-2.0$	5	
1.5	3.8	6	4.5	$d-2.3$	6	
1.75	4.3	7	5.25	$d-2.6$	7	
2	5	8	6	$d-3.0$	8	
2.5	6.3	10	7.5	$d-3.6$	10	
3	7.5	12	9	$d-4.4$	12	$D+0.5$
3.5	9	14	10.5	$d-5.0$	14	
4	10	16	12	$d-5.7$	16	
4.5	11	18	13.5	$d-6.4$	18	
5	12.5	20	15	$d-7.0$	20	
5.5	14	22	17.5	$d-7.7$	22	
6	15	24	18	$d-8.3$	24	

注：d、D 为螺纹公称直径代号。

2. 螺栓和螺钉通孔（GB/T 5277—1985）、沉头螺钉用沉孔（GB/T 152.2—2014）、圆柱头用沉孔（GB/T 152.3—1988）及六角头螺栓和六角螺母用沉孔（GB/T 152.4—1988）

紧固件通孔和沉孔结构尺寸见表 E-2。

表 E-2 紧固件通孔和沉孔结构尺寸   （单位：mm）

螺 纹 规 格				M4	M5	M6	M8	M10	M12	M16	M20	M24	M30	M36
通孔		d_h	精装配	4.3	5.3	6.4	8.4	10.5	13	17	21	25	31	37
			中等装配	4.5	5.5	6.6	9	11	13.5	17.5	22	26	33	39
			粗装配	4.8	5.8	7	10	12	14.5	18.5	24	28	35	42

（续）

螺纹规格			M4	M5	M6	M8	M10	M12	M16	M20	M24	M30	M36
沉头螺钉用沉孔	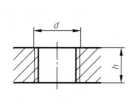 90°±10°	D_c	9.4	10.4	12.6	17.3	20.0	—	—	—	—	—	—
		d_h	4.5	5.5	6.6	9.0	11.0	—	—	—	—	—	—
圆柱头用沉孔		d_2	8	10	11	15	18	20	26	33	40	48	57
		d_3	—	—	—	—	—	16	20	24	28	36	42
	t ①	4.6	5.7	6.8	9.0	11.0	13.0	17.5	21.5	25.5	32.0	38.0
	t ②	3.2	4.0	4.7	6.0	7.0	8.0	10.5	12.5	—	—	—
六角头螺栓和六角螺母用沉孔		d_2	10	11	13	18	22	26	33	40	48	61	71
		d_3	—	—	—	—	—	16	20	24	28	36	42

注：1. 表中 t 的第①系列值用于内六角圆柱头螺钉，第②系列值用于开槽圆柱头螺钉。

　　2. 图中 d_1 的尺寸均按中等装配的通孔确定。

　　3. 对于六角头螺栓和六角螺母用沉孔的尺寸 t，只要能制出与通孔轴线垂直的圆平面即可。

3. 不通螺孔结构与内螺纹通孔结构

不通螺孔结构与内螺纹通孔结构各部分尺寸见表 E-3。

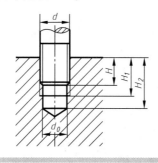

表 E-3　不通螺孔结构与内螺纹通孔结构各部分尺寸（供参考）　　　　　（单位：mm）

d	d_0	钢和青铜				铸　铁				铝			
		h	H	H_1	H_2	h	H	H_1	H_2	h	H	H_1	H_2
6	5	8	6	8	12	12	10	14	16	22	19	22	28
8	6.7	10	8	12	16	15	12	16	20	25	22	26	34
10	8.5	12	10	16	19	18	15	20	24	34	28	34	42
12	10.2	15	12	18	24	22	18	24	30	38	32	38	48
16	14	20	16	24	28	26	22	30	34	50	42	50	58
20	17.4	24	20	30	36	32	28	38	45	60	52	62	70
24	20.9	30	24	36	42	42	35	48	55	75	65	78	90
30	26.4	36	30	44	52	48	42	56	65	90	80	94	105
36	32	42	36	52	60	55	50	66	75	105	90	106	125
42	37.3	48	42	60	70	65	58	76	85	115	105	128	140
48	42.7	55	48	68	80	75	65	85	95	130	120	140	155

注：H 为旋入深度，H_1 为螺纹孔深度，H_2 为钻孔深度，d 为螺纹公称直径，d_0 为钻孔直径。

附录 F　常用标准件

1. 六角头螺栓

六角头螺栓各部分尺寸见表 F-1。

六角头螺栓
（GB/T 5782—2016）　　　　　　　　　　　　　　　　六角头螺栓 全螺纹
（GB/T 5783—2016）

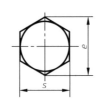
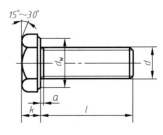

标记示例：

螺纹规格为 M12、公称长度 $l=80\text{mm}$、性能等级为 8.8 级、表面不经处理、产品等级为 A 级的六角头螺栓：

螺栓　GB/T 5782　M12×80

若为全螺纹为：螺栓　GB/T 5783　M12×80

表 F-1　六角头螺栓各部分尺寸　　　　　　　　　　　　　　　　　　　　　　　　　（单位：mm）

螺纹规格 d				M3	M4	M5	M6	M8	M10	M12	M16	M20	M24	M30	M36
e	产品等级	A	min	6.01	7.66	8.79	11.05	14.38	17.77	20.03	26.75	33.53	39.98	—	—
		B		5.88	7.50	8.63	10.89	14.20	17.59	19.85	26.17	32.95	39.55	50.85	60.79
s	公称=max			5.5	7	8	10	13	16	18	24	30	36	46	55
k	公称			2	2.8	3.5	4	5.3	6.4	7.5	10	12.5	15	18.7	22.5
c			max	0.4	0.4	0.5	0.5	0.6	0.6	0.6	0.8	0.8	0.8	0.8	0.8
			min	0.15	0.15	0.15	0.15	0.15	0.15	0.15	0.2	0.2	0.2	0.2	0.2
d_w	产品等级	A	min	4.57	5.88	6.88	8.88	11.63	14.63	16.63	22.49	28.19	33.61	—	—
		B		4.45	5.74	6.74	8.74	11.47	14.47	16.47	22.00	27.70	33.25	42.75	51.11
GB/T 5782 —2016	b 参考	$l\leqslant125$		12	14	16	18	22	26	30	38	46	54	66	—
		$125<l\leqslant200$		18	20	22	24	28	32	36	44	52	60	72	84
		$l>200$		31	33	35	37	41	45	49	57	65	73	85	97
	l	公称		20~30	25~40	25~50	30~60	40~80	45~100	50~120	65~160	80~200	90~240	110~300	140~360
GB/T 5783 —2016	a	max		1.5	2.1	2.4	3	4	4.5	5.3	6	7.5	9	10.5	12
	l	公称		6~30	8~40	10~50	12~60	16~80	20~100	25~120	30~150	40~150	50~150	60~200	70~200

注：1. 标准规定螺栓的螺纹规格 d=M1.6~M64mm。
  2. 标准规定螺栓的长度系列 l（单位：mm）为 2、3、4、5、6、8、10、12、16、20、25、30、35、40、45、50、55、60、65、70~160（10 进位），180~500（20 进位）。GB/T 5782 的 l 为 10~500mm；GB/T 5783 的 l 为 2~200mm。
  3. 产品等级 A、B 是根据公差取值不同而定的。A 级公差小，用于 d=1.6~24mm 和 $l\leqslant10d$ 或 $l\leqslant105$mm 的螺栓；B 级用于 $d>24$mm 或 $l>10d$ 或 $l>150$mm 的螺栓。
  4. 材料为钢的螺栓性能等级有 5.6、8.8、9.8、10.9 级，其中常用的为 8.8 级。

2. 螺母

螺母部分尺寸见表 F-2。

1 型六角螺母（GB/T 6170—2015）   六角薄螺母
2 型六角螺母（GB/T 6175—2016）   （GB/T 6172.1—2016）

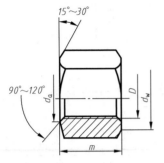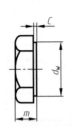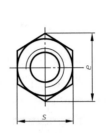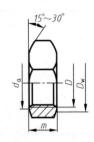

标记示例：

螺纹规格为 M12、性能等级为 8 级、表面不经处理、产品等级为 A 级的 1 型六角螺母：
螺母　GB/T 6170　M12

螺纹规格为 M12、性能等级为 10 级、表面不经处理、产品等级为 A 级的 2 型六角螺母：
螺母　GB/T 6175　M12

螺纹规格为 M12、性能等级为 04 级、表面不经处理、产品等级为 A 级、倒角的六角薄
螺母：螺母　GB/T 6172.1　M12

表 F-2　螺母部分尺寸   （单位：mm）

螺纹规格 d		M3	M4	M5	M6	M8	M10	M12	M16	M20	M24	M30	M36
e	min	6.01	7.66	8.79	11.05	14.38	17.77	20.03	26.75	32.95	39.55	50.85	60.79
s	公称=max	5.5	7	8	10	13	16	18	24	30	36	46	55
	min	5.32	6.78	7.78	9.78	12.73	15.73	17.73	23.67	29.16	35	45	53.8
c	max	0.4	0.4	0.5	0.5	0.6	0.6	0.6	0.8	0.8	0.8	0.8	0.8
d_w	min	4.6	5.9	6.9	8.9	11.6	14.6	16.6	22.5	27.7	33.3	42.8	51.1
d_a	max	3.45	4.6	5.75	6.75	8.75	10.8	13	17.3	21.6	25.9	32.4	38.9
m（GB/T 6172—2015）	max	2.4	3.2	4.7	5.2	6.8	8.4	10.8	14.8	18	21.5	25.6	31
	min	2.15	2.9	4.4	4.9	6.44	8.04	10.37	14.1	16.9	20.2	24.3	29.4
m（GB/T 6172.1—2016）	max	1.8	2.2	2.7	3.2	4	5	6	8	10	12	15	18
	min	1.55	1.95	2.45	2.9	3.7	4.7	5.7	7.42	9.10	10.9	13.9	16.9
m（GB/T 6175—2016）	max	—	—	5.1	5.7	7.5	9.3	12	16.4	20.3	23.9	28.6	34.7
	min	—	—	4.8	5.4	7.14	8.94	11.57	15.7	19	22.6	27.3	33.1

注：1. GB/T 6170 和 GB/T 6172.1 的螺纹规格为 M1.6～M64；GB/T 6175 的螺纹规格为 M5～M36。

2. 产品等级 A、B 是由公差取值大小决定的。A 级公差数值小，用于 D≤16mm 的螺母；B 级用于 D>16mm 的螺母。

3. 材料为钢的螺母，符合 GB/T 6170 的性能等级的有 6、8、10 级，其中常用的为 8 级；符合 GB/T 6175 的性能等级的有 10、12 级，其中常用的为 10 级；符合 GB/T 6172.1 的性能等级的有 04、05 级，其中常用的为 04 级。

3. 垫圈

1）平垫圈各部分尺寸见表 F-3。

小垫圈　A 级（GB/T 848—2002）   平垫圈　倒角型　A 级
平垫圈　A 级（GB/T 97.1—2002）   （GB/T 97.2—2002）

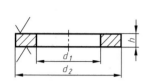 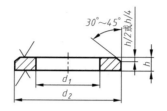 

标记示例：

标准系列、公称规格为 8mm、由钢制造的硬度等级为 200HV、表面不经处理、产品等级为 A 级的平垫圈：垫圈　GB/T 97.1　8

表 F-3　垫圈各部分尺寸　　　　　　　　　　　　　　　　　　　　　　　　　　（单位：mm）

公称规格（螺纹大径 d）		5	6	8	10	12	16	20	24	30	36
内径 d_1		5.3	6.4	8.4	10.5	13	17	21	25	31	37
GB/T 848—2000	外径 d_2	9	11	15	18	20	28	34	39	50	60
	厚度 h	1	1.6	1.6	1.6	2	2.5	3	4	4	5
GB/T 97.1—2002 GB/T 97.2—2002	外径 d_2	10	12	16	20	24	30	37	44	56	66
	厚度 h	1	1.6	1.6	2	2.5	3	3	4	4	5

注：1. GB/T 97.1 适用于标准六角螺栓、螺钉和螺母的螺纹规格为 M1.6～M64，GB/T 97.2 为 M5～M36，GB/T 848 为 M1.6～M36。
　　2. 性能等级有 200HV、300HV 级，其中常用的为 200HV 级。200HV 级表示材料钢的硬度，HV 表示维氏硬度，200 为硬度值。
　　3. 产品等级是由产品质量和公差大小确定的，A 级的公差较小。

2）标准型弹簧垫圈各部分尺寸见表 F-4。

标准型弹簧垫圈（GB/T 93—1987）

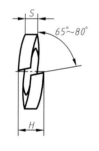 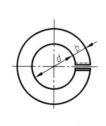 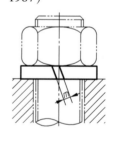

标记示例：

规格为 16mm、材料为 65Mn、表面氧化处理的标准型弹簧垫圈：垫圈　GB/T 93　16

表 F-4　标准型弹簧垫圈各部分尺寸　　　　　　　　　　　　　　　　　　　（单位：mm）

规格（螺纹大径）		4	5	6	8	10	12	16	20	24	30
d	max	4.4	5.4	6.68	8.68	10.9	12.9	16.9	21.04	25.5	31.5
	min	4.1	5.1	6.1	8.1	10.2	12.2	16.2	20.2	24.5	30.5
$S(b)$	公称	1.1	1.3	1.6	2.1	2.6	3.1	4.1	5	6	7.5
H	max	2.75	3.25	4	5.25	6.5	7.75	10.25	12.5	15	18.75
	min	2.2	2.6	3.2	4.2	5.2	6.2	8.2	10	12	15
$m\leqslant$		0.55	0.65	0.8	1.05	1.3	1.55	2.05	2.5	3	3.75

4. 双头螺柱

双头螺柱各部分尺寸见表 F-5。

GB/T 897—1988 （$b_m = 1d$）

GB/T 898—1988 （$b_m = 1.25d$）

GB/T 899—1988 （$b_m = 1.5d$）

GB/T 900—1988 （$b_m = 2d$）

A 型   B 型（辗制）

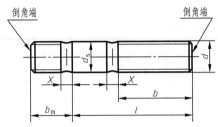 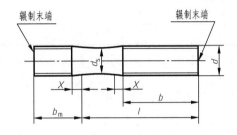

标记示例：

两端均为粗牙普通螺纹，$d = 10\text{mm}$、$l = 50\text{mm}$、性能等级为 4.8 级、表面不经处理、B 型、$b_m = 1d$ 的双头螺柱：螺柱 GB/T 897 M10×50

若为 A 型，则标记为： 螺柱 GB/T 897 AM10×50

表 F-5 双头螺柱各部分尺寸   （单位：mm）

螺纹规格 d		M3	M4	M5	M6	M8	M10	M12	M16	M20
b_m （公称）	GB/T 897—1988 （$b_m = 1d$）	—	—	5	6	8	10	12	16	20
	GB/T 898—1988 （$b_m = 1.25d$）	—	—	6	8	10	12	15	20	25
	GB/T 899—1988 （$b_m = 1.5d$）	4.5	6	8	10	12	15	18	24	30
	GB/T 900—1988 （$b_m = 2d$）	6	8	10	12	16	20	24	32	40
d_s	max	3	4	5	6	8	10	12	16	20
	min	2.75	3.7	4.7	5.7	7.64	9.64	11.57	15.57	19.48
$\dfrac{l}{b}$		$\dfrac{16\sim20}{6}$	$\dfrac{16\sim(22)}{8}$	$\dfrac{16\sim(22)}{10}$	$\dfrac{20\sim(22)}{10}$	$\dfrac{20\sim(22)}{12}$	$\dfrac{25\sim(28)}{14}$	$\dfrac{25\sim30}{16}$	$\dfrac{30\sim(38)}{20}$	$\dfrac{35\sim40}{25}$
		$\dfrac{(22)\sim40}{12}$	$\dfrac{25\sim40}{14}$	$\dfrac{25\sim50}{16}$	$\dfrac{25\sim30}{14}$	$\dfrac{25\sim30}{16}$	$\dfrac{30\sim(38)}{16}$	$\dfrac{(32)\sim40}{20}$	$\dfrac{40\sim50}{30}$	$\dfrac{45\sim60}{35}$
					$\dfrac{(32)\sim(75)}{18}$	$\dfrac{(32)\sim90}{22}$	$\dfrac{40\sim120}{26}$	$\dfrac{45\sim120}{30}$	$\dfrac{(55)\sim120}{38}$	$\dfrac{(65)\sim120}{46}$
							$\dfrac{130}{32}$	$\dfrac{130\sim180}{36}$	$\dfrac{130\sim200}{44}$	$\dfrac{130\sim200}{52}$

注：1. GB 897—88 规定，螺柱的螺纹规格 d=M5~M48，公称长度 l=16~300mm；GB/T 898—1988 规定，螺柱的螺纹规格 d=M5~M20，公称长度 l=16~200mm；GB/T 899—1988 和 GB/T 900—1988 规定，螺柱的螺纹规格 d=M2~M48，公称长度 l=12~300mm。螺柱 l（mm）的长度系列为 12、(14)、16、(18)、20、(22)、25、(28)、30、(32)、35、(38)、40、45、50、(55)、60、(65)、70、(75)、80、(85)、90、(95)、100~260（10 进位）、280、300。尽可能不采用括号内的规格。

2. 材料为钢的螺柱性能等级有 4.8、5.8、6.8、8.8、10.9、12.9 级，其中常用的为 4.8 级。

5. 螺钉

1）开槽螺钉各部分尺寸见表 F-6。

开槽圆柱头螺钉（GB/T 65—2016）　　　　　　开槽沉头螺钉
开槽盘头螺钉（GB/T 67—2016）　　　　　　　（GB/T 68—2016）

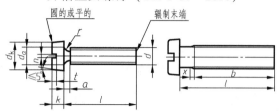

标记示例：

螺纹规格为 M5、公称长度 l = 20mm、性能等级为 4.8 级，表面不经处理的 A 级开槽圆柱头螺钉：

螺钉　GB/T 65　M5×20

表 F-6　开槽螺钉各部分尺寸 （单位：mm）

螺纹规格 d			M3	M4	M5	M6	M8	M10
a		max	1	1.4	1.6	2	2.5	3
b		min	25	38	38	38	38	38
x		max	1.25	1.75	2	2.5	3.2	3.8
n		公称	0.8	1.2	1.2	1.6	2	2.5
d_a		max	3.6	4.7	5.7	6.8	9.2	11.2
GB/T 65—2016	d_k	公称 = max	5.5	7	8.5	10	13	16
		min	5.32	6.78	8.28	9.78	12.73	15.73
	k	公称 = max	2	2.6	3.3	3.9	5	6
		min	1.86	2.46	3.12	3.6	4.7	5.7
	t	min	0.85	1.1	1.3	1.6	2	2.4
	r	min	0.1	0.2	0.2	0.25	0.4	0.4
	l 系列		4,5,6,8,10,12,（14）,16,20,25,30,35,40,45,50,（55）60,（65）,70,（75）,80					
GB/T 67—2016	d_k	公称 = max	5.6	8	9.5	12	16	20
		min	5.3	7.64	9.14	11.57	15.57	19.48
	k	公称 = max	1.80	2.40	3.00	3.6	4.8	6
		min	1.66	2.26	2.88	3.3	4.5	5.7
	t	min	0.7	1	1.2	1.4	1.9	2.4
	r	min	0.1	0.2	0.2	0.25	0.4	0.4
	l 系列		2,2.5,3,4,5,6,8,10,12,（14）,16,20,25,30,35,40,45,50,（55）,60,（65）,70,（75）,80					
GB/T 68—2016	d_k	公称 = max	5.5	8.40	9.30	11.30	15.80	18.30
		min	5.2	8.04	8.94	10.87	15.37	17.78
	k	公称 = max	1.65	2.7	2.7	3.3	4.65	5
	t	max	0.85	1.3	1.4	1.6	2.3	2.6
		min	0.6	1	1.1	1.2	1.8	2
	r	max	0.8	1	1.3	1.5	2	2.5
	l 系列		2.5,3,4,5,6,8,10,12,（14）,16,20,25,30,35,40,45,50,（55）,60,（65）,70					

注：l 公称值尽可能不采用括号内的规格。

2）内六角圆柱头螺钉各部分尺寸见表 F-7。

内六角圆柱头螺钉（GB/T 70.1—2008）

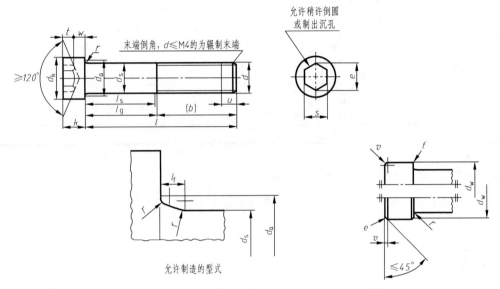

标记示例：

螺纹规格为 M5、公称长度 l=20mm、性能等级为 8.8 级、表面氧化的 A 级内六角圆柱头螺钉：

螺钉　GB/T 70.1　M5×20

表 F-7　内六角圆柱头螺钉各部分尺寸　　　　　　　　　　　　　　　　（单位：mm）

螺纹规格 d		M3	M4	M5	M6	M8	M10	M12	M16	M20	M24
P		0.5	0.7	0.8	1	1.25	1.5	1.75	2	2.5	3
b(参考)		18	20	22	24	28	32	36	44	52	60
d_k	max	5.5	7	8.5	10	13	16	18	24	30	36
	min	5.32	6.78	8.28	9.78	12.73	15.73	17.73	23.67	29.67	35.61
d_a	max	3.6	4.7	5.7	6.8	9.2	11.2	13.7	17.7	22.4	26.4
d_s	max	3	4	5	6	8	10	12	16	20	24
	min	2.86	3.82	4.82	5.82	7.78	9.78	11.73	15.73	19.67	23.67
e	min	2.873	3.443	4.583	5.723	6.863	9.149	11.429	15.996	19.437	21.734
l_f	max	0.51	0.60	0.60	0.68	1.02	1.02	1.45	1.45	2.04	2.04
k	max	3	4	5	6	8	10	12	16	20	24
	min	2.86	3.82	4.82	5.70	7.64	9.64	11.57	15.57	19.48	23.48
r	min	0.1	0.2	0.2	0.25	0.4	0.4	0.6	0.6	0.8	0.8
s	公称	2.5	3	4	5	6	8	10	14	17	19
	min	2.52	3.02	4.02	5.02	6.02	8.025	10.025	14.032	17.05	19.065
	max	2.58	3.08	4.095	5.14	6.14	8.175	10.175	14.212	17.23	19.275
t	min	1.3	2	2.5	3	4	5	6	8	10	12
v	max	0.3	0.4	0.5	0.6	0.8	1	1.2	1.6	2	2.4

（续）

螺纹规格 d		M3	M4	M5	M6	M8	M10	M12	M16	M20	M24
d_w	min	5.07	6.53	8.03	9.38	12.33	15.33	17.23	23.17	28.87	34.81
w	min	1.15	1.4	1.9	2.3	3.3	4	4.8	6.8	8.6	10.4
l(商品规格范围公称长度)		5~30	6~40	8~50	10~60	12~80	16~100	20~120	25~160	30~200	40~200
$l \leq$ 表中数值时，螺纹制到距头部 3P 以内		20	25	25	30	35	40	50	60	70	80
l 系列		5, 6, 8, 10, 12, 16, 20, 25, 30, 35, 40, 45, 50, （55）, 60, （65）, 70, 80, 90, 100, 110, 120, 130, 140, 150, 160, 180, 200									

注：1. P 为螺距；u 为不完整螺纹的长度，$u \leq 2P$。

2. l 系列尽可能不采用括号内的规格。GB/T 70.1—2008 包括 $d=$ M1.6~M64，本表只摘录了其中一部分。

3）开槽紧定螺钉各部分尺寸见表 F-8。

开槽锥端紧定螺钉
（GB/T 71—2018）

开槽平端紧定螺钉
（GB/T 73—2017）

开槽长圆柱端紧定螺钉
（GB/T 75—2018）

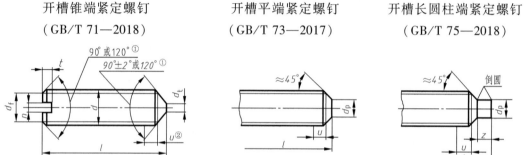

①公称长度为短螺钉时，应制成120°；②u 为不完整螺纹长度，u≤2P

标记示例：

螺纹规格为 M5、公称长度 $l = 12$mm、钢制、硬度等级为 14H 级、表面不经处理、产品等级为 A 级的开槽平端紧定螺钉：

螺钉　GB/T 73　M5×12

表 F-8　开槽紧定螺钉各部分尺寸　　　　　　　　　　　　　　　　　　（单位：mm）

螺纹规格 d		M1.2	M1.6	M2	M2.5	M3	M4	M5	M6	M8	M10	M12
P		0.25	0.35	0.4	0.45	0.5	0.7	0.8	1	1.25	1.5	1.75
d_f	max	螺纹小径										
d_t	min	—	—	—	—	—	—	—	—	—	—	—
	max	0.12	0.16	0.2	0.25	0.3	0.4	0.5	1.5	2	2.5	3
d_p	min	0.35	0.55	0.75	1.25	1.75	2.25	3.2	3.7	5.2	6.64	8.14
	max	0.6	0.8	1	1.5	2	2.5	3.5	4	5.5	7	8.5
n	公称	0.2	0.25	0.25	0.4	0.4	0.6	0.8	1	1.2	1.6	2
	min	0.26	0.31	0.31	0.46	0.46	0.66	0.86	1.06	1.26	1.66	2.06
	max	0.4	0.45	0.45	0.6	0.6	0.8	1	1.2	1.51	1.91	2.31
t	min	0.4	0.56	0.64	0.72	0.8	1.12	1.28	1.6	2	2.4	2.8
	max	0.52	0.74	0.84	0.95	1.05	1.42	1.63	2	2.5	3	3.6

（续）

螺纹规格 d		M1.2	M1.6	M2	M2.5	M3	M4	M5	M6	M8	M10	M12
z	min	—	0.8	1	1.2	1.5	2	2.5	3	4	5	6
	max	—	1.05	1.25	1.25	1.75	2.25	2.75	3.25	4.3	5.3	6.3
GB/T 71—2018	l（公称长度）	2~6	2~8	3~10	3~12	4~16	6~20	8~25	8~30	10~40	12~50	(14)~60
	l（短螺钉）	2	2~2.5	—	3	—	—	—	—	—	—	—
GB/T 73—2017	l（公称长度）	2~6	2~8	2~10	2.5~12	3~16	4~20	5~25	6~30	8~40	10~50	12~60
	l（短螺钉）	—	2	2~2.5	2.5~3	3	4	5	6	—	—	—
GB/T 75—2018	l（公称长度）	—	2.5~8	3~10	4~12	5~16	6~20	8~25	8~30	10~40	12~50	(14)~60
	l（短螺钉）	—	2.5	3	4	5	6	8	8~10	10~14	10~16	10~20
l（系列）		2, 2.5, 3, 4, 5, 6, 8, 10, 12,（14）, 16, 20, 25, 30, 35, 40, 45, 50, 55, 60										

6. 销

销各部分尺寸见表 F-9。

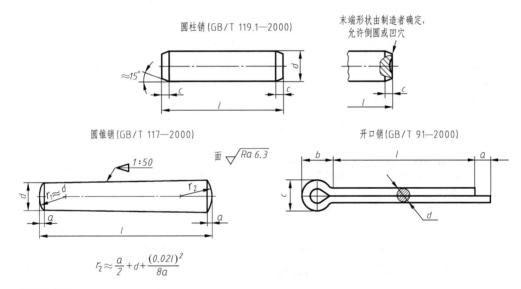

标记示例：

公称直径 $d=10\text{mm}$、公差等级为 m6、公称长度 $l=50\text{mm}$、材料为钢、不经淬火、不经表面处理的圆柱销：销　GB/T 119.1　6 m6×50

公称直径 $d=10\text{mm}$、公称长度 $l=60\text{mm}$、材料为 35 钢、热处理硬度 28~38HRC、表面氧化处理的 A 型圆锥销：销　GB/T 117　10×60

公称规格为 5mm、长度 $l=50\text{mm}$ 的开口销：　　　　　销　GB/T 91　5×50

表 F-9　销各部分尺寸   （单位：mm）

名　称	公称直径 d	1	1.2	1.5	2	2.5	3	4	5	6	8	10	12
圆柱销（GB/T 119.1—2000）	$c\approx$	0.20	0.25	0.30	0.35	0.40	0.50	0.63	0.80	1.2	1.6	2	2.5
（GB/T 119.1—2000）	l（公称）	4~10	4~12	4~16	6~20	6~24	8~30	8~40	10~50	12~60	14~80	18~95	22~140

（续）

名　称	公称直径 d		1	1.2	1.5	2	2.5	3	4	5	6	8	10	12
圆锥销 （GB/T 117—2000）	$a \approx$		0.12	0.16	0.2	0.25	0.3	0.4	0.5	0.63	0.8	1	1.2	1.6
（GB/T 117—2000）	l（公称）		6~16	6~20	8~24	10~35	10~35	12~45	14~55	18~60	22~90	22~120	26~160	32~180
l 系列	2，3，4，5，6，8，10，12，14，16，18，20，22，24，26，28，30，32，35，40，45，50，55，60， 65，70，75，80，85，90，95，100，120，140													
开口销 （GB/T 91— 2000）	公称规格		1	1.2	1.6	2	2.5	3.2	4	5	6.3	8	10	13
	d	max	0.9	1.0	1.4	1.8	2.3	2.9	3.7	4.6	5.9	7.5	9.5	12.4
		min	0.8	0.9	1.3	1.7	2.1	2.7	3.5	4.4	5.7	7.3	9.3	12.1
	a	max	1.6	2.50	2.50	2.50	2.50	3.2	4	4	4	4	6.30	6.30
		min	0.8	1.25	1.25	1.25	1.25	1.6	2	2	2	2	3.15	3.15
	b	≈	3	3	3.2	4	5	6.4	8	10	12.6	16	20	26
	c	max	1.8	2.0	2.8	3.6	4.6	5.8	7.4	9.2	11.8	15.0	19.0	24.8
		min	1.6	1.7	2.4	3.2	4.0	5.1	6.5	8.0	10.3	13.1	16.6	21.7
	l（公称长度）		4~12	5~16	6~20	8~25	8~32	10~40	12~50	14~63	18~80	22~100	30~125	40~160
l 系列	4，5，6，8，10，12，14，16，18，20，22，25，28，32，36，40，45，50，56，63，71，80，90，100，112，125， 140，160													

7. 键

键及键槽各部分尺寸见表 F-10。

普通型平键（GB/T 1096—2003）

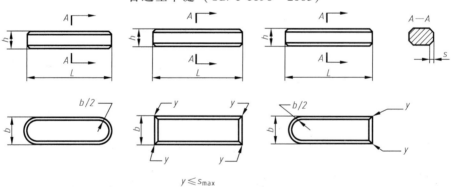

$y \leqslant s_{max}$

平键　键槽的剖面尺寸（GB/T 1095—2003）

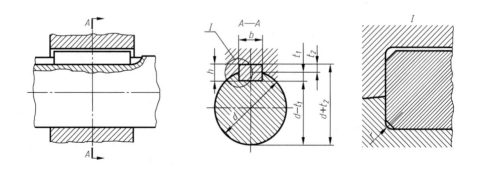

标记示例：

宽度 $b = 18$mm、高度 $h = 11$mm、长度 $L = 100$mm 的普通 A 型平键：GB/T 1096 键 18×11×100

宽度 $b = 18$mm、高度 $h = 11$mm、长度 $L = 100$mm 的普通 B 型平键：GB/T 1096 键 B 18×11×100

宽度 $b = 18$mm、高度 $h = 11$mm、长度 $L = 100$mm 的普通 C 型平键：GB/T 1096 键 C 18×11×100

表 F-10　键及键槽各部分的尺寸 （单位：mm）

轴直径尺寸 d	键尺寸 $b×h$	键 槽											
		宽 度 b						深 度				半径 r	
		基本尺寸	公称长度 L	极限偏差					轴 t_1		毂 t_2			
				正常联结		紧密联结	松联结		基本尺寸	极限偏差	基本尺寸	极限偏差	min	max
				轴 N9	毂 JS9	轴和毂 P9	轴 H9	毂 D10						
自 6~8	2×2	2	6~20	-0.004 -0.029	±0.0125	-0.006 -0.031	+0.025 0	+0.060 +0.020	1.2	+0.10	1.0	+0.10	0.08	0.16
>8~10	3×3	3	6~36						1.8		1.4			
>10~12	4×4	4	8~45	0 -0.030	±0.015	-0.012 -0.042	+0.030 0	+0.078 +0.030	2.5		1.8		0.16	0.25
>12~17	5×5	5	10~56						3.0		2.3			
>17~22	6×6	6	14~70						3.5		2.8			
>22~30	8×7	8	18~90	0 -0.036	±0.018	-0.015 -0.051	+0.036 0	+0.098 +0.040	4.0		3.3			
>30~38	10×8	10	22~110						5.0		3.3			
>38~44	12×8	12	28~140	0 -0.043	±0.0215	-0.018 -0.061	+0.043 0	+0.120 +0.050	5.0		3.3		0.25	0.40
>44~50	14×9	14	36~160						5.5		3.8			
>50~58	16×10	16	45~180						6.0	+0.20	4.3	+0.20		
>58~65	18×11	18	50~200						7.0		4.4			
>65~75	20×12	20	56~220	0 -0.052	±0.026	-0.022 -0.074	+0.052 0	+0.149 +0.065	7.5		4.9			
>75~85	22×14	22	63~250						9.0		5.4		0.40	0.60
>85~95	25×14	25	70~280						9.0		5.4			
>95~110	28×16	28	80~320						10.0		6.4			
l 系列	6,8,10,12,14,16,18,20,22,25,28,32,36,40,45,50,56,63,70,80,90,100,110,125,140,160													

注：键的材料常见为 45 钢。

附录 G　滚 动 轴 承

1. 深沟球轴承（GB/T 276—2013）

深沟球轴承各部分尺寸见表 G-1。

类型代号：6（原类型代号 0）

标记示例：

轴承内径 d 为 60mm、轴承外径 D 为 95mm、尺寸系列代号为 10 的深沟球轴承：

滚动轴承　6012　GB/T 276—2013

表 G-1　深沟球轴承各部分尺寸

轴承型号	尺寸/mm			轴承型号	尺寸/mm		
	d	D	B		d	D	B
尺寸系列代号101				尺寸系列代号(0)3			
606	6	17	6	633	3	13	5
607	7	19	6	634	4	16	5
608	8	22	7	635	5	19	6
609	9	24	7	6300	10	35	11
6000	10	26	8	6301	12	37	12
6001	12	28	8	6302	15	42	13
6002	15	32	9	6303	17	47	14
6003	17	35	10	6304	20	52	15
6004	20	42	12	63/22	22	56	16
60/22	22	44	12	6305	25	62	17
6005	25	47	12	63/28	28	68	18
60/28	28	52	12	6306	30	72	19
6006	30	55	13	63/32	32	75	20
60/32	32	58	13	6307	35	80	21
6007	35	62	14	6308	40	90	23
6008	40	68	15	6309	45	100	25
6009	45	75	16	6310	50	110	27
6010	50	80	16	6311	55	120	29
6011	55	90	18	6312	60	130	31
6012	60	95	18	6313	65	140	33
尺寸系列代号(0)2				尺寸系列代号(0)4			
623	3	10	4				
624	4	13	5				
625	5	16	5	6403	17	62	17
626	7	19	6	6404	20	72	19
627	8	22	7	6405	25	80	21
				6406	30	90	23
628	9	24	8	6407	35	100	25
629	10	26	8				
6200	12	30	9	6408	40	110	27
6201	15	32	10	6409	45	120	29
6202	17	35	11	6410	50	130	31
				6411	55	140	33
6203	20	40	12	6412	60	150	35
6204	22	47	14				
62/22	25	50	14	6413	65	160	37
6205	28	52	15	6414	70	180	42
62/28	30	58	16	6415	75	190	45
6206	32	62	16	6416	80	200	48
62/32	35	65	17	6417	85	210	52
6207	40	72	17				
6208	45	80	18	6418	90	225	54
6209	50	85	19	6419	95	240	55
				6420	100	250	58
6210	55	90	20	6422	110	280	65
6211	60	100	21				
6212	65	110	22				

注：表中括号"（　）"表示该数字在轴承代号中省略。

2. 圆锥滚子轴承（GB/T 297—2015）

圆锥滚子轴承各部分尺寸见表 G-2。

标记示例：

内孔轴承内径 d 为 30mm，轴承外径 D 为 72mm、尺寸系列代号为 03 的圆锥滚子轴承：

滚动轴承　30306　GB/T 297—2015

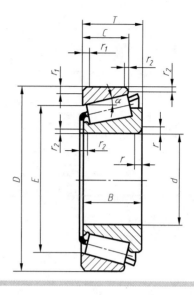

表 G-2　圆锥滚子轴承各部分尺寸

轴承代号	尺　寸/mm								
	d	D	T	E	r_{smin}	C	r_{1smin}	α	E
02 系列									
30202	15	35	11.75	11	0.6	10	0.6	—	—
30203	17	40	13.25	12	1	11	1	12°57′10″	31.408
30204	20	47	15.25	14	1	12	1	12°57′10″	37.304
30205	25	52	16.25	15	1	13	1	14°02′10″	41.135
30206	30	62	17.25	16	1	14	1	14°02′10″	49.990
302/32	32	65	18.25	17	1	15	1	14°	52.500
30207	35	72	18.25	17	1.5	15	1.5	14°02′10″	58.844
30208	40	80	19.75	18	1.5	16	1.5	14°02′10″	65.730
30209	45	85	20.75	19	1.5	16	1.5	15°06′34″	70.440
30210	50	90	21.75	20	1.5	17	1.5	15°38′32″	75.078
30211	55	100	22.75	21	2	18	1.5	15°06′34″	84.197
30212	60	110	23.75	22	2	19	1.5	15°06′34″	91.876
30213	65	120	24.75	23	2	20	1.5	15°06′34″	101.934
30214	70	125	26.25	24	2	21	1.5	15°38′32″	105.748
30215	75	130	27.25	25	2	22	1.5	16°10′20″	110.408
30216	80	140	28.25	26	2.5	22	2	15°38′32″	119.169
30217	85	150	30.5	28	2.5	24	2	15°38′32″	126.685
30218	90	160	32.5	30	2.5	26	2	15°38′32″	134.901
30219	95	170	34.5	32	3	27	2.5	15°38′32″	143.385
30220	100	180	37	34	3	29	2.5	15°38′32″	151.310
30302	15	42	14.25	13	1	11	1	10°45′29″	33.272
30303	17	47	15.25	14	1	12	1	10°45′29″	37.420
30304	20	52	16.25	15	1.5	13	1.5	11°18′36″	41.318
30305	25	62	18.25	17	1.5	15	1.5	11°18′36″	50.637
30306	30	72	20.75	19	1.5	16	1.5	11°51′35″	58.287
30307	35	80	22.75	21	2	18	1.5	11°51′35″	65.769
30308	40	90	25.25	23	2	20	1.5	12°57′10″	72.703
30309	45	100	27.25	25	2	22	1.5	12°57′10″	81.780
30310	50	110	29.25	27	2.5	23	2	12°57′10″	90.633
30311	55	120	31.5	29	2.5	25	2	12°57′10″	99.146

（续）

轴承代号	尺　寸/mm								
	d	D	T	E	r_{smin}	C	r_{1smin}	α	E
03 系列									
30312	60	130	33.5	31	3	26	2.5	12°57′10″	107.769
30313	65	140	36	33	3	28	2.5	12°57′10″	116.846
30314	70	150	38	35	3	30	2.5	12°57′10″	125.244
30315	75	160	40	37	3	31	2.5	12°57′10″	134.097
30316	80	170	42.5	39	3	33	2.5	12°57′10″	143.174
30317	85	180	44.5	41	4	34	3	12°57′10″	150.433
30318	90	190	46.5	43	4	36	3	12°57′10″	159.061
30319	95	200	49.5	45	4	38	3	12°57′10″	165.851
30320	100	215	51.5	47	4	39	3	12°57′10″	178.578
30321	105	225	53.5	49	4	41	3	12°57′10″	186.752

附录 H　极限与配合

1. 标准公差数值表（GB/T 1800.1—2009）

标准公差数值见表 H-1。

表 H-1　标准公差数值

公称尺寸/mm		标　准　公　差　等　级																	
大于	至	IT1	IT2	IT3	IT4	IT5	IT6	IT7	IT8	IT9	IT10	IT11	IT12	IT13	IT14	IT15	IT16	IT17	IT18
		μm											mm						
—	3	0.8	1.2	2	3	4	6	10	14	25	40	60	0.1	0.14	0.25	0.4	0.6	1	1.4
3	6	1	1.5	2.5	4	5	8	12	18	30	48	75	0.12	0.18	0.3	0.48	0.75	1.2	1.8
6	10	1	1.5	2.5	4	6	9	15	22	36	58	90	0.15	0.22	0.36	0.58	0.9	1.5	2.2
10	18	1.2	2	3	5	8	11	18	27	43	70	110	0.18	0.27	0.43	0.7	1.1	1.8	2.7
18	30	1.5	2.5	4	6	9	13	21	33	52	84	130	0.21	0.33	0.52	0.84	1.3	2.1	3.3
30	50	1.5	2.5	4	7	11	16	25	49	62	100	160	0.25	0.39	0.62	1	1.6	2.5	3.9
50	80	2	3	5	8	13	19	30	46	74	120	190	0.3	0.46	0.74	1.2	1.9	3	4.6
80	120	2.5	4	6	10	15	22	35	54	87	140	220	0.35	0.54	0.87	1.4	2.2	3.5	5.4
120	180	3.5	5	8	12	18	25	40	63	100	160	250	0.4	0.63	1	1.6	2.5	4	6.3
180	250	4.5	7	10	14	20	29	46	72	115	185	290	0.46	0.72	1.15	1.85	2.9	4.6	7.2
250	315	6	8	12	16	23	32	52	81	130	210	320	0.52	0.81	1.3	2.1	3.2	5.2	8.1
315	400	7	9	13	18	25	36	57	89	140	230	360	0.57	0.89	1.4	2.3	3.6	5.7	8.9
400	500	8	10	15	20	27	40	63	97	155	250	400	0.63	0.97	1.55	2.5	4	6.3	9.7
500	630	9	11	16	22	32	44	70	110	175	280	440	0.7	1.1	1.75	2.8	4.4	7	11
630	800	10	13	18	25	36	50	80	125	200	320	500	0.8	1.25	2	3.2	5	8	12.5
800	1000	11	15	21	28	40	56	90	140	230	360	560	0.9	1.4	2.3	3.6	5.6	9	14
1000	1250	13	18	24	33	47	66	105	165	260	420	660	1.05	1.65	2.6	4.2	6.6	10.5	16.5
1250	1600	15	21	29	39	55	78	125	195	310	500	780	1.25	1.95	3.1	5	7.8	12.5	19.5
1600	2000	18	25	35	46	65	92	150	230	370	600	920	1.5	2.3	3.7	6	9.2	15	23
2000	2500	22	30	41	55	78	110	175	280	440	700	1100	1.75	2.8	4.4	7	11	17.5	28
2500	3150	26	36	50	68	96	135	210	330	540	860	1350	2.1	3.3	5.4	8.6	13.5	21	33

注：1. 公称尺寸大于 500mm 的 IT1～IT5 的标准公差数值为试行的。

　　2. 公称尺寸小于或等于 1mm 时，无 IT4～IT8。

2. 孔的基本偏差数值（GB/T 1800.1—2009）

孔的基本偏差数值见表 H-2。

表 H-2　孔的基本偏差数值

公称尺寸/mm 大于	至	A	B	C	CD	D	E	EF	F	FG	G	H	JS	J (IT6)	J (IT7)	J (IT8)	K (≤IT8)	K (>IT8)	M (≤IT8)	M (>IT8)	N (≤IT8)	N (>IT8)
—	3	+270	+140	+60	+34	+20	+14	+10	+6	+4	+2	0		+2	+4	+6	0	0	−2	−2	−4	−4
3	6	+270	+140	+70	+46	+30	+20	+14	+10	+6	+4	0		+5	+6	+10	−1+Δ		−4+Δ	−4	−8+Δ	0
6	10	+280	+150	+80	+56	+40	+25	+18	+13	+8	+5	0		+5	+8	+12	−1+Δ		−6+Δ	−6	−10+Δ	0
10	14	+290	+150	+95		+50	+32		+16		+6	0		+6	+10	+15	−1+Δ		−7+Δ	−7	−12+Δ	0
14	18	+290	+150	+95		+50	+32		+16		+6	0		+6	+10	+15	−1+Δ		−7+Δ	−7	−12+Δ	0
18	24	+300	+160	+110		+65	+40		+20		+7	0		+8	+12	+20	−2+Δ		−8+Δ	−8	−15+Δ	0
24	30	+300	+160	+110		+65	+40		+20		+7	0		+8	+12	+20	−2+Δ		−8+Δ	−8	−15+Δ	0
30	40	+310	+170	+120		+80	+50		+25		+9	0		+10	+14	+24	−2+Δ		−9+Δ	−9	−17+Δ	0
40	50	+320	+180	+130		+80	+50		+25		+9	0		+10	+14	+24	−2+Δ		−9+Δ	−9	−17+Δ	0
50	65	+340	+190	+140		+100	+60		+30		+10	0		+13	+18	+28	−2+Δ		−11+Δ	−11	−20+Δ	0
65	80	+360	+200	+150		+100	+60		+30		+10	0		+13	+18	+28	−2+Δ		−11+Δ	−11	−20+Δ	0
80	100	+380	+220	+170		+120	+72		+36		+12	0		+16	+22	+34	−3+Δ		−13+Δ	−13	−23+Δ	0
100	120	+410	+240	+180		+120	+72		+36		+12	0		+16	+22	+34	−3+Δ		−13+Δ	−13	−23+Δ	0
120	140	+460	+260	+200		+145	+85		+43		+14	0		+18	+26	+41	−3+Δ		−15+Δ	−15	−27+Δ	0
140	160	+520	+280	+210		+145	+85		+43		+14	0		+18	+26	+41	−3+Δ		−15+Δ	−15	−27+Δ	0
160	180	+580	+310	+230		+145	+85		+43		+14	0		+18	+26	+41	−3+Δ		−15+Δ	−15	−27+Δ	0
180	200	+660	+310	+240		+170	+100		+50		+15	0		+22	+30	+47	−4+Δ		−17+Δ	−17	−31+Δ	0
200	225	+740	+380	+260		+170	+100		+50		+15	0		+22	+30	+47	−4+Δ		−17+Δ	−17	−31+Δ	0
225	250	+820	+420	+280		+170	+100		+50		+15	0		+22	+30	+47	−4+Δ		−17+Δ	−17	−31+Δ	0
250	280	+920	+480	+300		+190	+110		+56		+17	0		+25	+36	+55	−4+Δ		−20+Δ	−20	−34+Δ	0
280	315	+1050	+540	+330		+190	+110		+56		+17	0		+25	+36	+55	−4+Δ		−20+Δ	−20	−34+Δ	0
315	355	+1200	+600	+360		+210	+125		+62		+18	0		+29	+39	+60	−4+Δ		−21+Δ	−21	−37+Δ	0
355	400	+1350	+680	+400		+210	+125		+62		+18	0		+29	+39	+60	−4+Δ		−21+Δ	−21	−37+Δ	0
400	450	+1500	+760	+440		+230	+135		+68		+20	0		+33	+43	+66	−5+Δ		−23+Δ	−23	−40+Δ	0
450	500	+1650	+840	+480		+230	+135		+68		+20	0		+33	+43	+66	−5+Δ		−23+Δ	−23	−40+Δ	0
500	560					+260	+145		+76		+22	0					0		−26		−44	
560	630					+260	+145		+76		+22	0					0		−26		−44	
630	710					+290	+160		+80		+24	0					0		−30		−50	
710	800					+290	+160		+80		+24	0					0		−30		−50	
800	900					+320	+170		+86		+26	0					0		−34		−56	
900	1000					+320	+170		+86		+26	0					0		−34		−56	
1000	1120					+350	+195		+98		+28	0					0		−40		−65	
1120	1250					+350	+195		+98		+28	0					0		−40		−65	
1250	1400					+390	+220		+110		+30	0					0		−48		−78	
1400	1600					+390	+220		+110		+30	0					0		−48		−78	
1600	1800					+430	+240		+120		+32	0					0		−58		−92	
1800	2000					+430	+240		+120		+32	0					0		−58		−92	
2000	2240					+480	+260		+130		+34	0					0		−68		−110	
2240	2500					+480	+260		+130		+34	0					0		−68		−110	
2500	2800					+520	+290		+145		+38	0					0		−76		−135	
2800	3150					+520	+290		+145		+38	0					0		−76		−135	

表头说明：
- A～JS 各列为**下极限偏差 EI（所有标准公差等级）**；J、K、M、N 各列为**基本偏差**。
- J 分 IT6、IT7、IT8；K、M、N 分 ≤IT8、>IT8。
- JS 列：偏差 = ± (IT_n/2)，式中 IT_n 是 IT 值数。

注：1. 公称尺寸小于或等于1mm时，基本偏差 A 和 B 及大于 IT8 的 N 均不采用。

2. 公差带 JS7～JS11，若 IT 值是奇数，则取偏差 = ±（IT_n−1）/2。

3. 对小于或等于 IT8 的 K、M、N 和小于或等于 IT7 的 P～ZC，所需 Δ 值从表内右侧选取。

4. 特殊情况：250～315mm 段的 M6，ES = −0.009mm（代替 −0.011mm）。

（单位：μm）

数值 上极限偏差 ES													Δ值					
≤IT7	标准公差等级大于IT7												标准公差等级					
P至ZC	P	R	S	T	U	V	X	Y	Z	ZA	ZB	ZC	IT3	IT4	IT5	IT6	IT7	IT8
在大于IT7的相应数值上增加一个Δ值	−6	−10	−14		−18		−20		−26	−32	−40	−60	0	0	0	0	0	0
	−12	−15	−19		−23		−28		−35	−42	−50	−80	1	1.5	1	3	4	6
	−15	−19	−23		−28		−34		−42	−52	−67	−97	1	1.5	2	3	6	7
	−18	−23	−28		−33		−40		−50	−64	−90	−130	1	2	3	3	7	9
						−39	−45		−60	−77	−108	−150						
	−22	−28	−35		−41	−47	−54	−63	−73	−98	−136	−188	1.5	2	3	4	8	12
				−41	−48	−55	−64	−75	−88	−118	−160	−218						
	−26	−34	−43	−48	−60	−68	−80	−94	−112	−148	−200	−274	1.5	3	4	5	9	14
				−54	−70	−81	−97	−114	−136	−180	−242	−325						
	−32	−41	−53	−66	−87	−102	−122	−144	−172	−226	−300	−405	2	3	5	6	11	16
		−43	−59	−75	−102	−120	−146	−174	−210	−274	−360	−480						
	−37	−51	−71	−91	−124	−146	−178	−214	−258	−335	−445	−585	2	4	5	7	13	19
		−54	−79	−104	−144	−172	−210	−254	−310	−400	−525	−690						
	−43	−63	−92	−122	−170	−202	−248	−300	−365	−470	−620	−800	3	4	6	7	15	23
		−65	−100	−134	−190	−228	−280	−340	−415	−535	−700	−900						
		−68	−108	−146	−210	−252	−310	−380	−465	−600	−780	−1000						
	−50	−77	−122	−166	−236	−284	−350	−425	−520	−670	−880	−1150	3	4	6	9	17	26
		−80	−130	−180	−258	−310	−385	−470	−575	−740	−960	−1250						
		−84	−140	−196	−284	−340	−425	−520	−640	−820	−1050	−1350						
	−56	−94	−158	−218	−315	−385	−475	−580	−710	−920	−1200	−1550	4	4	7	9	20	29
		−98	−170	−240	−350	−425	−525	−650	−790	−1000	−1300	−1700						
	−62	−108	−190	−268	−390	−475	−590	−730	−900	−1150	−1500	−1900	4	5	7	11	21	32
		−114	−208	−294	−435	−530	−660	−820	−1000	−1300	−1650	−2100						
	−68	−126	−232	−330	−490	−595	−740	−920	−1100	−1450	−1850	−2400	5	5	7	13	23	34
		−132	−252	−360	−540	−660	−820	−1000	−1250	−1600	−2100	−2600						
	−78	−150	−280	−400	−600													
		−155	−310	−450	−660													
	−88	−175	−340	−500	−740													
		−185	−380	−560	−840													
	−100	−210	−430	−620	−940													
		−220	−470	−680	−1050													
	−120	−250	−520	−780	−1150													
		−260	−580	−840	−1300													
	−140	−300	−640	−960	−1450													
		−330	−720	−1050	−1600													
	−170	−370	−820	−1200	−1850													
		−400	−920	−1350	−2000													
	−195	−440	−1000	−1500	−2300													
		−460	−1100	−1650	−2500													
	−240	−550	−1250	−1900	−2900													
		−580	−1400	−2100	−3200													

3. 轴的基本偏差数值（GB/T 1800.1—2009）

轴的基本偏差数值见表 H-3。

表 H-3　轴的基本偏差数值

公称尺寸/mm 大于	至	基本偏差 上极限偏差 es 所有标准公差等级 a	b	c	cd	d	e	ef	f	fg	g	h	js	IT5和IT6 (j)	IT7 (j)	IT8 (j)	IT4~IT7
—	3	−270	−140	−60	−34	−20	−14	−10	−6	−4	−2	0	偏差=±$\frac{IT_n}{2}$ 式中 IT_n 是 IT 值数	−2	−4	−6	0
3	6	−270	−140	−70	−46	−30	−20	−14	−10	−6	−4	0		−2	−4		+1
6	10	−280	−150	−80	−56	−40	−25	−18	−13	−8	−5	0		−2	−5		+1
10	14	−290	−150	−95		−50	−32		−16		−6	0		−3	−6		+1
14	18																
18	24	−300	−160	−110		−65	−40		−20		−7	0		−4	−8		+2
24	30																
30	40	−310	−170	−120		−80	−50		−25		−9	0		−5	−10		+2
40	50	−320	−180	−130													
50	65	−340	−190	−140		−100	−60		−30		−10	0		−7	−12		+2
65	80	−360	−200	−150													
80	100	−380	−220	−170		−120	−72		−36		−12	0		−9	−15		+3
100	120	−410	−240	−180													
120	140	−460	−260	−200		−145	−85		−43		−14	0		−11	−18		+3
140	160	−520	−280	−210													
160	180	−580	−310	−230													
180	200	−660	−340	−240		−170	−100		−50		−15	0		−13	−21		+4
200	225	−740	−380	−260													
225	250	−820	−420	−280													
250	280	−920	−480	−300		−190	−110		−56		−17	0		−16	−26		+4
280	315	−1050	−540	−330													
315	355	−1200	−600	−360		−210	−125		−62		−18	0		−18	−28		+4
355	400	−1350	−680	−400													
400	450	−1500	−760	−440		−230	−135		−68		−20	0		−20	−32		+5
450	500	−1650	−840	−480													
500	560					−260	−145		−76		−22	0					0
560	630																
630	710					−290	−160		−80		−24	0					0
710	800																
800	900					−320	−170		−86		−26	0					0
900	1000																
1000	1120					−350	−195		−98		−28	0					0
1120	1250																
1250	1400					−390	−220		−110		−30	0					0
1400	1600																
1600	1800					−430	−240		−120		−32	0					0
1800	2000																
2000	2240					−480	−260		−130		−34	0					0
2240	2500																
2500	2800					−520	−290		−145		−38	0					0
2800	3150																

注：1. 公称尺寸小于或等于 1mm 时，基本偏差 a 和 b 均不采用。

　　2. 公差带 js7~js11，若 IT 值是奇数，则取偏差 $=\pm(IT_n-1)/2$。

（单位：μm）

数值

	下极限偏差 ei													
≤IT3 >IT7	所有标准公差等级													
k	m	n	p	r	s	t	u	v	x	y	z	za	zb	zc
0	+2	+4	+6	+10	+14		+18		+20		+26	+32	+40	+60
0	+4	+8	+12	+15	+19		+23		+28		+35	+42	+50	+80
0	+6	+10	+15	+19	+23		+28		+34		+42	+52	+67	+97
0	+7	+12	+18	+23	+28		+33		+40		+50	+64	+90	+130
							+39		+45		+60	+77	+108	+150
0	+8	+15	+22	+28	+35		+41	+47	+54	+63	+73	+98	+136	+188
						+41	+48	+55	+64	+75	+88	+118	+160	+218
0	+9	+17	+26	+34	+43	+48	+60	+68	+80	+94	+112	+148	+200	+274
						+54	+70	+81	+97	+114	+136	+180	+242	+325
0	+11	+20	+32	+41	+53	+66	+87	+102	+122	+144	+172	+226	+300	+405
				+43	+59	+75	+102	+120	+146	+174	+210	+274	+360	+480
0	+13	+23	+37	+51	+71	+91	+124	+146	+178	+214	+258	+335	+445	+585
				+54	+79	+104	+144	+172	+210	+254	+310	+400	+525	+690
0	+15	+27	+43	+63	+92	+122	+170	+202	+248	+300	+365	+470	+620	+800
				+65	+100	+134	+190	+228	+280	+340	+415	+535	+700	+900
				+68	+108	+146	+210	+252	+310	+380	+465	+600	+780	+1000
0	+17	+31	+50	+77	+122	+166	+236	+284	+350	+425	+520	+670	+880	+1150
				+80	+130	+180	+258	+310	+385	+470	+575	+740	+960	+1250
				+84	+140	+196	+284	+340	+425	+520	+640	+820	+1050	+1350
0	+20	+34	+56	+94	+158	+218	+315	+385	+475	+580	+710	+920	+1200	+1550
				+98	+170	+240	+350	+425	+525	+650	+790	+1000	+1300	+1700
0	+21	+37	+62	+108	+190	+268	+390	+475	+590	+730	+900	+1150	+1500	+1900
				+114	+208	+294	+435	+530	+660	+820	+1000	+1300	+1650	+2100
0	+23	+40	+68	+126	+232	+330	+490	+595	+740	+920	+1100	+1450	+1850	+2400
				+132	+252	+360	+540	+660	+820	+1000	+1250	+1600	+2100	+2600
0	+26	+44	+78	+150	+280	+400	+600							
				+155	+310	+450	+660							
0	+30	+50	+88	+175	+340	+500	+740							
				+185	+380	+560	+840							
0	+34	+56	+100	+210	+430	+620	+940							
				+220	+470	+680	+1050							
0	+40	+66	+120	+250	+520	+780	+1150							
				+260	+580	+840	+1300							
0	+48	+78	+140	+300	+640	+960	+1450							
				+330	+720	+1050	+1600							
0	+58	+92	+170	+370	+820	+1200	+1850							
				+400	+920	+1350	+2000							
0	+68	+110	+195	+440	+1000	+1500	+2300							
				+460	+1100	+1650	+2500							
0	+76	+135	+240	+550	+1250	+1900	+2900							
				+580	+1400	+2100	+3200							

4. 孔的极限偏差（优先公差带）（GB/T 1800.2—2009）

孔的极限偏差见表 H-4。

表 H-4　孔的极限偏差

公称尺寸/mm 大于	至	C11	D9	F8	G7	H5	H6	H7	H8	H9	H10	H11	H12	H13	K7	N9	P7	S7	U7
—	3	+120/+60	+45/+20	+20/+6	+12/+2	+4/0	+6/0	+10/0	+14/0	+25/0	+40/0	+60/0	+100/0	+140/0	0/−10	−4/−29	−6/−16	−14/−24	−18/−28
3	6	+115/+70	+60/+30	+28/+10	+16/+4	+5/0	+8/0	+12/0	+18/0	+30/0	+48/0	+75/0	+120/0	+180/0	+3/−9	0/−30	−8/−20	−15/−27	−19/−31
6	10	+170/+80	+76/+40	+35/+13	+20/+5	+6/0	+9/0	+15/0	+22/0	+36/0	+58/0	+90/0	+150/0	+220/0	+5/−10	0/−36	−9/−24	−17/−32	−22/−37
10	14	+205/+95	+93/+50	+43/+16	+24/+6	+8/0	+11/0	+18/0	+27/0	+43/0	+70/0	+110/0	+180/0	+270/0	+6/−12	0/−43	−11/−29	−21/−39	−26/−44
14	18																		
18	24	+240/+110	+117/+65	+53/+20	+28/+7	+9/0	+13/0	+21/0	+33/0	+52/0	+84/0	+130/0	+210/0	+330/0	+6/−15	0/−52	−14/−35	−27/−48	−33/−54
24	30																		−40/−61
30	40	+280/+120	+142/+80	+64/+25	+34/+9	+11/0	+16/0	+25/0	+39/0	+62/0	+100/0	+160/0	+250/0	+390/0	+7/−18	0/−62	−17/−42	−34/−59	−51/−76
40	50	+290/+130																	−61/−86
50	65	+330/+140	+174/+100	+76/+30	+40/+10	+13/0	+19/0	+30/0	+46/0	+74/0	+120/0	+190/0	+300/0	+460/0	+9/−21	0/−74	−21/−52	−42/−72	−76/−106
65	80	+340/+150																−48/−78	−91/−121
80	100	+390/+170	+207/+120	+90/+36	+47/+12	+15/0	+22/0	+35/0	+54/0	+87/0	+140/0	+220/0	+350/0	+540/0	+10/−25	0/−87	−24/−59	−58/−93	−111/−146
100	120	+400/+180																−66/−101	−131/−166
120	140	+450/+200	+245/+145	+106/+43	+54/+14	+18/0	+25/0	+40/0	+63/0	+100/0	+160/0	+250/0	+400/0	+630/0	+12/−28	0/−100	−28/−68	−77/−117	−155/−195
140	160	+460/+210																−85/−125	−175/−215
160	180	+480/+230																−93/−133	−195/−235
180	200	+530/+240	+285/+170	+122/+50	+61/+15	+20/0	+29/0	+46/0	+72/0	+115/0	+185/0	+290/0	+460/0	+720/0	+13/−33	0/−115	−33/−79	−105/−151	−219/−265
200	225	+550/+260																−113/−159	−241/−287
225	250	+570/+280																−123/−169	−267/−313
250	280	+620/+300	+320/+190	+137/+56	+69/+17	+23/0	+32/0	+52/0	+81/0	+130/0	+210/0	+320/0	+520/0	+810/0	+16/−36	0/−130	−36/−88	−138/−190	−295/−347
280	315	+650/+330																−150/−202	−330/−382
315	355	+720/+360	+350/+210	+151/+62	+75/+18	+25/0	+36/0	+57/0	+89/0	+140/0	+230/0	+360/0	+570/0	+890/0	+17/−40	0/−140	−41/−98	−169/−226	−369/−426
355	400	+760/+400																−187/−244	−414/−471
400	450	+840/+440	+385/+230	+165/+68	+83/+20	+27/0	+40/0	+63/0	+97/0	+155/0	+250/0	+400/0	+630/0	+970/0	+18/−45	0/−155	−45/−108	−209/−272	−467/−530
450	500	+880/+480																−229/−292	−517/−580

5. 轴的极限偏差（常用优先公差带）（GB/T 1800.2—2009）

轴的极限偏差见表 H-5。

表 H-5　轴的极限偏差

公称尺寸/mm 大于	至	e8	e9	f5	f6	f7	f8	f9	g5	g6	g7	h5	h6	h7	h8	h9	h10	h11	h12	js5	js6	js7	k5	k6	k7
—	3	−14 −28	−14 −39	−6 −10	−6 −12	−6 −16	−6 −20	−6 −31	−2 −6	−2 −8	−2 −12	0 −4	0 −6	0 −10	0 −14	0 −25	0 −40	0 −60	0 −100	±2	±3	±5	+4 0	+6 0	+10 0
3	6	−20 −38	−20 −50	−10 −15	−10 −18	−10 −22	−10 −28	−10 −40	−4 −9	−4 −12	−4 −16	0 −5	0 −8	0 −12	0 −18	0 −30	0 −48	0 −75	0 −120	±2.5	±4	±6	+6 +1	+9 +1	+13 +1
6	10	−25 −47	−25 −61	−13 −19	−13 −22	−13 −28	−13 −25	−13 −49	−5 −11	−5 −14	−5 −20	0 −6	0 −9	0 −15	0 −22	0 −36	0 −58	0 −90	0 −150	±3	±4.5	±7	+7 +1	+10 +1	+16 +1
10	14	−32 −59	−32 −75	−16 −24	−16 −27	−16 −34	−16 −43	−16 −59	−6 −14	−6 −17	−6 −24	0 −8	0 −11	0 −18	0 −27	0 −43	0 −70	0 −110	0 −180	±4	±5.5	±9	+9 +1	+12 +1	+19 +1
14	18																								
18	24	−40 −73	−40 −92	−20 −29	−20 −33	−20 −41	−20 −53	−20 −72	−7 −16	−7 −20	−7 −28	0 −9	0 −13	0 −21	0 −33	0 −52	0 −84	0 −130	0 −210	±4.5	±6.5	±10	+11 +2	+15 +2	+23 +2
24	30																								
30	40	−50 −89	−50 −112	−25 −36	−25 −41	−25 −50	−25 −64	−25 −87	−9 −20	−9 −25	−9 −34	0 −11	0 −16	0 −25	0 −39	0 −62	0 −100	0 −160	0 −250	±5.5	±8	±12	+13 +2	+18 +2	+27 +2
40	50																								
50	65	−60 −106	−60 −134	−30 −43	−30 −49	−30 −60	−30 −76	−30 −104	−10 −23	−10 −29	−10 −40	0 −13	0 −19	0 −30	0 −46	0 −74	0 −120	0 −190	0 −300	±6.5	±9.5	±15	+15 +2	+21 +2	+32 +2
65	80																								
80	100	−72 −126	−72 −159	−36 −51	−36 −58	−36 −71	−36 −90	−36 −123	−12 −27	−12 −34	−12 −47	0 −15	0 −22	0 −35	0 −54	0 −87	0 −140	0 −220	0 −350	±7.5	±11	±17	+18 +3	+25 +3	+38 +3
100	120																								
120	140	−85 −148	−85 −185	−43 −61	−43 −68	−43 −83	−43 −106	−43 −143	−14 −32	−14 −39	−14 −54	0 −18	0 −25	0 −40	0 −63	0 −100	0 −160	0 −250	0 −400	±9	±12.5	±20	+21 +3	+28 +3	+43 +3
140	160																								
160	180																								
180	200	−100 −172	−100 −215	−50 −70	−50 −79	−50 −96	−50 −122	−50 −165	−15 −35	−15 −44	−15 −61	0 −20	0 −29	0 −46	0 −72	0 −115	0 −185	0 −290	0 −460	±10	±14.5	±23	+24 +4	+33 +4	+50 +4
200	225																								
225	250																								
250	280	−110 −191	−110 −240	−56 −79	−56 −88	−56 −108	−56 −137	−56 −186	−17 −40	−17 −49	−17 −69	0 −23	0 −32	0 −52	0 −81	0 −130	0 −210	0 −320	0 −520	±11.5	±16	±26	+27 +4	+36 +4	+56 +4
280	315																								
315	355	−125 −214	−125 −265	−62 −87	−62 −98	−62 −119	−62 −151	−62 −202	−18 −43	−18 −54	−18 −75	0 −25	0 −36	0 −57	0 −89	0 −140	0 −230	0 −360	0 −570	±12.5	±18	±28	+29 +4	+40 +4	+61 +4
355	400																								
400	450	−135 −232	−135 −290	−68 −95	−68 −108	−68 −131	−68 −165	−68 −223	−20 −47	−20 −60	−20 −83	0 −27	0 −40	0 −63	0 −97	0 −155	0 −250	0 −400	0 −630	±13.5	±20	±31	+32 +5	+45 +5	+68 +5
450	500																								

注：公差带单位为 μm，表中 e、f、g、h、js、k 为公差带代号。

附录 I　常用金属材料及非金属材料

1. 铁及铁合金（黑色金属）

铁及铁合金（黑色金属）材料见表 I-1。

表 I-1　铁及铁合金（黑色金属）材料

牌　号	使用举例	说　明
1. 灰铸铁（摘自 GB/T 9439—2010），工程用铸钢（摘自 GB/T 11352—2009）		
HT150	中强度铸铁：底座、刀架、轴承座、端盖	"HT"表示灰铸铁，后面的数字表示最小抗
HT200 HT350	高强度铸铁：床身、机座、箱体、支架、齿轮、凸轮、联轴器	拉强度（单位：MPa）
ZG 230-450 ZG 310-570	各种形状的机件、齿轮、飞轮、重负载机架	"ZG"表示铸钢，第一组数字表示屈服强度（单位：MPa）最低值，第二组数字表示抗拉强度（单位：MPa）最低值
2. 碳素结构钢（摘自 GB/T 700—2006），优质碳素结构钢（摘自 GB/T 699—1999）		
Q215 Q235 Q275	受力不大的螺钉、轴、凸轮焊件等螺栓、螺母、拉杆、钩、连杆、轴焊件，金属构造物中的一般机件拉杆轴焊件，重要的螺钉、拉杆、钩、连杆、轴、销、齿轮	"Q"表示钢的屈服点，数字为屈服强度数值（单位：MPa）。同一钢号下分质量等级，用 A、B、C、D 表示，质量依次下降。例如 Q235A
30 35 40 45	曲轴、轴、销、连杆、横梁、摇杆、拉杆、键、螺栓、齿轮、齿条、凸轮、曲柄、链轮、联轴器、衬套、活塞等	数字表示钢中以平均万分数表示的碳的质量分数。例如："45"表示碳的质量分数平均值为 0.45%，数字增大，表示抗拉强度、硬度增加，伸长率降低。当锰的质量分数在 0.7%~1.2%时，需注出"Mn"
65Mn	大尺寸的各种扁圆弹簧，如座板簧、弹簧发条	
3. 合金结构钢（摘自 GB/T 3077—2015）		
40Cr	用于心部韧性较高的渗碳零件，如活塞销，凸轮	钢中加合金元素以增强力学性能。合金元素符号前的数字是以平均万分数表示碳的质量分数，符号后的数字是以平均百分数表示合金元素的质量分数。当质量分数小于 1.5%时，仅注出元素符号
20CrMnTi	工艺性好，用于汽车、拖拉机的重要齿轮，供渗碳处理	

2. 有色金属及其合金

有色金属及其合金材料见表 I-2。

表 I-2　有色金属及其合金材料

牌　号	应用举例	说　明
1. 加工黄铜（摘自 GB/T 5231—2012），铸造铜合金（摘自 GB/T 1176—2013）		
H62	散热器、垫圈、弹簧、螺钉等	"H"表示普通黄铜，数字是以平均百分数表示的铜的质量分数
ZCuZn38Mn2Pb2	铸造黄铜。用于轴瓦、轴套及其他耐磨零件	"ZCu"表示铸造铜合金，合金中其他主要元素用化学符号表示，符号后的数字是以平均百分数表示该元素的质量分数百分数
ZCuSn5Pb5Zn5	铸造锡青铜。用于承受摩擦的零件，如轴承	
ZCuAl10Fe3	铸造铝青铜。用于制造涡轮、衬套和耐蚀性零件	
2. 铝及铝合金（摘自 GB/T 3190—2008），铸造铝合金（摘自 GB/T 1173—2013）		
1060 1050A	适用制作储槽、塔、热交换器、防止污染及深冷设备	第一位数字表示铝及铝合金的组别，1xxx 组表示纯铝（其铝的质量分数不小于 99%），最后两位数字是以平均百分数表示铝的最低质量分数中小数点后的两位；2xxx 组表示铝合金是以铝为主要合金元素，最后两位表示同一组中不同铝合金。第二位字母表示原始纯铝或铝合金的改型情况
2A12 2A13	适用于中等强度的零件，焊接性能好	

（续）

牌　号	应 用 举 例	说　明
2. 铝及铝合金(摘自 GB/T 3190—2008)，铸造铝合金(摘自 GB/T 1173—2013)		
ZAlCu5Mn(代号 ZL201)	砂型铸造，工作温度在 175～300℃ 的零件，如内燃机缸头、活塞	"ZAl"表示铸造铝合金，合金中的其他元素用化学符号表示，符号后的数字是以平均百分数表示该元素的质量分数，代号中的数字表示合金系列代号和顺序号
ZAlMg10(代号 ZL301)	在大气或海水中工作，承受冲击载荷，外形不太复杂零件，如氨用泵体等	

3. 非金属材料

非金属材料见表 I-3。

表 I-3　非金属材料

标　准	材料名称		牌　号	应 用 举 例	说　明
JG/T 1019—2006	石棉制品	油浸石棉密封填料	YS 350 YS 250	适用于回转轴、往复活塞或阀门杆上作密封材料，介质为蒸汽、空气、工业用水及重质石油产品	产品结构型式分 F(方型)、Y(圆型)、N(圆型扭制)三种，牌号中的数字为最高适应温度(℃)，按需选用
	石棉制品	橡胶石棉密封填料	XS 550 XS 450 XS 350 XS 250	适用于蒸汽机、往复泵的活塞和阀门杆上作密封材料	产品结构型式分为 A(编织)、B(卷制)两种，牌号中的数字为最高适应温度(℃)
FZ/T 25001—2012	毛毡		T112-65 (品号)	用作密封、防漏油、防震和缓冲的衬垫等	根据 FZ/T 20015.5—2012，牌号中"T"代表特品毡，第一位数字表示颜色，第二位数字表示原料，第三位数字表示形状，第四、五位数字表示品种规格，即密度 (g/cm³) 的 1/100，如 115-65 表示白色细毛零件毡，密度为 0.65g/cm³

参 考 文 献

[1] 周济. 智能制造——"中国制造 2025"的主攻方向 [J]. 中国机械工程, 2015, 26 (17): 2273-2284.

[2] 张春林, 焦永和. 机械工程概论 [M]. 北京: 北京理工大学出版社, 2011.

[3] 宾鸿赞. 机械工程学科导论 [M]. 武汉: 华中科技大学出版社, 2011.

[4] 卢秉恒, 李涤尘. 增材制造 (3D 打印) 技术发展 [J]. 机械制造与自动化, 2013, 42 (4): 1-4.

[5] 曹瑜强, 高敏. 铸造工艺及设备 [M]. 北京: 机械工业出版社, 2008.

[6] 李魁盛. 铸造工艺设计基础 [M]. 北京: 机械工业出版社, 1981.

[7] 吴惠源. 铸造工艺装备建设 [J]. 铸造设备与工艺, 2010 (2): 46-48.

[8] 李尚健. 锻造工艺及模具设计资料 [M]. 北京: 机械工业出版社, 1991.

[9] 邹茉莲. 焊接理论及工艺基础 [M]. 北京: 北京航空航天大学出版社, 1994.

[10] 李新生. 机械加工技术基础 [M]. 北京: 机械工业出版社, 2007.

[11] 袁晓东. 机电设备安装与维护 [M]. 北京: 北京理工大学出版社, 2008.

[12] 李硕, 栗新. 机械制造工艺基础 [M]. 北京: 国防工业出版社, 2008.

[13] 续丹. 3D 机械制图 [M]. 2 版. 北京: 机械工业出版社, 2009.

[14] 童秉枢, 吴志军, 李学志, 等. 机械 CAD 技术基础 [M]. 3 版. 北京: 清华大学出版社, 2008.

[15] 谭建荣, 张树有. 图学基础教程 [M]. 3 版. 北京: 高等教育出版社, 2019.

[16] 窦忠强, 曹彤, 陈锦昌, 等. 工业产品设计与表达 [M]. 3 版. 北京: 高等教育出版社, 2016.

[17] 续丹, 黄胜, 侯贤斌. Solid Edge 实践与提高教程 [M]. 北京: 清华大学出版社, 2007.

[18] 蔡士杰, 张福炎, 王玉兰. 三维图形系统 PHIGS 的原理与技术 [M]. 南京: 南京大学出版社, 1991.

[19] 摩滕森. 几何造型学 [M]. 莫重玉, 阮培文, 丁熙元, 译. 北京: 机械工业出版社, 1992.

[20] THOMASE. Engineering Drawing and Graphic Technology [M]. 14th ed. New York: McGraw Hill, 1993.